개정판

식품위생

해썹 제도와 실무·평가

김덕웅·왕순남·김정목 공저

안전관리인증 HACCP 식품의약품안전처

안전관리인증 HACCP 농림축산식품부

도서출판 효일

해썹 제도 개정판을 내면서..

『식품위생학』에서는 식품위생의 이론적인 위해요소(危害要素)들 즉 생물학적 위해요소(세균성 식중독과 감염병 및 부패, 곰팡이독, 어패류독, 기생충, 위생동물 등)와 화학적 위해요소(동·식물성독, 중금속, 농약, 공업물질, 유해 식품첨가물 등), 그리고 물리적 위해요소(동·식물성 이물, 금속성 이물 등)를 중심으로 사료, 재배·사육으로부터 원료, 제조 · 가공공정, 제품의 포장공정 및 판매 · 소비에 이르는 과정에서의 오염발생경로, 증상, 예방 및 대책에 대하여 주로 이론을 섭렵, 공부하여 왔다.

그러나 한편 전 세계적으로 식품위생에 대한 사건 발생의 예방이나 대책은 단편적으로 이루어져 왔으므로, 세계의 유수한 식품관련 전문가들의 많은 조사·연구에 의해 HACCP(Harzard Analysis Critical Control Point, 해썹) System(제도)이라는 조직적이고 현장·실무 및 실습의 식품위생관리제도가 1993년도부터 UN산하 FAO/WHO로부터 각국에 권고하여 전파되기 시작되었다.

우리나라도 1995년 12월부터 식품위생법 제32조의2(위해요소중점관리기준)가 법률로 제정되어 그 법적 근거를 마련함으로써 제도적 식품위생인 해썹(HACCP)이 시작되었다.

그리고 1997년 12월에 농림부에서는 축산물가공처리법 제9조에 "축산물위해요소중점관리기준"을 고시하여 해썹 명칭이 사용되기 시작하였다.

그리하여 저자는 식품관련 대학생이나 종사자들을 위하여 2011년 5월에 『HACCP제도와 실무 · 평가』란 초판책을 발간하였고, 그 이후 정부조직 개편에 의해 2015년 6월에 『해썹 제도와 실무 · 평가』란 증보개정판을, 2019년 8월에 『해썹 제도와 실무 · 평가』란 개정판을 출간하게 되었다.

현재 사용되고 있는 "식품 및 축산물 안전관리인증제도(HACCP System)"의 명칭은 1996년 이후 20여 년간 변경되어 왔던 배경을 살펴보면 다음과 같다. 최초 HACCP는 "위해요소중점관리기준"(해썹)이란 명칭으로 용어가 정의되었으며 그 제도는 우리나라의 정부조직의 변천에 따라 HACCP의 관리운영이 보건복지부는 식품위생법에 근거해 "식품위해요소중점관리기준"으로, 농림수산식품부 또는 농림축산식품부는 축산물가공처리법에 의해 "축산물위해요소중점관리기준"으로 각각 이원화되어 운영되어 왔다.

그러다가 2013년 정부조직 개편 이후 2014년 12월 1일에 식품위생법 제48조에 따라 식품위해요소관리기준을 "식품안전관리인증기준"이란 명칭이 식품의약품안전처 고시 제2014-19호로 개명되어 사용되고 있다. 한편 농림축산식품부에서는 도축장법과 축산물가공처리법에 의해 "축산물안전관리인증기준"으로 명칭이 변경되어 사용되다가, 2015년 식품의약품안전처 산하에 "식품 및 축산물 안전관리인증기준"으로 통합됨으로서 현재 일원화되어 운영·평가되고 있다.

따라서 식품위생의 궁극적인 목표는 모든 단계에서 철저한 공정관리(工程管理)만이 효과적인 품질, 위생, 안전을 확보함으로써 무결점에 도달하는 길이 아닌가 싶습니다.

다시 말해 식품위생은 "해썹 제도"로 가는 길만이 온전한 위생의 접근으로 성취될 것이다.

끝으로 부족하고 미비한 점이 있으면 좋은 고견으로 지도·편달해 주시길 바라며, 아울러 본 책을 발간함에 있어 애써주신 김홍용사장님과 그 이하 직원들의 노고에 고마움을 전합니다.

2019년 8월

저자 일동

CONTENTS

제2편 HACCP 제도의 본론

CONTENTS

CONTENTS

CONTENTS

제1편

총론

Chapter 01

안전관리인증기준 제도 (HACCP system)의 개요

1. 안전관리인증기준 제도(HACCP system)의 정의와 역사적 배경

1-1. HACCP 제도의 정의

HACCP system의 HACCP는 원래 "Hazard Analysis & Critical Control Point"라는 영문 합성어의 약자(略字)로, 우리말로는 당초 "위해요소중점관리기준"이라 하였고, 현재 "식품 및 축산물 안전관리인증기준"이라 하며, 줄여서 "해썹" 또는 "에이치에이씨씨피"로 말하기도 하며, system은 "제도"란 말로 번역되어 불려지고 있다. 이 합성어는 그림 1-1-1과 같이 구성되어 있다.

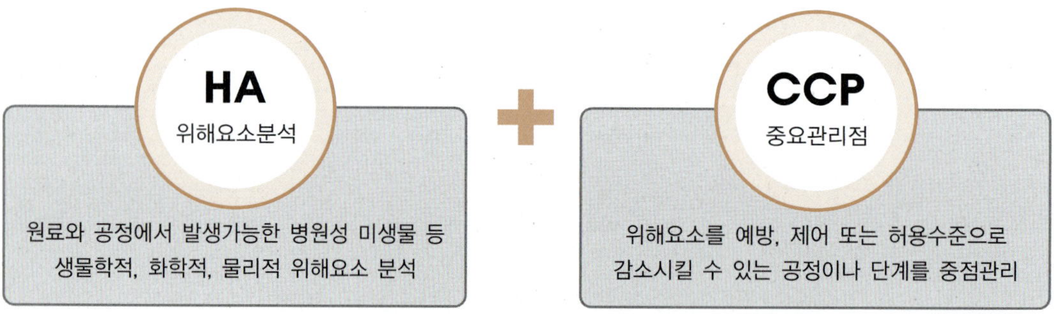

그림 1-1-1 HACCP라는 합성어와 그 뜻

이 제도는 1995년 12월 최초로 국회를 통과 우리나라 식품위생법 제32조2의 제1항에 삽입되었다. 이에 따라 "식품 및 축산물 안전관리인증기준(이하 HACCP로 함)"에 의한 정의를 보면 “「식품위생법」 및 「건강기능식품에 관한 법률」에 따른 「식품안전관리인증기준」과 「축산물 위생관리법」에 따른 「축산물안전관리인증기준」으로서, 식품(건강기능식품을 포함한다)·축산물의 원료 관리, 제조·가공·조리·소분·유통·판매의 모든 과정에서 위해한 물질이 식품 또는 축산물에 섞이거나 식품 또는 축산물이 오염되는 것을 방지하기 위하여 각 과정의 위해요소를 확인·평가하여 중점적으로 관리하는 기준을 말한다(이하 “안전관리인증기준(HACCP)”이라 한다).”라고 하였다.

즉, HACCP는 식품의 최종 검사단계에서 발생되는 문제점에 대한 대응이 아니라 식품위생 상의 위해요소의 발생을 최소화시키고자 사전에 공정단계에서의 예방적 차원의 관리 시스템인 것이다. 그러므로 HACCP는 식품공정 상에서의 위해요소를 완전히 없애고자 하지만 그렇게는 되지 않더라도 위해요소를 최소화시키는 데 그 목적이 있다.

다음 2편에서 자세히 언급하겠지만 위해요소 분석은 어떤 위해를 미리 예측하여 그 위해요인을 사전에 파악하는 것을 의미하며, 중요관리점은 반드시 필수적으로 관리하여야 할 항목이란 뜻을 내포하고 있다. 즉 HACCP는 위해요소 방지를 위한 사전 예방적 식품안전관리체계를 말한다.

HACCP는 식품을 만드는 과정에서 생물학적, 화학적, 물리적 위해요소들이 발생할 수 있는 상황을 과학적으로 분석하고 사전에 위해요소의 발생 여건들을 차단하여 소비자에게 안전하고 깨끗한 제품을 공급하기 위한 시스템적인 규정을 말한다.

결론적으로 HACCP란 식품의 원료부터 제조, 가공, 보존, 유통, 조리단계를 거쳐 최종 소비자가 섭취하기 전까지의 각 단계에서 발생할 우려가 있는 위해요소를 규명하고, 이를 중점적으로 관리하기 위한 중요관리점을 결정하여 자율적이며 체계적이고 효율적인 관리로 품질의 안전성을 확보하기 위한 과학적인 위생관리체계라고 할 수 있다.

HACCP는 전 세계적으로 가장 효과적이고 효율적인 식품안전관리체계로 인정받고 있으며, 미국, 일본, 유럽연합 등 국제기구(Codex, WHO, FAO)에서는 모든 식품에 HACCP 제도를 적용할 것을 각국에 적극 권장하고 있다.

1-2. HACCP 제도의 역사적 고찰

HACCP 제도의 근원은 원래 1959년부터 1960년대 초 미항공우주국(NASA)에 의한 것이다. 우주개발에 따라 우주비행사가 장거리 비행 중에 먹을 우주식에서 식중독이나 질병과 같은 식품의 위해가 발생하지 않도록 하기 위하여 0%의 안전성 확보를 보증할 필요가 있었다.

그래서 Pillsbury社와 미육군 NATICK연구소가 공동으로 기존 식품제조공장에서 나오는 최종 제품들을 수거 검사하여 0%의 완전무결한 위생제품을 얻기 위해서는 너무 많은 검체가 필요하다는 것을 알게 되었다.

따라서 우주비행용으로 사용될 우주식품을 얻기 위해서 가장 효과적인 방법으로는 결국 철저한 공정관리에서의 예방적 위생관리제도밖에 없다는 결론을 내렸다.

그 후 미생물학적으로 안전한, 특히 병원성 미생물에 대한 대책을 목표로 개발한 관리방법으로 Pillsbury社와 미육군 NATICK연구소는 공동으로 위생관리방법의 HACCP 모델을 제시하였으며, 1971년 미국식품보호위원회(NCFP, National Conference of Food Protection)에서 처음으로 그 개요를 발표하였다.

이후 1973년 미국식품의약청(FDA, U.S. Food and Drug Administration)이 저산성통조림 식품의 우수제조기준(GMP, Good Manufacturing Practice)에 이 방법을 적용하였고, 이 제도의 부족한 부분을 메우기 위한 표준위생관리기준(SSOP, Sanitation Standard Operating Procedure)을 접목시킴으로써 아래 내용의 HACCP 개념이 이루어지기 시작하였다.

그림 1-1-2 달 등 우주왕복선과 안전하고 위생적인 우주식

그 후 1988년 미국과학아카데미(NAS, National Academy of Science)의 식품보호위원회에 관한 분과위원회의 권고로, 행정기관과 식품과학 및 미생물관련 전문가로 구성된 식품미생물기준자문위원회(NACMCF, National Advisory Committee on Microbiological Criteria on Foods)가 설치되어 1989년 HACCP 지침서(HACCP-Principles for Food Production)와 함께 HACCP의 7원칙을 제시하였다.

특히 HACCP의 7원칙은 오래전부터 일반 생산기업의 경영학적 예방측면에서 품질관리를 토대로 사용된 PDCA(Plan, Do, Check, Action) 사이클과 흡사한 일련의 실행과정이라고 말할 수 있다. 즉 그림 1-1-3 PDCA 사이클과 HACCP의 7원칙은 거의 비슷한 상관구조로 이루어졌음을 볼 수 있다. 오래전부터 사용되어 오던 생산의 품질관리를 HACCP 제도를 통하여 식품의 안전성으로 승화시킨 셈이다.

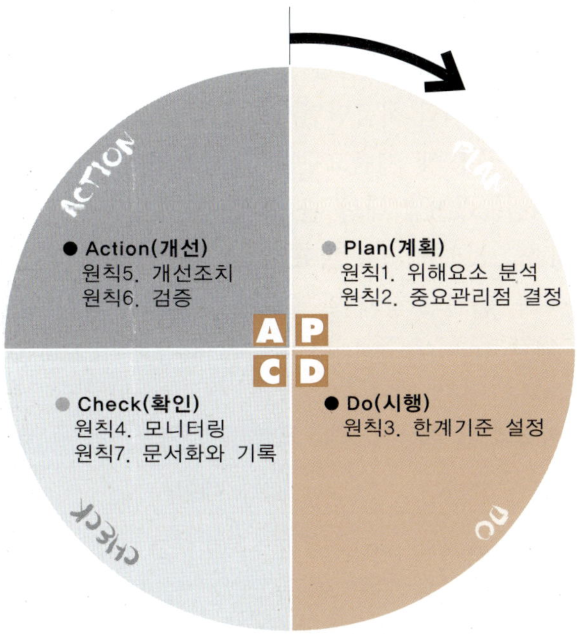

그림 1-1-3 PDCA 사이클과 HACCP의 7원칙 연계

그 후 1993년 국제식품규격위원회(Codex) 제20차 총회에서 "HACCP system의 적용지침"을 채택하여 각국에 권고하기에 이르렀다.

우리나라도 HACCP 제도가 1996년 12월 3일에 기존 식품위생법 제32조의2에 따른 보건복지부고시 제1996-75호에 의거 "위해요소중점관리기준(HACCP)"을 제도적인 법으로 규정하게 되었다.

또 1997년 12월에 농림부에서는 기존 축산물가공처리법을 개정하여 도축장 및 가공장에 이 HACCP 제도를 도입하기 위한 규정을 제정한 바, 축산물가공처리법 제9조 및 동법 시행규칙 제7조의 규정에 의하여 농림부 고시 "축산물위해요소중점관리기준"을 제정, 도축장은 2003년 7월 1일까지 도축 규모에 따라 단계적으로 적용토록 의무화하였고 축산물가공장은 희망하는 업소에 한하여 자율 적용하여 왔다.

그러나 HACCP는 식품의 안전성을 확보하기 위한 하나의 관리기법이며 표준은 아니기 때문에 국제표준화를 위한 노력이 진행되고 PDCA 사이클이 오늘날 세계적인 국제표준화기구 ISO(International Organization for Standardization)에서 "ISO 9001"이란 "국제품질경양시스템"이 탄생되었다. ISO 9001이란 국제표준화기구에서 제정한 품질경영에 관한 표준으로 조직이 제품, 서비스 등 기업전반에 대한 총제적인 품질향상을 위하여 지속적으로 개선하고, 고객의 요구사항을 충족시켜 국제적으로 그 능력을 인정받기 위해 추구하는 제도로 발전하였다. 또 국제표준식품안전시스템으로 ISO 22000은 ISO/TC34에서 ISO 9001 요구사항과 WHO, FAO 등 국제기구의 식품안전에 대한 요구사항을 최대한 반영하기 위한 표준으로 제정되었다.

즉, 식품제조업자에게 총체적인 식품안전시스템을 구축하기 위해 제시한 것이다. ISO 22000은 법적 요구사항, 공정 및 제품요구사항, 발생가능한 위해요소를 파악하여 선행요건(PRP) 및 중요관리점(CCP)에 대한 관리기준을 수립하여 실행하는 것이다. 따라서 농장에서 식탁까지(Farm to Table)를 목표로 농·축·수산물 뿐만이 아니라 이를 생산하는데 필요한 비료, 농약, 관련 포장재 및 접착제 그리고 유통단계까지 모든 식품관련 조직에 적용할 수 있는 제도이다. HACCP의 역사적 고찰을 요약하면 표 1-1-1과 같다.

표 1-1-1 HACCP의 초창기 역사적 고찰 요약

연도	고찰 내용
1960년	미국 항공우주국의 Apollo project용 우주식을 육군 Pillsbury사가 NATICK연구소와 개발
1971년	미국 식품보호위원회에서 처음으로 HACCP 개념의 모델을 제시
1973년	미국 FDA에서 저산성통조림 식품에 GMP 적용
1988년	미국 과학아카데미(NAS)가 당국과 식품업체에 HACCP system 채택 권고
1989년	미국 식품미생물기준자문위원회(NACMCF)가 HACCP 7원칙 제시
1993년	유엔 FAO/WHO의 Codex가 HACCP 적용지침(가이드라인) 제시
1995년	한국 식품위생법(법률) 제32조의2에 HACCP 제도의 법적 근거 신설
1996년	한국 보건복지부 고시 "위해요소중점관리기준"을 마련
1997년	한국 농림부 고시 "축산물위해요소중점관리기준"을 마련
2015년	한국 식품의약품안전처 고시 "식품 및 축산물 안전관리인증기준" 제정

2. 종래의 식품위생제도와 HACCP 제도의 도입 적용

2-1. HACCP 제도와 종래의 GMP·SSOP 제도의 연관성

식품제조·가공, 조리분야에서 인체에 대해 보다 위생적인 안전성을 확보하기 위해 조직적이고 체계적인 방법으로 HACCP 제도를 도입하기 전까지 연관성을 살펴보면, 의약품과 일부 식품 등에서 쓰인 우수제조기준(GMP, Good Manufacturing Practice: 적정제조기준)과 표준위생관리기준(SSOP, Sanitation Standard Operation Procedure: 표준위생운영절차)의 두 제도가 접목, 어우러져 결국 최종적으로 HACCP 제도가 완성되었음을 볼 수가 있어 여기에 간략하게 소개한다. 그리고 그 HACCP의 형성구조를 보면 그림 1-1-4와 같다.

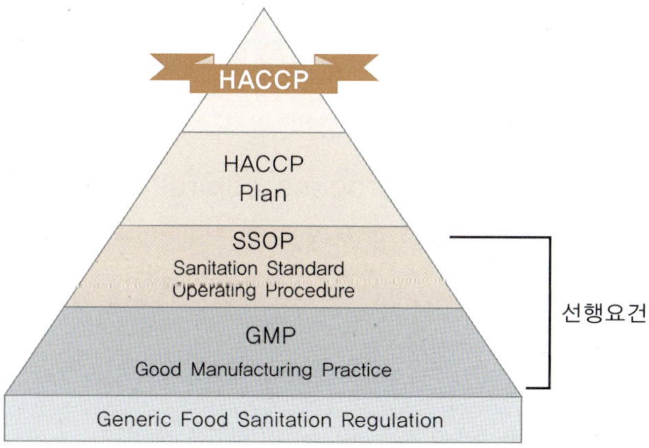

- SSOP(표준위생관리기준): 일반적인 위생관리운영기준, 영업장 관리, 위생 관리, 용수 관리, 보관 및 운송 관리, 검사 관리, 회수 관리 등의 운영절차
- GMP(우수제조기준): 위생적인 식품생산을 위한 시설 · 설비요건 및 기준, 건물의 위치, 시설 · 설비의 구조, 재질요건 등에 관한 기준

그림 1-1-4 HACCP의 형성구조

GMP란 위생적인 식품을 제조하기 위하여 식품의 제조에 필요한 생산공장의 시설, 설비를 중심으로 원료(원부자재), 제조방법(작업수준) 등 공정에 대하여 최적조건을 보장하고자 기본적이고 일반적인 사항을 정한 기준을 뜻한다. 번역에 따라 우수제조기준 또는 적정제조기준이라고 한다. 그러나 여기에는 주로 기준만 제시하고 구체적인 대책에 대해서는 거의 없다.

가령 통조림식품의 GMP를 살펴보면 제조공정에서 주요 관리점에 초점을 맞추는 관리로 이루어지나 감시원이 식품가공시설을 정기적으로 방문할 때 규정에 따라 조업하고 있는 때의 조사로만 끝난다. 전체작업으로 보면 일부분만 관찰대상이 되는 셈이다.

즉 관리한계기준을 이탈할 때 감시, 시정조치에 대한 요구를 포함하지 않는다. 1969년 미국 FDA에서 의약품의 위생적 품질을 높이기 위하여 공포, 주로 적용되었으나 일부 식품에도 이 제도를 적용하기 시작하였다. 1973년 미국은 저산성통조림(Low acid canned food)을 위시해서 그 이후 냉동어패류, 생선, 훈제어류, 산성통조림, 땅콩, 믹스분유류 등에 대해 적용하였다.

식품에 대한 GMP 제도를 요약하면 다음과 같다.

1) Subpart A-general provisions(일반조항): (1) 용어 정의 (2) 적용범위 (3) 경영자 및 종업원의 책임과 권한(질병관리·개인위생·작업복장·교육 및 훈련·감독)

2) Subpart B-buildings and facilities(건물과 시설): (1) 공장과 입지(입지조건·배수 및 폐수 처리시설·공장의 설계·작업장 등) (2) 위생작업절차(건물·공장·설비 유지·세척·해충관리·설비재질) (3) 위생시설 및 관리(용수·배관·배수처리·화장실·쓰레기)

3) Subpart C-equipment(장비): (1) 장비 및 도구(장비·도구·계측장치·가스 등)

4) Subpart D-production and process control(제조 및 공정관리): (1) 공정과 관리(원료 및 자재관리·제조관리·보관 및 포장) (2) 보관 및 운송(창고 및 운송)

5) Subpart G-defect action levels(행위수준결함): 인체에 해가 없는 피할 수 없는 결함

또 식품의 SSOP 제도에 대한 전체적인 내용을 보면 다음과 같다.

1) **인적자원 관리**: 건강진단, 위생교육 및 기타 교육 · 훈련

(1) 계층별 교육 · 훈련규정-위생교육 및 직무교육

(2) 채용 및 배치 관리-적정인원 배치 관리(채용 시 건강진단 포함)

2) **물적자원 관리**: 원료, 반제품, 최종제품, 기타

(1) 보관 관리-환경조건 관리, 선입선출 및 식별 관리

(2) 입고/반입 관리-납품업체/농가 관리

(3) 유통 관리-유통단계별 환경조건, 적재 및 운송 관리 등

3) **검사 관리**: 처리단계별 검사, 검사인원 및 장비 관리, 기록 관리

(1) 원료검사

(2) 공정검사

(3) 제품검사

(4) 검사불합격품의 처리-폐기(소각 또는 매몰), 식용 이외의 타 용도 전환

(5) 검사장비 관리-교정 관리

(6) 검사기록 관리

(7) 검사방법 관리－전수검사 및 샘플링검사, 적부 판정기준 등

4) 시설 및 설비 관리: 설치(구조 및 구획), 배치, 출입자 통제, 조명, 환기, 청소 및 소독 관리 등

(1) 공통시설

(2) 개별시설

(3) 제시설 및 설비의 보전 관리(윤활 관리 및 예방장비 포함)

(4) 배치 및 구획 관리

(5) 위생시설 및 지원시설 설치 및 보전 관리(조명 관리 포함)

(6) 환기 및 주변환경 관리

(7) 유해생물 관리

(8) 유틸리티 관리

(9) 보관(계류 포함) 및 운송 설비 관리

5) 작업/생산 관리

(1) 작업표준/작업지시서 관리

(2) 공정 관리－처리단계 및 공정별 관리

(3) 부적합품 관리 및 개선조치(시정·시정조치·예방조치)

(4) 제조설비 및 유틸리티 일상 관리

(5) 청소 및 소독 관리

6) 유통 관리

(1) 반품 및 불만 관리

(2) 제품회수 관리－강제회수 및 자진회수(유통기한 경과품 포함)

(3) 제품취급, 표시 및 포장 관리

또 한편으로 SSOP의 등장으로 GMP에 정해져 있는 사항에 대하여 더욱 구체적인 작업표준을 정하였다. 특히 종업원이 준수해야 할 규정을 문서화한 것이 SSOP이다. 일본 후생성에서는 위생표준작업수순(手順)으로 번역하여 사용한다.

이상에서 보듯이 GMP 제도와 SSOP 제도의 대부분은 상당히 중복되는 것이 많으나 차이점도 있다. 일례로 GMP의 “작업자의 질병관리”에서 질병이 있는 종업원은 식품 취급에서 제외되나, SSOP에서는 정기적 건강진단과 결과 유지, 몸이 아프면 쉬도록 교육, 매일 일과 시작 전 종업원 건강상태 점검, 상해 시 감독자의 보고 등 구체적 방법

이 들어 있다. 즉 GMP는 주로 시설·설비·기기·기구 및 포장 등에 대한 최소한의 대항목 하드웨어(Hardware)라면, SSOP는 주로 작업자가 지켜야 할 상세한 내용의 소프트웨어(Software)라고 할 수 있다. 우리나라의 학교급식에서는 미국과 똑같지는 않지만 HACCP의 CCP에 이 SSOP를 적용하고 있다고 볼 수 있다.

2-2. 종래의 식품위생제도와 HACCP 제도의 위생 관리 비교 및 효과

표 1-1-2 종래의 식품위생제도와 HACCP 제도의 위생 관리 비교

항목 구분	종래제도의 위생 관리 및 효과	HACCP 제도의 위생 관리 및 효과
1. 공정관리 측면	① 주로 최종제품관리 및 실험실 관리 (무작위 채취 후 시험) ② 문제 발생 후 반작용 관리 ③ 문서화 및 기록·보존이 미흡	① 주로 공정 관리(시간과 온도 포함) 및 실험실 검사 최소 ② 문제 발생 전 사전조치 ③ 문서화 및 기록·보존이 철저히 이행
2. 신속처리 측면	시험분석과 개선조치 시 장시간 소요 및 많은 비용 소요	시험분석과 개선조치 시 단시간 내지 즉각적 조치 및 비용 저렴
3. 시설 및 설비 측면	식품위생법에 의한 기본 시설기준에 준함	식품위생법에 의한 기본시설 이외 일반구역과 청결구역(준청결구역 포함)의 구분 등 수십 가지 추가항목 필요
4. 종사자의 숙련도 측면	① 종사자의 수동적 작업 분위기 ② 제품안전성 관리자는 숙련공만 가능 ③ 종사자 등의 초기 위생의식 교육과 훈련 저조	① 종사자의 능동적 작업 분위기 쇄신 ② 제품안전성 관리자는 비숙련공도 관리 가능 ③ 종사자 등 초기 위생의식 교육과 훈련이 철저해야 함
5. 투자비용 측면	투자비용이 적으나 시설개선 등에 소요되는 비용의 합리적 사용이 어려움	시설개선, 전문교육, 유지관리 등 초기 투자비용이 크나 장기적으로는 생산원가의 절감, 매출증대 등으로 이익 창출
6. 소비자 측면	식품안전에 대한 전반적인 불안감 상존	안전한 식품 확보와 HACCP 제도를 인증받음으로써 소비자 신뢰도 향상
7. 영업자 측면	자신이 제조한 제품에 대한 안전성에서 확신이 적고, 식품 사고 발생 시 일방적 부담	자신이 제조한 제품에 대한 안전성에서 근거자료를 통한 확신과 식품 사고 발생 시 증빙자료의 제시 및 확인 가능
8. 식품산업의 국제적 지위 측면	국제적 인증 결여로 수출에 장애	국제적 인증 확보로 국제경쟁력 확보

국제적으로 심각한 환경오염과 식품의 수출입 증대에 따라 식품의 안전성과 위생적 관리에 대한 관심이 고조되고 있다. 그리고 식생활의 다변화에 따른 가공식품의 다양화와 외식의 증대로 대형화되어 가는 식중독 사고나 감염병 발생 등의 위해를 방지하기 위해서는 종래의 위생 관리방법이나 최종제품에 대한 검사만을 통해서 식품의 안전성을 적절하게 보장하기 어렵다는 인식이 확산되어 왔다.

그러므로 식품위생의 정의에서 구현하고자 하는 식품의 원료 생산에서부터 최종적으로 소비자가 소비할 때까지 모든 단계에서 식품의 안전성을 확보하기 위하여 예방적 차원에서 식품공정을 체계적으로 관리하고자 미국에서 시작된 것이 HACCP이다. 따라서 종래의 식품위생제도와 HACCP 제도에 의한 위생 관리를 비교해 보면 표 1-1-2와 그림 1-1-5와 같이 장단점을 볼 수 있다.

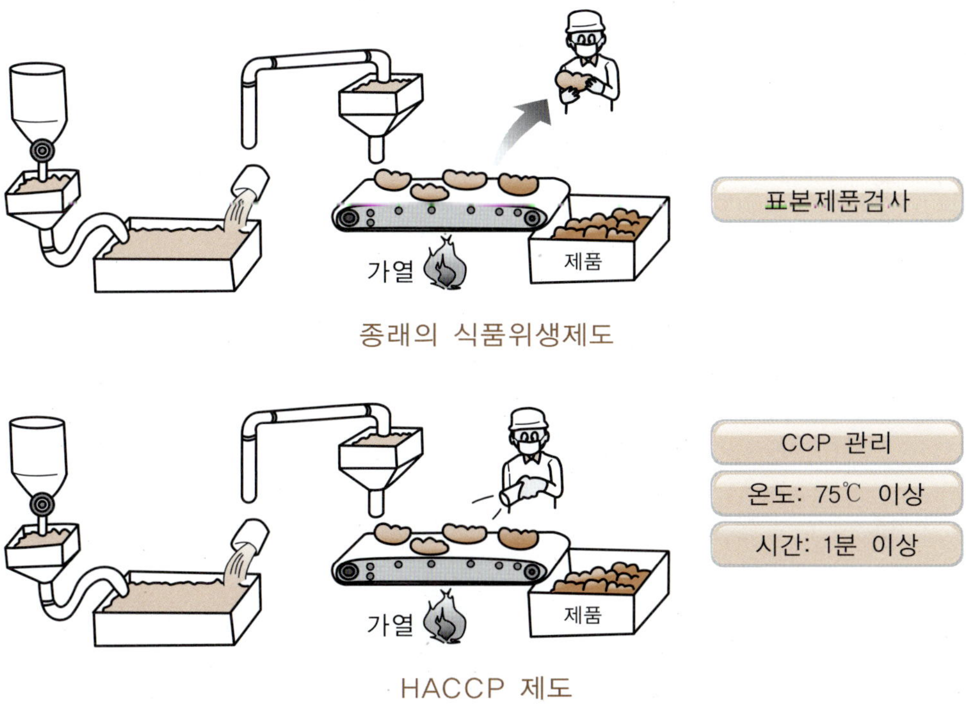

그림 1-1-5 종래의 식품위생제도와 HACCP 제도의 위생 관리 비교

이상에서 여러 가지 면으로 살펴본 결과 HACCP 제도야말로 식품위생의 안전성 측면에서 가장 예방적이고 체계적인 관리제도라고 말할 수 있겠다. 아울러 식품업계 측면, 소비자 측면, 정부 측면의 관점에서 도입효과를 보면 그림 1-1-6과 같다.

식품 업계 측면

- 위생적이고 안전한 식품 제조
- 자주적 위생관리체계 구축
- 자연적으로 법규를 준수하게 됨
- 소비자 평가 향상, 소비자 불만 감소
- 회사의 식품안전경영 입증
- 위생관리 집중화 및 효율성 도모
- 지정품목의 표시와 광고 적용
- 폐기·회수율 감소
- 종업원 안전의식 향상
- PL법(제조물 책임법) 대응

소비자 측면

- 안전한 식품을 섭취하게 되어 식중독 위험 감소
- 안전한 식생활로 삶의 질 향상
- 신뢰할 수 있는 식품 선택의 기회 제공

정부 측면

- 효율적인 식품위생관리 활동
- 공중보건 향상으로 의료비 절감 효과
- 국제 식품교역의 원활화

그림 1-1-6 HACCP 제도의 도입효과

C·h·a·p·t·e·r 02

HACCP 제도의 관계 법규, 적용대상과 인증마크 및 우대조치 등

1. HACCP 제도의 초기 근거 법규

1-1. 국제연합(UN)과 국제표준화기구(ISO), 미국 등 국제적 법규

(1) 국제연합(UN)과 국제표준화기구(ISO)

UN 산하 FAO/WHO의 국제식품규격위원회인 Codex 위생분과위원회에서는 HACCP 제도의 위생관리인 "Codex 지침(Codex Food Standards)"을 관장하고 있다. 이 위원회에서는 1993년 20차 회의에서 HACCP 제도를 식품위생의 일반원칙으로 채택하고 「Guideline for the Application of the Hazard Analysis Critical Control Point (HACCP) System」이란 지침을 발간하여 각국에 대하여 HACCP 개념을 근거로 한 위생규격기준을 권고하였다.

또 국제규격단체인 ISO(International Organization for Standardization)에서도 식품에 있어서 ISO 표준규격기준으로 앞의 역사적 고찰에서 언급된 "ISO 9000"과 "ISO 22000"을 도입하고 있는 실정이다.

(2) 미국

미국의 식품위생은 연방정부(Federal government), 주정부(State), 지방정부(Local)의 정부기관과 식품관련협회 및 대학연구기관 등이 참여하여 식품위생관리와 연구 등이 다양한 형태로 운영되고 있는 상태이다.

연방정부의 대표기관으로 FDA(U.S Food and Drug Administration)는 농수산물의 식품제조와 수입식품 등 위생관련 법규 및 규칙 등을 다루고 또 FDA의 CFR(Code of Federal Regulations)은 저산성통조림, 어류 및 패류 제품, 신선한 가공주스 등의 규정을 다루어 왔다.

또 하나의 대표기관으로는 USDA(U.S. Department of Argriculture) 산하 식품안전감시국(FSIS, Food Safety Inspection Service)이 식육 및 가금육, 가공육 공장 등 축산물위생 관계를 다루고 있으며, 또 농약관계, 수질기준, 해충관리와 급식 외식업체의 환경 등을 다루는 EPA(Environment Protection Agency)가 있고, 또 CDC(Centers for Disease Control and Prevention)는 식중독 발생과 예방 등의 프로그램 개발과 교육 등을 담당하는 위생기관들이 있다.

상기 중 FDA는 우리나라의 식품의약품안전처(MFDS)와 같으며, FSIS는 농림수산식품부 산하 농림축산검역본부(QIA)와 비슷한 성격을 띠는 것으로 보면 될 것이다.

주정부와 지방정부는 연방정부의 FDA, CDA, FSIS, EPA 등에서 검토되고 마련된 규정이나 규칙 등을 채택하기도 하고, 아니면 자체적으로 주정부나 지방정부에 맞는 필요한 법규 등을 만들어 시행하기도 한다.

미국의 HACCP에 대해서는 이미 앞에서 언급한 HACCP 제도의 역사적 고찰에서 다루었으므로 생략하고, 다만 축산물에서 도축장, 식육처리장, 도계처리장, 식육제품 및 난가공품 제조시설에 대해서는 2000년 초부터 업체에 강제적으로 HACCP를 적용하도록 하고 있다.

(3) 유럽연합(EU)

유럽연합(EU)은 영국, 프랑스, 독일, 이탈리아 등 유럽지역의 28개국(2018년 5월 기준)이 구성한 거대 연합국이다.

EU는 이미 1991년 7월 Council Directive 91/493/ECC법(수산물의 생산 및 판매에 관한 위생조건)을 제정하여 수산물에 대한 HACCP를 입법화하였고, 1993년에는 HACCP에 기초한 "EU93/43/ECC법", 즉 "식품위생에 관한 지침"을 제정하여 EU 회원국에 1995년 12월까지 모든 식품에 입법화할 것을 규정하였다.

더불어서 1994년 5월에 EU는 HACCP 시행을 위한 세부규칙인 "Commission Decision 94/356/ECC법"을 각 회원국에 공포하였다. 그로 인해 1996년 10월 이후부터 EU 회원국에 수입되는 모든 수산식품은 상대국가에 HACCP를 의무적으로 적용시켰다.

특히 수산식품, 식육 및 식육제품, 우유 및 유제품 등에 대하여는 개별적으로 위생제제에 관한 EU Council Directive가 제시됨으로써 HACCP 제도의 강화가 요구되었다.

그리고 2002년에는 유럽식품안전청(EFSA, European Food Safety Authority)이 새로 발족되어 통합된 식품위생의 관리체제를 갖추게 되었다.

(4) 일본

일본 후생노동성에서는 1995년 5월에 식품위생법을 개정하여 HACCP 개념을 기본으로 하는 "총합위생관리제조과정" 승인제도를 도입하였다. 그 이후 1996년 5월에 우유 및 유제품과 식육제품을 위한 기준 설정을 비롯하여, 1996년 12월 도축장에 HACCP 적용을 의무화하였고, 1997년 3월에 레토르트파우치식품, 11월에 어육연제품, 1998년 가압·가열살균식품인 통·병조림, 1999년에 청량음료수 등에 HACCP 적용에 대한 기준을 설정하였다.

또 1998년 7월에 식품제조과정 관리 고도화에 관한 임시조치법인 HACCP 지원법이 제정·시행되었고, HACCP를 적용하기 위하여 건물 및 시설설비 등의 필요한 소요예산과 시설의 정비 시 금융, 세척제 등을 지원하였다.

그리고 정부는 정부승인품목 이외에 업체가 자발적으로 추진하도록 각종 자료나 규정을 제공하고, 지정한 식품협회를 통해 업체를 돕도록 하였다.

(5) 캐나다

캐나다 농무성(AC, Agriculture and Agri-Food Canada)에서는 1991년부터 식품안전강화계획(FSEP, Food Safety Enhancement Program)에 따라 HACCP 적용을 권장하고 있으며, 식품군별로 매뉴얼을 개발하여 산업체에 적용하고 있다. 1996년 9월 30일부터는 농산물, 축산물식품의 제조시설 및 껍질이 포함된 곡류선별소에 HACCP를 도입하기 시작하였다.

그리고 수산해양청(DFO, Department of Fisheries and Oceans)에서는 1992년 2월부터 수산식품에 대해 HACCP에 기초한 수산물품질관리프로그램(QMP, Quality Management Program)을 시행해 왔다.

그리고 1997년 4월부터 농무성 산하의 식품검사청(CFIA, Canadian Food Inspec-tion Agency)에서는 그동안 부처별로 나누어 운영하던 FSEP와 QMP를 통합 관리 운영하고 있다.

1-2. 한국의 법규

국내 HACCP 제도의 도입은 1993년부터 1995년 사이에 연구와 시범사업이 이루어졌다. 한국식품위생연구원(현 한국보건산업진흥원)이 주축이 되어 93년부터 94년 사이 식육햄·소시지의 HACCP 도입 연구, 95년 어육연제품(게맛살제품)의 HACCP 적용에 관한 연구 등 일반모델연구사업과 시범사업을 실시함으로써 HACCP 시스템의 기반을 구축하게 되었다.

그 후 1995년 12월에 식품위생법의 법률 개정으로 식품위생법 제32조의2(위해요소중점관리기준)의 규정을 최초 신설함으로써 HACCP 제도의 법적 근거를 마련하였다. 그리고 1996년에 보건복지부 산하 식품안전본부에서 별도의 법으로 "식품위해요소중점관리기준"을 제정하여 보건복지부령 제1996-75호로 고시되었다. 그리고 같은 해 식육햄류 및 소시지에 대한 식품위해요소중점관리기준이 마련되었고, 1997년 어육가공품 중 어묵류가 적용되었다.

한편 그 당시 1996년 4월에 보건복지부 소속기관으로 식품안전본부는 6개 지방식품의약품청을 흡수 통합하여 설립하고, 국립보건안전연구원은 독성연구소로 개편되었으며, 1998년 2월에 정부조직개편에 따라 식품의약품안전본부가 보건복지부 산하 외청인 식품의약품안전청(KFDA, Korea Food & Drug Administration)으로 승격되고 그 이후 2013년 정부조직의 개편에 따라 "식품의약품안전처"로 승격 오늘에 이르고 있다.

1997년 10월에 기존의 "식품위해요소중점관리기준"이 개정되어 보건복지부 고시 제1997-80호로 이어 1998년에 냉동수산식품 중 어류 등과 우유 등 유가공품의 일부에 대해 고시되었고, 이후 식품의약품안전청 고시로 수십회 개정되었다.

그리고 또 하나의 부서로 농림부 국립수의과학검역원에서는 1998년 6월 축산물가공처리법 제9조(위해요소중점관리기준)의 규정을 신설함으로써 축산물계통의 HACCP 제도가 분리·운영되기에 이르렀다. 아울러 세부적으로 축산물가공처리법 시행규칙 제7조(위해요소중점관리기준의 작성·운용 등)와 제7조의2, 제7조의3, 제7조의4, 제7조의5, 제7조의6을 법제화하여 HACCP를 운용·실행하게 되었다.

현재 우리나라 HACCP 제도의 관리운영부서로, 식품의약품안전처(MFDS)와 6개 지방청 및 한국식품안전관리인증원(KAHAS, Korea Agency of HACCP Accreditation & Service)이 있고, 이들은 모든 농산물식품과 냉동계통의 일부 수산물식품을 다루었다.

또 한편 수출을 목적으로 하는 수산물·수산가공품은 수산물품질관리법에 의거 수출목적으로 하는 수산물·수산가공품 위해요소중점관리기준이 적용되었다.

따라서 현재까지 연도에 따라 국내 HACCP 적용 현황을 부서별로 요약하면 다음과 같다.

(1) 식품의약품안전청(과거)과 식품의약품안전처(2015. 12 이전)

1995. 12	식품위생법 제32조의2(위해요소중점관리기준)항 HACCP 제도의 법적 근거 신설
1996. 12	"식품위해요소중점관리기준" 보건복지부 제정 고시(제1996-75호)
1997. 10	기존의 식품위해요소중점관리기준 개정 보건복지부 고시(제1997-80호)
	어육가공품 중 어묵류 HACCP 적용품목 추가

1998. 5	식품위해요소중점관리기준 개정을 식품의약품안전청 명의로 고시 후 8차 개정(2009)
1998. 2	냉동수산식품중 어류 등 HACCP 적용품목 추가
2000. 10	집단급식소, 식품접객업소의 조리식품, 도시락류 HACCP 적용품목 추가
2002. 6	비가열음료, 레토르트식품 HACCP 적용품목 추가
2002. 8	식품위생법 제32조의2 - 의무적용에 대한 법적 근거 마련
2003. 8	식품위생법 시행규칙 제43조의2 - 6개 의무적용대상 품목(어육가공품, 냉동수산식품, 냉동식품, 빙과류, 비가열음료, 레토르트식품) 지정
2005. 6	김치절임식품, 저산성통조림, 두부류 또는 묵류, 빵류, 소스류, 건포류, 특수영양식품 적용품목 추가
2006. 12	배추김치 적용대상품목 지정
2008. 4	면류 중 국수, 냉면, 당면, 유탕면류와 고춧가루, 생식류 HACCP 적용품목 추가
2009. 3	신신편의식품, 단순전처리식품, 기타가공품 등 HACCP 적용품목 추가
2009. 8	식품위생법 및 시행규칙 전문을 대대적으로 개정 (예) 식품위생법 제32조의2가 식품위생법 제48조(위해요소중점관리기준)으로 변경됨. 그 밖에도 많이 바뀜
2010. 11	소규모업소에 맞는 HACCP 관리기준 마련
2011. 6	식품소분업의 소분식품, 과자류, 음료류, 다류, 탁주 HACCP 적용품목 추가
2012 .5	선행요건 관리기준서 간소화규정 신설, 정기조사평가 차등관리제 도입
2012. 12	의무적용 품목을 매출액 및 종업원 수에 따라 단계별 시기 의무적용
2013. 1	정부조직개편으로 식품의약품안전처로 승격
2013. 12	HACCP 지정 및 사후관리평가 시 "과락제" 도입
2014. 5	HACCP 한글명칭을 "식품안전관리인증"으로 변경 및 한국식품안전관리인증원 법적 근거 고시
2014. 12	식품위해요소중점관리기준을 "식품안전관리인증기준"으로 변경하고 HACCP 로고 등 변경 식품이력추적 등록제품 인센티브 부여 고시, 부실학교급식 가역업체 연2회 정기조사·평가
2015. 12	"식품 및 축산물 안전관리인증기준" 통합 제정

(2) 농림수산식품부(과거)와 농림축산식품부(2015. 12 이전)

1997. 12	축산물가공처리법 제9조(위해요소중점관리기준) - 전문개정에서 법률 제5443호 법적 근거 신설
1998. 7	축산물가공처리법 시행규칙 제7조(축산물위해요소중점관리기준)와 제7조의2(위해요소중점관리기준의 작성·운용 등)에서 제7조의6까지 세부운영 기준 마련 - 전문개정으로 농림부령 제1287호 고시 ① 축산물가공장: 희망업체별 자율적용 ② 2000. 7. 1~2003. 6. 30 연차적으로 도축장 의무적용
1998~2004	햄류, 소시지류, 포장육, 우유류, 발효유류, 가공치즈, 자연치즈, 가공유류, 버터류, 양념육류, 분쇄가공육제품, 저지방우유류, 아이스크림의 자율적용기준 마련

2001.	수산물품질관리법 제22조(위해요소중점관리기준) 내지 제28조, 수산물품질관리법 시행규칙 제40조, 제41조, 제59조, 수출수산물위해요소중점관리기준
2001. 6	식육포장처리업 자율적용
2004. 1	축산물가공처리법 개정 - 집유업, 보관업, 판매업의 HACCP 자율적용
2005. 1	축산물위해요소중점관리기준 고시 개정 및 사료관리법에 의해 사료공장 HACCP 인증시행
2006. 1	사육농장 HACCP 자율적용
2006. 10	농림수산식품부 고시 - HACCP 담당기관으로 (사)축산물HACCP기준원 지정
2013.	정부조직개편으로 농림축산식품부와 해양수산부로 개편
2015. 12	"식품 및 축산물 안전관리인증기준" 통합 제정

(3) 식품의약품안전처의 식품 및 축산물안전관리인증기준 제정 고시

「식품안전관리인증기준」(식품의약품안전처 고시 제2014-192호, 2014.12.01)과 「축산물안전관리인증기준」(식품의약품안전처 고시 제2015-73호, 2015.10.07)으로 이원화되어 있는 HACCP 관련 고시를 통합하여 유사한 식품·축산물에 대해 각각 인증심사를 받아야 되는 기업의 고충을 해소하고 사후관리 평가기관 단일화 및 인증심사 평가표 통일 등 행정효율 제고 등을 도모하기 위해 「식품 및 축산물 안전관리인증기준」 제정안을 마련하고 그 시행을 위하여 필요한 사항을 정하려 한다는 제정이유를 밝히고 있다.

2. HACCP 제도의 적용대상식품과 범위

HACCP의 실시에는 비용이 발생하기 때문에 무엇보다도 HACCP 실시를 위한 정부나 경영자의 의지가 필요하다. 주요 국가의 HACCP 제도를 보면 표 1-2-1과 같고, 한국의 HACCP 의무적용 대상식품과 적용시기를 보면 표 1-2-2와 같다.

표 1-2-1 외국의 HACCP 적용대상식품과 적용시기에 대한 역사적 고찰 요약

국가명	적용대상	적용의무	비고
미국	도축장, 식육처리장, 식육제품, 도계처리장, 수산식품	강제적용	적용대상 이외는 식품업계가 자발적으로 이행
EU	식육 및 식육제품, 우유 및 유제품	강제적용	모든 식품에 적용을 추진 중
캐나다	식육, 생란 및 가공란(액란), 우유 및 유제품, 가공채소, 가공과일류	정부 승인	모든 식품에 적용을 추진 중
일본	도축장, 식육제품, 우유제품, 레토르트식품, 어육연제품, 통병조림, 청량음료	후생노동성 승인	적용대상 이외는 식품업계가 자발적으로 이행

표 1-2-2 한국의 HACCP 의무적용 대상식품과 적용시기

관리부서	적용품목	적용의무시기
식품의약품 안전처	1. 수산가공식품류의 어육가공품류 중 어묵·어육소시지 2. 기타수산물가공품 중 냉동 어류·연체류·조미가공품 3. 냉동식품 중 피자류·만두류·면류 4. 과자류, 빵류 또는 떡류 중 과자·캔디류·빵류·떡류 5. 빙과류 중 빙과 6. 음료류(다류 및 커피류는 제외한다) 7. 레토르트식품 8. 절임류 또는 조림류의 김치류 중 김치(배추를 주원료로 하여 절임, 양념혼합과정 등을 거쳐 이를 발효시킨 것이거나 발효시키지 아니한 것 또는 이를 가공한 것에 한한다) 9. 코코아가공품 또는 초콜릿류 중 초콜릿류 10. 면류 중 유탕면 또는 곡분, 전분, 전분질원료 등을 주원료로 반죽하여 손이나 기계 따위로 면을 뽑아내거나 자른 국수로서 생면·숙면·건면 11. 특수용도식품 12. 즉석섭취·편의식품류 중 즉석섭취식품 12의2. 즉석섭취·편의식품류의 즉석조리식품 중 순대 13. 식품제조·가공업의 영업소 중 전년도 총 매출액이 100억원 이상인 영업소에서 제조·가공하는 식품	1. 해당 식품유형별 2013년 매출액이 20억원 이상이고, 종업원 수가 51명 이상인 영업소에서 제조·가공하는 식품: 2014년 12월 1일 2. 해당 식품유형별 2013년 매출액이 5억원 이상이고, 종업원 수가 21명 이상인 영업소(이 항 제1호에 해당하는 영업소는 제외한다)에서 제조·가공하는 식품: 2016년 12월 1일 3. 해당 식품유형별 2013년 매출액이 1억원 이상이고, 종업원 수가 6명 이상인 영업소(이 항 제1호 또는 제2호에 해당하는 영업소 및 제62조 제1항 제13호의 개정규정에 해당하는 영업소는 제외한다)에서 제조·가공하는 식품: 2018년 12월 1일. 다만, 제62조 제1항 제8호의 개정규정 중 떡류의 경우로서 해당 떡류의 2013년 매출액이 1억원 이상이고, 종업원 수가 10명 이상인 영업소에서 제조·가공하는 떡류: 2017년 12월 1일 4. 제1호부터 제3호까지의 어느 하나에 해당하지 아니하는 영업소(제62조 제1항 제13호의 개정규정에 해당하는 영업소는 제외한다)에서 제조·가공하는 식품: 2020년 12월 1일 *즉석섭취·편의식품류의 즉석조리식품 중 순대 1. 2014년의 종업원 수가 2명 이상인 영업소에서 제조·가공하는 순대: 2016년 12월 1일 2. 제1호에 해당하지 아니하는 영업소에서 제조·가공하는 순대: 2017년 12월 1일 *식품제조·가공업의 영업소 중 전년도 총 매출액이 100억원 이상인 영업소에서 제조·가공하는 식품: 다음의 경우 6개월 범위 내에서 의무적용 시기 유예 가능

	1. HACCP 적용업소가 신규로 식품유형을 추가하려는 경우. 다만, 식품위생법 시행규칙 제62조 제1항 제1호부터 제12의2호에 해당하는 식품은 제외한다. 2. 전년도 매출액이 100억원 이상이 되어 해당연도에 신규 의무적용 대상이 된 경우
도축업, 집유업, 식육가공업, 유가공업, 알가공업, 식용란선별포장업	*식육가공업 1. 2016년 매출액이 20억원 이상인 영업소: 2018년 12월 1일 2. 2016년 매출액이 5억원 이상인 영업소: 2020년 12월 1일 3. 2016년 매출액이 1억원 이상인 영업소: 2022년 12월 1일 4. 1~3에 해당되지 않는 영업소: 2024년 12월 1일

3. HACCP 적용업소 인증절차

3-1. 법적 근거

식품 및 축산물 안전관리인증기준 제10조(안전관리인증기준 적용업소 인증신청 등)에는 "식품위생법 제48조 제3항에 따라 안전관리인증기준(HACCP) 적용업소로 인증받고자 하는 자와 같은 법 제48조의2 제2항에 따라 인증유효기간의 연장을 신청하려는 자는 식품위생법 시행규칙 제63조 제1항에 따라 동 규칙 별지 제52서식의 안전관리인증기준(HACCP) 적용업소 인증(연장)신청서(전자문서로 된 신청서를 포함한다)에 업소별 또는 적용대상 식품별 식품안전관리인증계획서(중요관리점 및 한계기준, 모니터링 체계, 개선조치 및 검증 절차 및 방법)를 첨부하여 한국식품안전관리인증원장에게 제출하여야 한다."로 규정하고 있다.

또 제11조(안전관리인증기준 적용업소의 인증 등)에는 "한국식품안전관리인증원장은 안전관리인증기준(HACCP) 적용업소의 인증 또는 연장 신청을 받은 때에는 신청인이 제출한 서류를 심사한 후 별표 4의 안전관리인증기준(HACCP) 실시상황평가표에 따라 현장조사를 실시하여 평가한다."로 규정하고 있다.

3-2. 인증신청방법

HACCP를 적용하고자 하는 식품 및 영업장 특성에 맞는 HACCP 관리계획을 수립하여 1개월 이상 시범적용한 후 표 1-2-3의 (1) "HACCP 적용업소 인증신청서"에 내용을 기입하고 한국식품안전관리인증원장에게 수수료와 함께 제출한다.

이를 이행하는 과정은 그림 1-2-1에서와 같이 "HACCP 적용업소 인증처리절차"에 따라 처리기한인 지정신청일로부터 40일(법정공휴일 및 보완기간 제외) 내에 HACCP 인증 여부를 판정받게 된다.

표 1-2-3 식품안전관리인증기준 적용업소 인증신청서

식품안전관리인증기준(HACCP)적용업소 인증(연장) 신청서

※ 첨부서류는 아래를 참고하시기 바라며, 색상이 어두운 난은 신청인이 적지 않습니다.

접수번호	접수일	발급일	처리기간 인증: 40일 연장: 60일

신청인	영업신고(등록) 번호		영업신고(등록) 연월일
	영업소명		전화번호
	소재지	본사	
		공장(사업장) ※ 집단급식소 중 위탁운영의 경우 그 이름과 소재지, 신고번호를 기재	
	대표자 성명		생년월일 (외국인의 경우 외국인 등록번호)
	HACCP팀장		생년월일

신청 내용	HACCP적용 식품명(유형)		인증번호	
	HACCP적용 품목별(유형) 1년간 생산실적			
	품목명	생산실적(단위: 천원)	품목명	생산실적(단위: 천원)
	품목명	생산실적(단위: 천원)	품목명	생산실적(단위: 천원)

「식품위생법」 제48조제3항 · 제48조의2제2항 및 같은 법 시행규칙 제63조제1항 · 제68조의2제2항에 따른 식품안전관리인증기준적용업소 인증 또는 인증 유효기간의 연장을 신청합니다.

년 월 일

신청인 (서명 또는 인)

인증기관의 장 귀하

첨부서류		수수료
첨부서류	1.「식품위생법」 제48조제1항에 따라 작성한 적용대상 식품별 식품안전관리인증계획서(중요관리점의 한계 기준, 모니터링 방법, 개선조치 및 검증방법을 기술한 자체 계획서 등을 말합니다) 2. 식품안전관리인증적용업소 인증서 원본(법 제48조의2제1항에 따른 인증 유효기간의 연장을 신청하는 경우만 제출합니다)	200,000원

처리절차

신청서 작성 → 접수 → 서류검토 (HACCP 관리 계획서) → 현지 확인 및 평가 (HACCP 실시 상황 평가) → 판정 → 결재 → HACCP 적용업소 인증서 발급

신청인 | 법 제48조제12항에 따른 위탁기관 (HACCP 적용업소 인증 담당부서)

3-3. HACCP 적용업소 인증처리절차

최초 인증신청 품목에 대하여 한국식품안전관리인증원장은 업소의 HACCP 적용 적정성 및 타당성을 심의하고 현장평가를 위해 현장평가일자를 통지한다. 평가위원은 식품안전관리인증기준 중 실시 상황평가표에 의거 현장을 평가한다. 그 결과 적합이 판정되면 인증업소로 인증받는다.

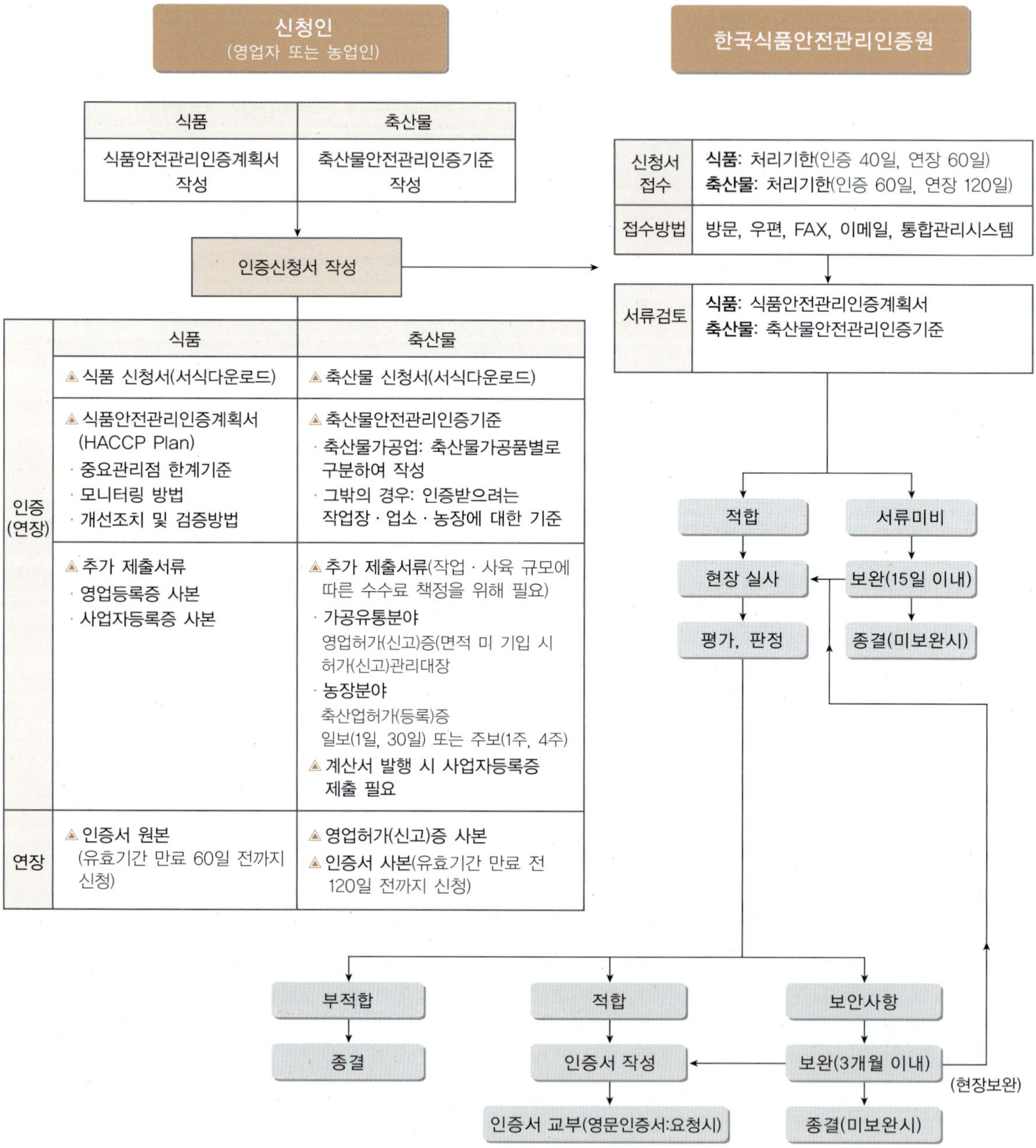

그림 1-2-1 HACCP 적용업소 인증신청 및 인증절차

4. HACCP 제도의 인증마크 표시

우리나라 식품의약품안전처에서 인증받은 식품의 HACCP 적용품목 심벌과 현판 견본은 다음의 그림 1-2-2 및 그림 1-2-3과 같다.

안전관리인증기준(HACCP) 적용심벌이나 현판은 다음 그림의 기본 심벌을 참조하여 제품 및 업소의 특성과 포장 재질 또는 디자인에 적합하게 다양한 색상과 크기를 적용하여 사용할 수 있다(식품 또는 축산물 구분이 필요한 경우 심벌 내부에 "식품안전관리인증 또는 축산물안전관리인증", "안전관리인증식품 또는 안전관리인증축산물"로 표시할 수 있음).

도축장, 집유장, 농장 / 그 밖의 HACCP 적용작업장·업소 / 축산물 안전관리통합인증업체

※ 사용하고자 하는 자가 사용장소에 맞게 색상 및 크기를 조정할 수 있으나 디자인은 본 견본과 같아야 한다.

그림 1-2-2 HACCP 적용품목 심벌

도축장, 집유장, 농장

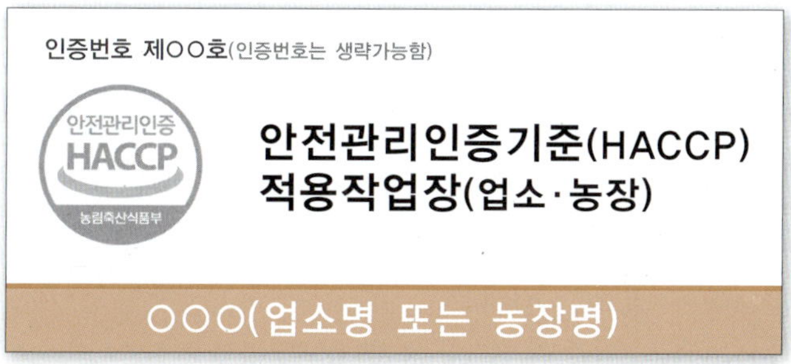

그 밖의 HACCP 적용작업장·업소

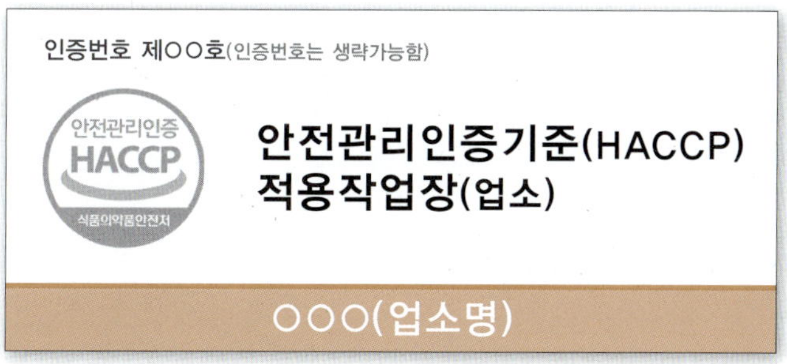

※ 사용하고자 하는 자가 사용장소에 맞게 색상 및 크기를 조정할 수 있으나 디자인과 가로(2):세로(1) 크기의 비는 가능한 본 견본과 같아야 한다.

그림 1-2-3 HACCP 적용(인증) 작업장·업소·농장 현판 견본

5. 정부의 HACCP 인증업소의 우대조치와 지원 등

5-1. HACCP 인증업소의 우대조치

HACCP 인증업소의 우대조치는 식품 및 축산물 안전관리인증기준 제27조에 의하여 식품의약품안전처장은 다음과 같이 우대조치를 취할 수 있다고 규정하고 있다.

(1) 출입·검사 및 수거 등 완화: 식품위생법 제48조 제11항 및 축산물 위생관리법 제19조 제1항

(2) HACCP 적용식품 인증표시 또는 적용업소 인증 사실에 대한 광고허용 우대: HACCP 적용품목 또는 업소에 한함

(3) 정부의 계약에 관한 우대: 국가를 당사자로 하는 계약에 관한 법률에 따른 우대조치

(4) 기타 HACCP 활성화 및 식품·축산물 안전성 제고에 필요하다고 인정되는 우대조치

또한 2007년 7월부터 시행되는 제조물 책임(PL, Product Liability)법의 식품업체의 안전성 대비 효과를 얻을 수 있을 것이고, 수출(외국업체의 요구사항)이나 입찰 시 충족 내지 대비 효과 등을 얻으리라 생각된다.

5-2. HACCP 인증업소에 대한 지원 등

식품위생법 시행규칙 제65조에서 식품의약품안전처장은 HACCP 인증을 받거나 받으려는 영업자에게는 다음 사항을 지원할 수 있다고 규정하고 있다.

(1) 식품안전관리인증기준 적용에 관한 전문적 기술과 교육

(2) 위해요소 분석 등에 필요한 검사

(3) 식품안전관리인증기준 적용을 위한 자문 비용

(4) 식품안전관리인증기준 적용을 위한 시설·설비 등 개·보수 비용

(5) 교육훈련 비용

제2편

HACCP 제도의 본론

Chapter 01

HACCP 제도의 법적 기본용어

"식품 및 축산물 안전관리인증기준" 제2조(정의)에서 사용하는 용어의 정의는 다음과 같다.

제2조(정의) 이 기준에서 사용하는 용어의 정의는 다음과 같다.

1) "식품 및 축산물 안전관리인증기준(Hazard Analysis and Critical Control Point, HACCP)"이란 「식품위생법」 및 「건강기능식품에 관한 법률」에 따른 「식품안전관리인증기준」과 「축산물 위생관리법」에 따른 「축산물안전관리인증기준」으로서, 식품(건강기능식품을 포함한다. 이하 같다)·축산물의 원료 관리, 제조·가공·조리·선별·처리·포장·소분·보관·유통·판매의 모든 과정에서 위해한 물질이 식품 또는 축산물에 섞이거나 식품 또는 축산물이 오염되는 것을 방지하기 위하여 각 과정의 위해요소를 확인·평가하여 중점적으로 관리하는 기준을 말한다(이하 "안전관리인증기준(HACCP)"이라 한다).

2) "위해요소(Hazard)"란 「식품위생법」 제4조(위해식품 등의 판매 등 금지), 「건강기능식품에 관한 법률」 제23조(위해 건강기능식품 등의 판매 등의 금지) 및 「축산물 위생관리법」 제33조(판매 등의 금지)의 규정에서 정하고 있는 인체의 건강을 해할 우려가 있는 생물학적, 화학적 또는 물리적 인자나 조건을 말한다.

3) "위해요소 분석(Hazard Analysis)"이란 식품·축산물 안전에 영향을 줄 수 있는 위해요소와 이를 유발할 수 있는 조건이 존재하는지 여부를 판별하기 위하여 필요한 정보를 수집하고 평가하는 일련의 과정을 말한다.

4) "중요관리점(Critical Control Point: CCP)"이란 안전관리인증기준(HACCP)을 적용하여 식품·축산물의 위해요소를 예방·제어하거나 허용 수준 이하로 감소시켜 당해 식품·축산물의 안전성을 확보할 수 있는 중요한 단계·과정 또는 공정을 말한다.

5) “한계기준(Critical Limit)”이란 중요관리점에서의 위해요소 관리가 허용범위 이내로 충분히 이루어지고 있는지 여부를 판단할 수 있는 기준이나 기준치를 말한다.

6) “모니터링(Monitoring)”이란 중요관리점에 설정된 한계기준을 적절히 관리하고 있는지 여부를 확인하기 위하여 수행하는 일련의 계획된 관찰이나 측정하는 행위 등을 말한다.

7) “개선조치(Corrective Action)”란 모니터링 결과 중요관리점의 한계기준을 이탈할 경우에 취하는 일련의 조치를 말한다.

8) “선행요건(Pre-requisite Program)”이란 「식품위생법」, 「건강기능식품에 관한 법률」, 「축산물 위생관리법」에 따라 안전관리인증기준(HACCP)을 적용하기 위한 위생관리프로그램을 말한다.

9) “안전관리인증기준 관리계획(HACCP Plan)”이란 식품·축산물의 원료 구입에서부터 최종 판매에 이르는 전 과정에서 위해가 발생할 우려가 있는 요소를 사전에 확인하여 허용 수준 이하로 감소시키거나 제어 또는 예방할 목적으로 안전관리인증기준(HACCP)에 따라 작성한 제조·가공·조리·선별·처리·포장·소분·보관·유통·판매 공정 관리문서나 도표 또는 계획을 말한다.

10) “검증(Verification)”이란 안전관리인증기준(HACCP) 관리계획의 유효성(Validation)과 실행(Implementation) 여부를 정기적으로 평가하는 일련의 활동(적용 방법과 절차, 확인 및 기타 평가 등을 수행하는 행위를 포함한다)을 말한다.

11) “안전관리인증기준(HACCP) 적용업소”란 「식품위생법」, 「건강기능식품에 관한 법률」에 따라 안전관리인증기준(HACCP)을 적용·준수하여 식품을 제조·가공·조리·소분·유통·판매하는 업소와 「축산물 위생관리법」에 따라 안전관리인증기준(HACCP)을 적용·준수하고 있는 안전관리인증작업장·안전관리인증업소·안전관리인증농장 또는 축산물안전관리통합인증업체 등을 말한다.

12) “관리책임자”란 「축산물 위생관리법」에 따른 자체안전관리인증기준 적용 작업장 및 안전관리인증기준(HACCP) 적용 작업장 등의 영업자·농업인이 안전관리인증기준(HACCP) 운영 및 관리를 직접 할 수 없는 경우 해당 안전관리인증기준 운영 및 관리를 총괄적으로 책임지고 운영하도록 지정한 자(영업자·농업인을 포함한다)를 말한다.

13) “통합관리프로그램”이란 「축산물 위생관리법」 시행규칙 제7조의3 제4항 제3호에 따라 축산물안전관리통합인증업체에 참여하는 각각의 작업장·업소·농장에 안전관리인증기준(HACCP)을 적용·운용하고 있는 통합적인 위생관리프로그램을 말한다.

HACCP 제도의 실무평가 – 선행요건과 HACCP의 실시평가 요약

1. 선행요건의 분류(분야)

선행요건은 아래와 같이 유사한 업종끼리 3가지 분류로 구분 즉, 가. 식품제조·가공업소 등(8항목) 나. 기타식품판매업소(6항목) 다. 식품소분업소 등(15개 단문장) 형태로 설정되어 있다.
이상과 같이 언급한 두가지 선행요건과 더불어 준수하여야 할 선행요건의 별표에는 다음과 같이 총 6개의 분야로 나누어 실시되고 있다.

Ⅰ. 식품제조·가공업소, 건강기능식품제조업소, 집단급식소식품판매업소, 축산물작업장·업소(8항목)
Ⅱ. 집단급식소, 식품접객업소(위탁급식영업소) 및 운반급식(개별 또는 벌크 포장)(8항목)
Ⅲ. 기타식품판매업소(6항목)
Ⅳ. 소규모업소(연매출이 5억원 미만이거나 종업원수가 21인 미만인 업소), 즉석판매제조·가공업소(15개 단문장)
Ⅴ. 식품소분업소(15개 단문장)
Ⅵ. 식품접객업소(일반음식점, 휴게음식점, 제과점)(15개 단문장)

2. HACCP의 실시평가표

HACCP 적용업소 및 적용품목에 대해 정기조사, 평가 차등관리를 위하여 "HACCP 실시평가표"(제11조 관련)의 내용을 보면 아래와 같다.

(1) 공통사항
(2) 선행요건 관리
1) 인증 및 사후관리용: 식품제조·가공업소 등 52문항(평가결과점수 0~3점/1문항)
2) 인증 및 사후관리용: 집단급식소 등 71문항(평가결과점수 0~3점/1문항)
3) 인증 및 사후관리용: 기타식품판매업소 36문항(평가결과점수 0~3점/1문항)
4) 인증 및 사후관리용: 소규모업소 등 15개 단문장(적합, 부적합/1문항)

(3) HACCP 관리
1) 인증평가용(식품제조·가공업소, 건강기능식품제조업소, 집단급식소, 식품접객업소(위탁급식영업), 집단급식소식품판매업소, 운반급식업소(개별 또는 벌크 포장), 축산물작업장·업소) 7항목
2) 인증평가용(기타식품판매업소) 7항목
3) 사후관리용(식품제조·가공업소, 건강기능식품제조업소, 집단급식소, 식품접객업소(위탁급식영업), 집단급식소식품판매업소, 운반급식업소(개별 또는 벌크 포장), 축산물작업장·업소) 7항목
4) 사후관리용(기타식품판매업소) 7항목

(4) 소규모업소 등
1) 인증평가용 20개 단문장(적합, 부적합)   2) 사후관리용 20개 단문장(준수, 미준수)

(5) 식품소분업소 등
1) 인증평가용 20개 단문장(적합, 부적합)   2) 사후관리용 20개 단문장(준수, 미준수)

(6) 식품접객업소(일반음식점, 휴게음식점, 제과점)
1) 인증평가용 20개 단문장(적합, 부적합)   2) 사후관리용 20개 단문장(준수, 미준수)

(7) 운반급식업소
1) 인증평가용 25개 단문장(적합, 부적합)   2) 사후관리용 25개 단문장(준수, 미준수)

Chapter 02

HACCP 제도의 선행요건

1. 법적 근거

HACCP 적용업소는 해당 식품의 안전성을 확보하기 위하여 제조·가공·조리·소분·유통의 공정/단계별로 유입 가능한 생물학적, 화학적 또는 물리적 위해요소의 유입경로를 파악하고 해당 위해요소를 안전한 수준까지 감소시키거나 안전히 제어할 수 있도록 HACCP 관리체계를 구축하여야 한다.

HACCP 관리체계의 구축을 위해서는 먼저 법률적 요건을 포함한 선행요건프로그램을 개발하여 시행하면서 이를 토대로 해당 제품에서의 중요한 위해요소를 중점적으로 관리함으로써 완전한 식품이 공급될 수 있도록 식품별 HACCP 관리계획(HACCP Plan)을 개발하여야 한다.

우리가 식품의 위해요소 중점관리, 즉 HACCP 관리계획을 세워 본격적으로 HACCP 7원칙 12절차에 의한 관리에 앞서 사전에 해야 할 조건으로 선행요건이 필요하며, 이에 대한 법적 근거를 보면 "식품 및 축산물 안전관리인증기준" 제5조(선행요건 관리)와 같다.

제5조【선행요건 관리】

① 「식품위생법」 및 「건강기능식품에 관한 법률」, 「축산물 위생관리법」에 따른 안전관리인증기준(HACCP) 적용업소(도축장, 농장은 제외한다)는 다음 각 호와 관련된 별표 1의 선행요건을 준수하여야 한다.

1. 식품(식품첨가물 포함)제조·가공업소, 건강기능식품제조업소, 집단급식소식품판매업소, 축산물작업장·업소
   - 가. 영업장 관리
   - 나. 위생 관리
   - 다. 제조·가공·조리 시설·설비 관리
   - 라. 냉장·냉동 시설·설비 관리
   - 마. 용수 관리
   - 바. 보관·운송 관리
   - 사. 검사 관리
   - 아. 회수프로그램 관리
2. 집단급식소, 식품접객업소(위탁급식영업), 도시락제조·가공업소(운반급식 포함)
   - 가. 영업장 관리
   - 나. 위생 관리
   - 다. 제조·가공·조리 시설·설비 관리
   - 라. 냉장·냉동 시설·설비 관리
   - 마. 용수 관리
   - 바. 보관·운송 관리
   - 사. 검사 관리
   - 아. 회수프로그램 관리
3. 기타식품판매업소
   - 가. 입고 관리
   - 나. 보관 관리
   - 다. 작업 관리
   - 라. 포장 관리
   - 마. 진열·판매 관리
   - 바. 반품·회수 관리

4. 소규모업소, 즉석판매제조·가공업소, 식품소분업소, 식품접객업소(일반음식점·휴게음식점·제과점)
   가. 작업장(조리장), 개인위생 관리
   나. 방충·방서 관리
   다. 종업원 교육
   라. 세척·소독 관리
   마. 입고·보관 관리
   바. 용수 관리
   사. 검사 관리
   아. 냉장·냉동창고 온도 관리
   자. 이물 관리

② 「축산물 위생관리법」에 따른 안전관리인증기준(HACCP) 적용업소 중 도축장, 농장은 다음 각 호와 관련된 선행요건을 준수하여야 한다.

1. 도축장
   가. 위생 관리기준
   나. 영업자·농업인 및 종업원의 교육·훈련
   다. 검사 관리(법 제17조 및 제18조의 규정에 따른 미검사품 및 검사 불합격품 사후관리 포함)
   라. 회수프로그램 관리
   마. 제조·가공 시설·설비 등 환경관리(영업장, 방충·방서, 채광 및 조명, 환기, 배관, 배수, 용수, 탈의실, 화장실 등)
2. 농장
   가. 차단방역 관리
   나. 농장시설·설비 관리, 부화장시설·설비 관리
   다. 농장위생 관리, 부화장위생 관리
   라. 사료·동물용의약품·음수·용수 관리
   마. 질병 관리
   바. 반입 및 출하 관리
   사. 착유 관리, 알 관리(해당 축종에 한함), 종란 관리(부화장에 한함)

③ 안전관리인증기준(HACCP) 적용업소는 제1항 또는 제2항의 선행요건 준수를 위해 필요한 관리계획 등을 포함하는 선행요건 관리기준서를 작성하여 비치하여야 한다. 다만, 제1항 또는 제2항의 선행요건을 포함하는 자체 위생관리기준서를 작성·비치한 경우 이를 선행요건 관리기준서로 갈음 또는 대체할 수 있다.

④ 제1항 및 제2항에도 불구하고 해당 가공품 유형의 연매출액이 5억원 미만이거나 종업원 수가 21명 미만인 식품(식품첨가물 포함)제조·가공업소, 건강기능식품제조업소 및 축산물가공업소와 해당 영업장의 연 매출액이 5억원 미만이거나 종업원 수가 10명 미만인 집단급식소식품판매업소, 식육포장처리업소, 축산물운반업소, 축산물보관업소, 축산물판매업소 및 식육즉석판매가공업소(이하 "소규모업소"라 한다)는 별표 1의 소규모업소용 선행요건을 준수할 수 있다.

⑤ 제3조의 단서규정에 따라 국외에 소재하여 식품·축산물을 제조·가공하는 영업자의 경우에는 국제식품규격위원회(Codex Alimentarius Commission)의 우수위생기준(Good Hygienic Practice)을 선행요건으로 적용할 수 있다.

⑥ 제3항에 따른 선행요건 관리기준서를 제정하거나 이를 개정한 때에는 일자, 담당자 및 HACCP팀장 또는 영업자의 이름을 적고 서명하여야 한다.

그래서 법적인 선행요건에는 1. 식품제조·가공업소 건강기능식품제조업소 및 집단급식소식품판매업소 총 52 항목과 2. 집단급식소, 식품접객업소(위탁급식영업) 및 도시락제조·가공업소(운반급식 포함) 총 71 항목으로 나누어 규정이 되어 있는데, 1과 2는 항목과 내용이 비슷하므로 다음 2항에서 같은 내용은 통합해 규정하였고 차이가 있는 부분은 별도로 구분해 표시하였다.

2. 식품제조·가공업소, 건강기능식품제조업소와 집단급식소식품판매업소, 축산물 작업장·업소와 집단급식소, 식품접객업소(위탁급식영역) 및 운반급식업소(개별 또는 벌크포장)의 선행요건(제5조 관련 별표1)(8항목)

2-1. 영업장 관리

작업장

1. 식품제조·가공업소, 건강기능식품제조업소, 집단급식소식품판매업소 및 축산물작업장·업소(이하 식품제조·가공업소 등으로 생략함) 작업장은 독립된 건물이거나 식품취급외의 용도로 사용되는 시설과 분리(벽·층 등에 의하여 별도의 방 또는 공간으로 구별되는 경우를 말한다. 이하 같다)되어야 한다.

1. 집단급식소, 식품접객업소 및 운반급식업소(이하 집답급식소 등으로 생략함) 영업장은 독립된 건물이거나 해당 영업신고를 한 업종 외의 용도로 사용하는 시설과 분리(벽·층 등에 의하여 별도의 방 또는 공간으로 구별되는 경우를 말한다. 이하 같다)되어야 한다.

2. (식품제조·가공업소 등과 집단급식소 등) 작업장(출입문, 창문, 벽, 천장 등)은 누수, 외부의 오염물질이나 해충·설치류 등의 유입을 차단할 수 있도록 밀폐 가능한 구조이어야 한다.

3. (식품제조·가공업소 등과 집단급식소 등) 작업장은 청결구역(식품의 특성에 따라 청결구역은 청결구역과 준청결구역으로 구별할 수 있다)과 일반구역으로 분리하고, 제품의 특성과 공정에 따라 분리, 구획 또는 구분할 수 있다.

에어커튼은 공기흐름을 차단하는 장치로 방충망 대용으로(그림 2-2-2처럼 일부 출입구 세 곳만 설치), 작업자가 출입하는 냉장·냉동고의 냉기보호용으로 사용. 더불어 날벌레와 분진, 먼지를 막아줌. 그러나 작업장 내부 출입문의 에어커튼 설치는 바닥먼지를 일으켜 작업장을 오염시킬 우려가 있음.

그림 2-2-1 출입문에 설치하는 에어커튼

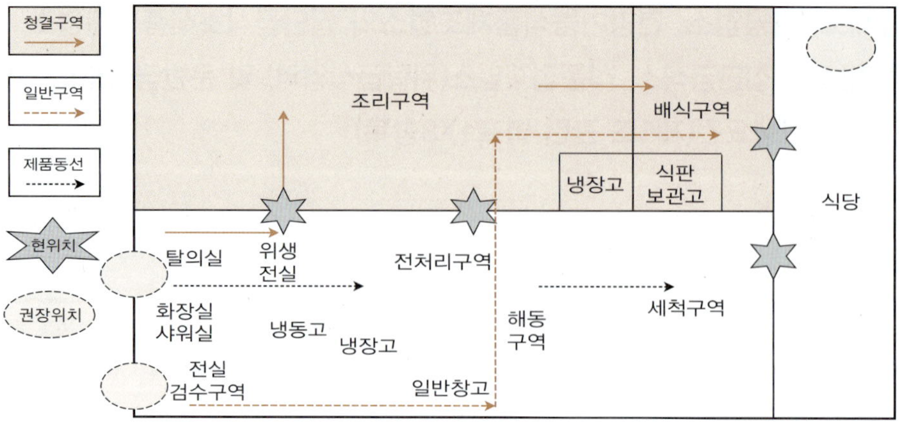

그림 2-2-2 집단급식소의 청결구역과 일반구역 및 에어커튼 설치장소 예

건물 바닥, 벽, 천장

4. (식품제조·가공업소 등과 집단급식소 등) 원료처리실, 제조·가공실(식품제조·가공업소 등), 조리실(집단급식소 등) 및 내포장실의 바닥, 벽, 천장, 출입문, 창문 등은 제조·가공·조리(집단급식소 등)하는 식품의 특성에 따라 내수성 또는 내열성 등의 재질을 사용하거나 이러한 처리를 하여야 하고, 바닥은 파여 있거나 갈라진 틈이 없어야 하며, 작업 특성상 필요한 경우를 제외하고는 마른 상태를 유지하여야 한다. 이 경우 바닥, 벽, 천장 등 에 타일 등과 같이 홈이 있는 재질을 사용한 때에는 홈에 먼지, 곰팡이, 이물 등이 끼지 아니하도록 청결하게 관리하여야 한다.

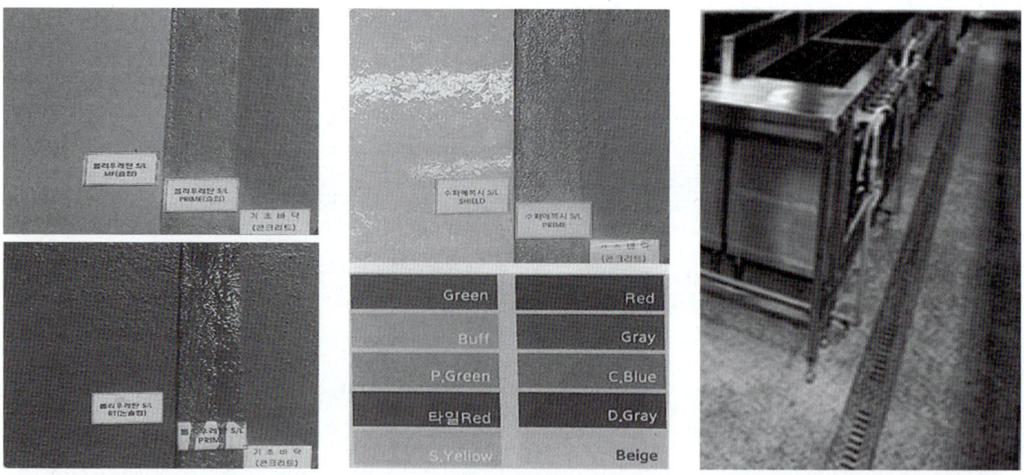

폴리우레탄(슬립과 논슬립)계열 / 슈퍼에폭시계열 / MMA계 resin(독일수입)

바닥은 항상 마른 상태여야 하고 패이거나 흠집이 있으면 안 된다. 내수성, 내부식성이 있어야 한다.
MMA(methyl methacrylate reactive resin)

그림 2-2-3 작업장 바닥의 방수성 자재

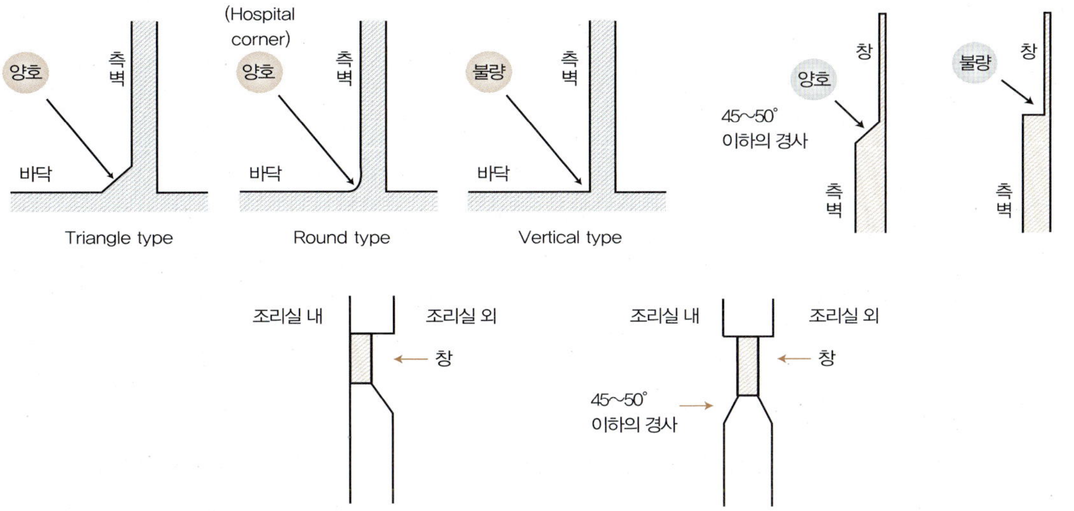

그림 2-2-4 **작업장(조리실 등)의 바닥코너, 벽체, 창문**

자외선 차단 형광등

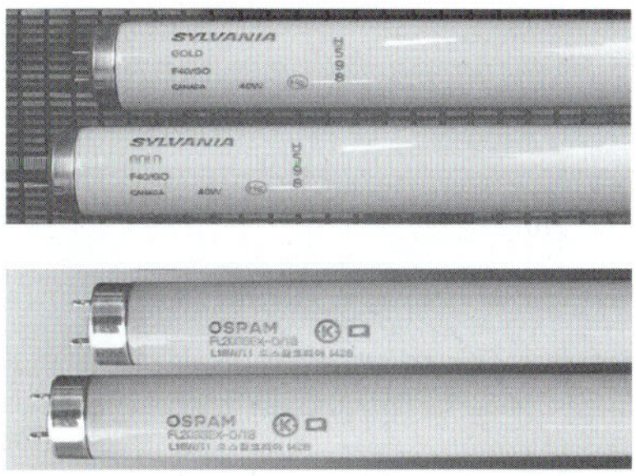

일반형광등

자외선 차단 형광등: 자외선 차단 필름 코팅을 통해 해충에게 민감한 UV A 파장대의 빛을 차단시킨 형광등(해충이 선호하는 파장: 340nm)

특징
1. 근자외선(200~380nm)의 차단
2. 해충의 유인 억제 및 활발한 활동 억제
3. 형광등의 파손으로 인한 비산방지 효과

그림 2-2-5 **천장에 설치하는 자외선 차단 형광등**

배수 및 배관

5. (식품제조·가공업소 등과 집단급식소 등) 작업장은 배수가 잘 되어야 하고 배수로에 퇴적물이 쌓이지 아니하여야 하며, 배수구, 배수관 등은 역류가 되지 아니하도록 관리하여야 한다.

6. (집단급식소 등) 배관과 배관의 연결부위는 인체에 무해한 재질이어야 하며, 응결수가 발생하지 아니하도록 단열재 등으로 보온 처리하거나 이에 상응하는 적절한 조치를 취하여야 한다.

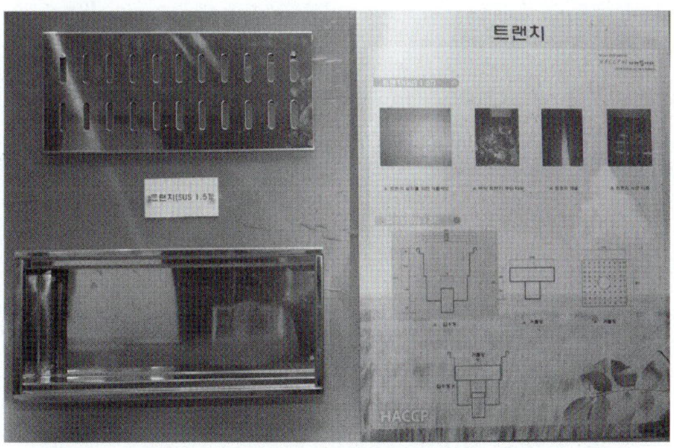

물이 고이면 안 되며 퇴적물이 쌓여서도 안 된다

그림 2-2-6 **작업장 배수로의 트랜치 종류**

출입구

6. (식품제조·가공업소 등), 8. (집단급식소 등) 작업장의 출입구에는 구역별 복장착용 방법을 게시하여야 하고, 개인위생 관리를 위한 세척, 건조, 소독설비 등을 구비하여야 하며, 작업자는 세척 또는 소독 등을 통해 오염가능성 물질 등을 제거한 후작업에 임하여야 한다.

7. (집단급식소 등) 작업장 외부로 연결되는 출입문에는 먼지나 해충 등의 유입을 방지하기 위한 완충구역이나 방충이중문 등을 설치하여야 한다.

철저한 위생이 요구되는 제조·가공·조리라인에 입실할 때에는 의복 등에 부착되어 있는 먼지나 머리카락 등 이물과 같은 오염물질이 실내로 유입되지 않도록 입구의 양 옆이나 위에 에어샤워기(Air shower)를 설치하고 청정한 공기를 불어넣어 세정한 후 입실한다.

그림 2-2-7 **출입구의 에어샤워기와 발판소독대**

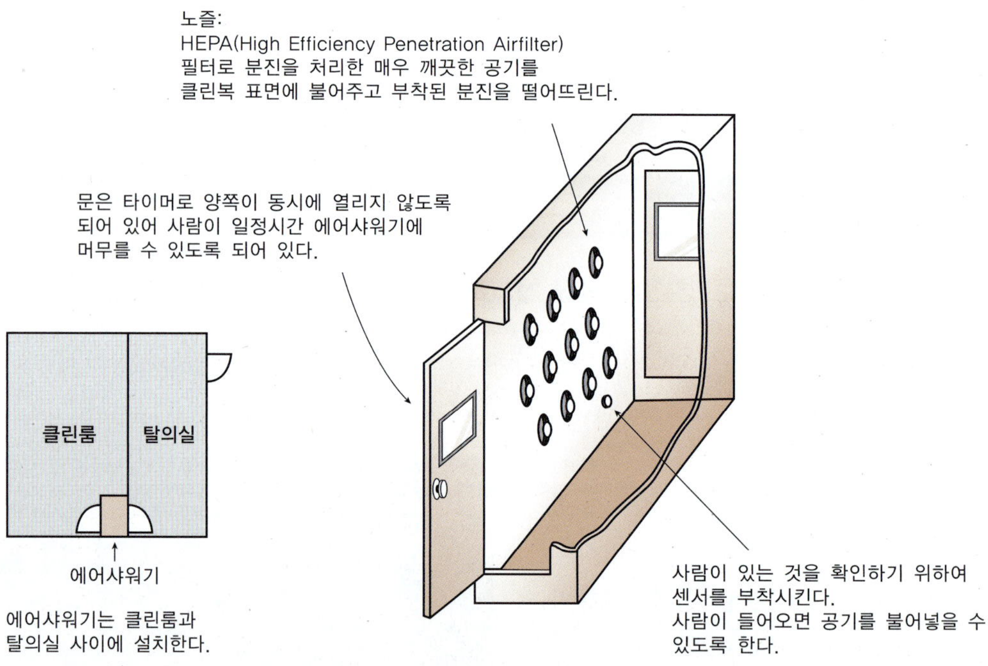

앞뒤로 각각 문이 있고 일정시간 머무를 수 있는 타이머가 있다. 사람이 들어오면 측면에 부착한 센서에 의해 감지된다. 통로 측면에는 HEPA 필터로 분진을 처리한 매우 깨끗한 공기를 위생복 등의 표면에 불어주고 부착된 분진을 떨어뜨린다. 에어샤워기는 클린룸과 탈의실 사이에 설치한다.

그림 2-2-8 **에어샤워기의 구조와 위치**

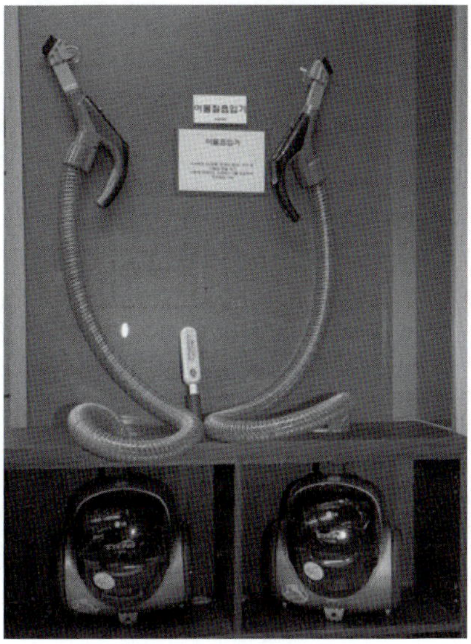

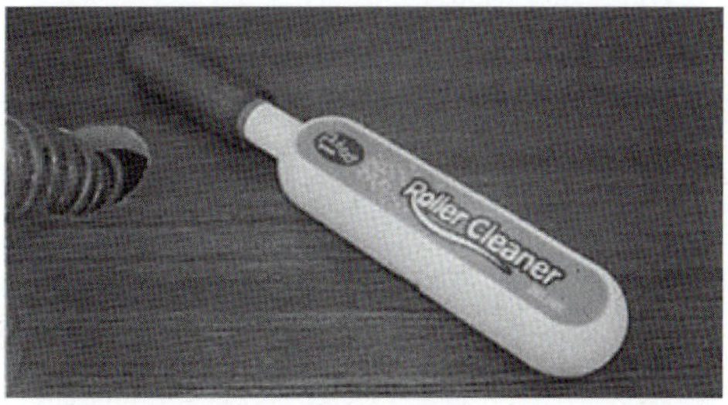

2인 1조로 의복 및 위생복장에 붙어 있는 먼지나 머리카락 등 이물 등의 오염물질이 실내로 유입되지 않도록 하는 에어샤워기와 같은 효과를 낼 수 있다. 에어샤워기는 시설 설치에 따른 경제적인 부담이 발생하기 때문에 적은 경비로 진공청소기와 같은 이물흡입기를 사용하면 된다. 또는 롤러크리너로 먼지 등을 문질러 털어준다.

그림 2-2-9 **출입구의 이물흡입기 등**

통로

7. (식품제조·가공업소 등), 9. (집단급식소 등) 작업장 내부에는 종업원의 이동경로를 표시하여야 하고, 이동경로에는 물건을 적재하거나 다른 용도로 사용하지 아니하여야 한다.

창

8. (식품제조·가공업소 등), 10. (집단급식소 등) 창의 유리는 파손 시 유리조각이 작업장내로 흩어지거나 원·부자재 등으로 혼입되지 아니하도록 하여야 한다.

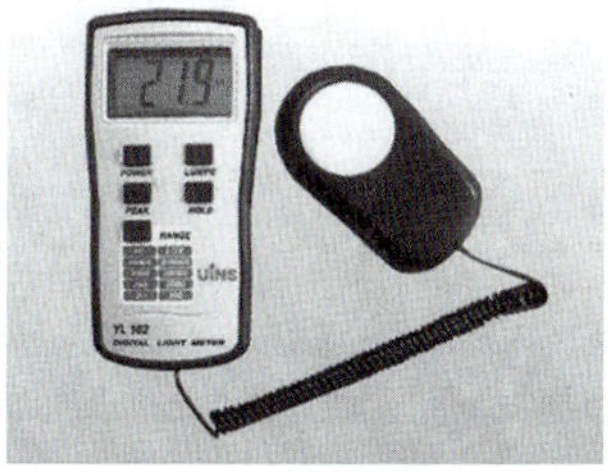

조도 확보가 필요한 위치에서 조도를 측정할 때 빛의 세기를 전류로 변환시켜 측정하고자 하는 면에 입사된 빛의 양을 직접 측정하도록 된 장치이다.

그림 2-2-10 **조도계**

채광 및 조명

9. (식품제조·가공업소 등) 작업실 안은 작업이 용이하도록 자연채광 또는 인공조명장치를 이용하여 밝기는 220룩스 이상을 유지하여야 하고, 특히 선별 및 검사구역 작업장 등은 육안확인이 필요한 조도(540룩스 이상)를 유지하여야 한다.

11. (집단급식소 등) 선별 및 검사구역 작업장 등은 육안확인이 필요한 조도(540룩스 이상)를 유지하여야 한다.

10. (식품제조·가공업소 등), 12. (집단급식소 등) 채광 및 조명시설은 내부식성 재질을 사용하여야 하며, 식품이 노출되거나 내포장 작업을 하는 작업장에는 파손이나 이물 낙하 등에 의한 오염을 방지하기 위한 보호장치를 하여야 한다.

부대시설

- 화장실, 탈의실, 휴게실

11. (식품제조·가공업소 등), 13. (집단급식소 등) 화장실, 탈의실 등은 내부 공기를 외부로 배출할 수 있는 별도의 환기시설을 갖추어야 하며, 화장실 등의 벽과 바닥, 천장, 문은 내수성, 내부식성의 재질을 사용하여야 한다. 또한, 화장실의 출입구에는 세척, 건조, 소독설비 등을 구비하여야 한다.

12. (식품제조·가공업소 등), 14. (집단급식소 등) 탈의실은 외출복장(신발 포함)과 위생복장(신발 포함)간의 교차오염이 발생하지 아니하도록 구분·보관하여야 한다.

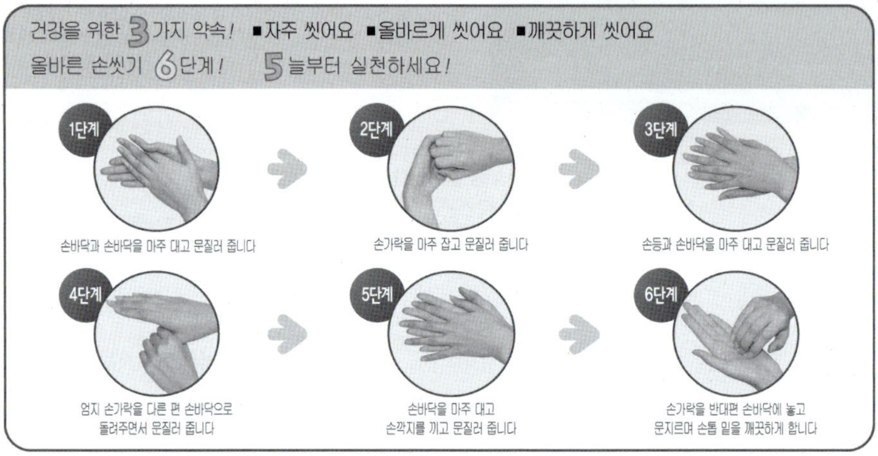

손 씻기는 언제 필요할까요?

- 원료성 제품을 취급하고 가공제품을 만질 때
- 오염된 장비나 도구 등을 만진 후
- 머리, 얼굴 또는 몸 등 신체부위를 만진 후
- 재채기나 기침, 콧물을 흘렸을 때
- 흡연을 한 후
- 음식을 먹거나 마신 후
- 청소 후
- 쓰레기를 치운 후
- 화장실을 이용한 후
- 조리작업을 시작하기 전이나 끝난 후
- 작업장 입실 시
- 조리작업 중 주기적으로

그림 2-2-11 화장실 등에서 손 씻는 요령

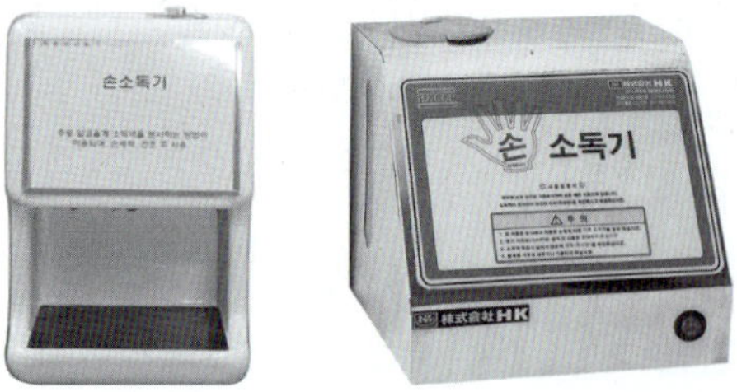

손 소독기의 U자형 공간에 손을 대면 센서에 의해 소독제가 자동으로 분무되며 두손을 비벼주는 사이에 바람이 나와 건조까지 해준다.

※ 손을 물로 씻을 때 손 씻는 방법을 적어둔 안내판을 반드시 게시하여야 한다.

그림 2-2-12 손 소독기

세척제를 공급장치에 투입

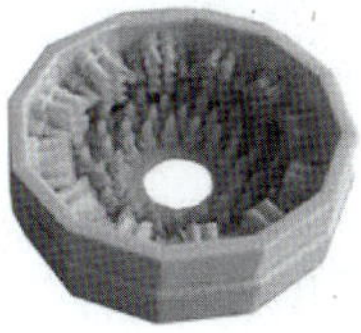

손톱솔

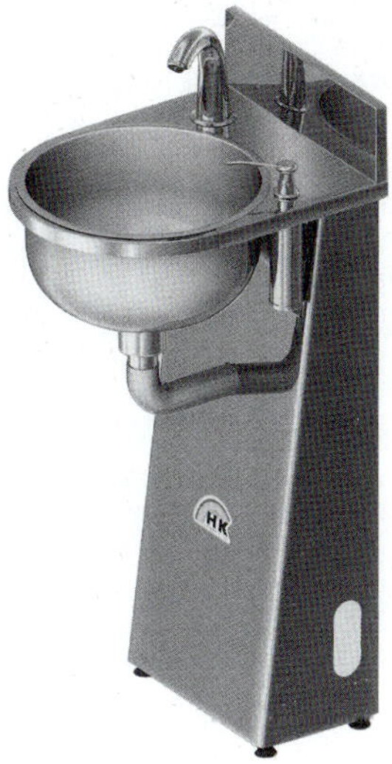

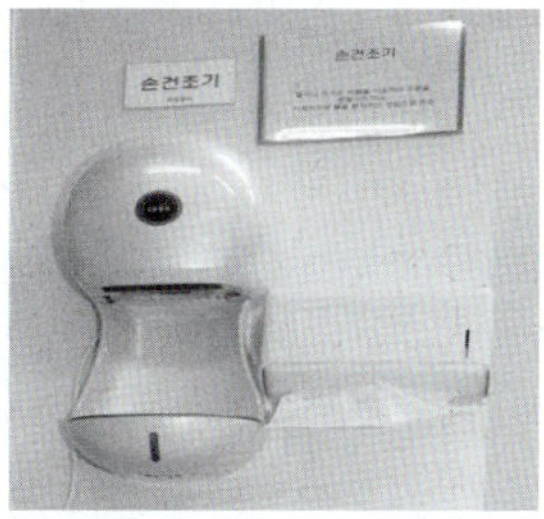

열이나 뜨거운 바람을 이용하여 수분을 증발시키거나 기계적으로 물을 분리하는 방법으로 건조한다.

손 위생관리에서 손으로 식품을 직접 취급해야 하는 작업장에서 식품을 취급하기 전이나 생식품 취급 후, 바로 먹을 수 있는 식품 취급 전, 화장실 사용 후 등 올바른 손 씻기는 손에 의한 오염을 막기 위해 대단히 중요한데, 이 올바른 손씻기법에는 손톱솔 사용이 요구된다. 손톱솔은 적당히 부드러우면서도 손톱 밑과 주위의 오물을 쉽게 제거할 수 있는, 그러면서도 피부를 상하게 하지 않는 솔을 사용하여야 한다.

그림 2-2-13 **세척제 공급장치, 손톱솔, 손 세척대와 손 건조기**

신발장 위치

청결구역에 들어가기 전에는 신발장이나 옷장 등이 따로 구분되어 있으며 외부에서 신었던 신발은 아래 칸에, 깨끗한 위생화는 위 칸에 두고 따로 관리한다. 옷장이나 신발장은 천장과 띄어 공간을 두기 보다는 붙어 있는 것이 바람직하다. 그 이유는 옷장 위에 먼지가 쌓이기 때문이다.

그림 2-2-14 **신발장의 외출신발과 위생화(장화)의 구분**

앞에서 언급한 바와 같이 옷장도 신발장과 같이 구분하여 관리한다. 위생복은 일반구역, 준청결 및 청결구역에 따라 구분하고 외부옷과도 분리하여 보관하여야 한다.

청결구역 위생복

준청결구역 위생복

일반구역 위생복

작업구역마다 옷을 다르게 입음으로써 구분을 둔다. 혹시나 다른 구역으로 넘어갔을 때도 확실히 알게 하기 위함이다. 탈의실 천장은 내부식성·내수성이 강한 재질로 한다. 천장의 세척소독이 용이하여 천장에서 생기는 이물이 떨어지는 것을 방지해야 한다.

그림 2-2-15 **청결구역·준청결구역·일반구역의 위생복 구분**

2-2. 위생 관리

작업환경 관리

- 동선 계획 및 공정간 오염방지

13. (식품제조·가공업소 등) 원·부자재의 입고에서부터 출고까지 물류 및 종업원의 이동 동선을 설정하고 이를 준수하여야 한다.

14. (식품제조·가공업소 등) 원료의 입고에서부터 제조·가공, 보관, 운송에 이르기까지 모든 단계에서 혼입될 수 있는 이물에 대한 관리계획을 수립하고 이를 준수하여야 하며, 필요한 경우 이를 관리할 수 있는 시설·장비를 설치하여야 한다.

15. (식품제조·가공업소 등), 16. (집단급식소 등) 청결구역과 일반구역별로 각각 출입, 복장, 세척·소독 기준 등을 포함하는 위생 수칙을 설정하여 관리하여야 한다.

15. (집단급식소 등) 식자재의 반입부터 배식 또는 출하에 이르는 전 과정에서 교차오염 방지를 위하여 물류 및 출입자의 이동 동선을 설정하고 이를 준수하여야 한다.

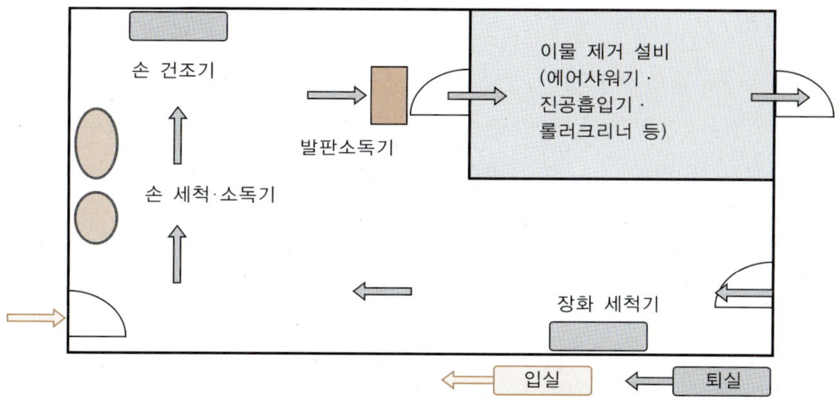

위생전실은 작업하기 전에 몸에 있는 이물들을 제거하고 손 세척·소독을 하여 작업장에 들어가는 공간을 말한다. 이 위생전실에서 일반구역과 청결구역에서 일하는 작업자들은 각자 일하는 구역으로 나누어지게 된다. 다시 말해 이물제거기(에어샤워기 등), 손 세척대, 손 씻는 방법, 손 씻고 소독·건조하는 장소를 말하는데, 일반구역에서 청결구역으로 이동할 때 반드시 위생전실을 통과하여야 한다.

그림 2-2-16 위생전실의 이동 동선 예

❖ 교차오염의 발생 요인

구분	교차오염의 발생 요인
사람	현장종업원, 관리자, 보수유지업자, 식재료공급업자, 견학자 등
물건	원료, 반제품, 포장재, 폐기물, 기기 및 기구, 운반차량 등
환경	공기, 물(배수) 등

❖ 사람과 물건의 동선

사람의 동선	물건의 동선
작업장 입실 동선, 화장실 동선, 구역간 작업 동선(원칙은 각 구역 내에서 이동이 바람직함) 견학자 동선	원료: 보관, 전처리, 가공, 포장, 출하 부자재: 반입, 보관 폐기물: 보관, 처리

❖ 동선계획 시 주의사항

(1) 물건과 사람의 동선을 구분하여 이동 동선에 대한 계획 수립
(2) 동선은 일방통행이 이상적이며, 작업구역이 다른 곳을 빈번히 왕래하는 동선은 피함
(3) 청결도가 다른 구역을 서로 교차하는 동선 방지
(4) 폐기물의 동선은 반드시 청결도가 낮은 쪽으로 향하도록 설정
(5) 다른 구역간에 작업동선이 있는 경우 차단시스템 적용

- 온도·습도 관리

16. (식품제조·가공업소 등) 제조·가공·포장·보관 등 공정별로 온도관리계획을 수립하고, 이를 측정할 수 있는 온도계를 설치하여 관리하여야 한다. 필요한 경우 제품의 안전성 및 적합성을 확보하기 위한 습도관리계획을 수립·운영하여야 한다.

17. (집단급식소 등) 작업장은 제조·가공·조리·보관 등 공정별로 온도관리를 하여야 하고 이를 측정할 수 있는 온도계를 설치하여야 한다. 필요한 경우 제품의 안전성 및 적합성을 확보를 위하여 습도관리를 하여야 한다.

표 2-2-1 온·습도, 조도 점검표

온·습도, 조도 점검표										
				점검일자		결재	작성자	검토자	승인자	
작업장 구분	조도기준	온도기준	습도기준	모니터링			측정결과			
				방법	주기	담당자	조도	온도	습도	
검수대				온도: 온도계 이용 1회/일 생산담당 습도: 습도계 이용 1회/일 생산담당 조도: 조도계 이용 1회/일 생산담당						
선별대										
냉장차량 냉동차량	온도측정 시만 사용									
냉동창고										
냉장창고										
기타	회사 특성에 따라 냉장(동)창고 등 추가									

1) 검수용 온도계

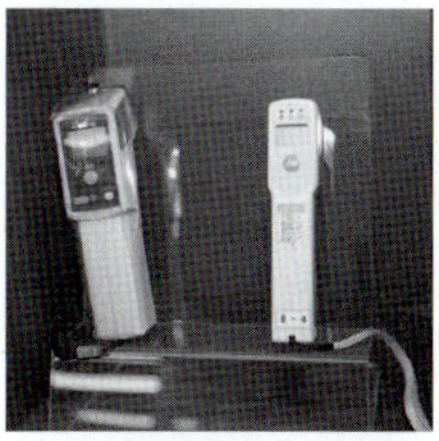

적외선온도계

- 식재료의 검수 중 냉장식품은 표면온도를 이용하여 검수 시 10℃ 이하로 관리한다.
- 원료검수, 공정품 등의 표면온도 측정이 필요한 곳에 적외선 온도계로 온도를 체크하여 사용한다. 측정시간이 짧아서 순간적으로 측정이 가능하지만 기기 특성상 숙련자에 따라 측정값의 오차가 있어서 신뢰성이 다소 떨어지는 단점을 가지고 있다.
- 적외선 온도계의 종류에 따라 차이가 있지만 1종만 그 특성을 소개한다.
  측정온도 범위: −18~260℃(23℃ 기준으로 오차 ±2℃ 범위)
  크기: 152×101×8mm, 무게: 227g
- 비접촉식 적외선 표면온도계의 경우 식품 검수 시, 식품취급 중 온도확인 등에 매우 유용한데 식품에 접촉하지 않으므로 온도계의 살균처리가 필요없고 식품이나 포장에 손상을 주지 않으며 온도를 순간적으로 읽어 시간적 지체가 없는 장점이 있으나 장비나 다른 온도계에 비해 고가이다.
- 온도범위: −35~300℃
- 크기: 150×80×30mm
- 야간이나 어두운 곳도 측정

2) 냉장·냉동실 온도계

냉장·냉동온도계

- 냉장냉동고의 온도 관리기준은 냉장온도는 10℃ 이하, 냉동온도는 −18℃ 이하이다.
- 센서를 내부에 부착하여 외부에서 내부온도를 항상 확인, 디지털창으로 온도 확인이 쉽다.
- 측정온도 범위
  내부(in) −5~50℃
  외부(out) −40~50℃(최소오차 ±2℃ 범위)
  크기: 80×50×10mm, 무게: 70g
- 유압식 다이얼 온도계는 냉장고나 냉동고 벽면에 부착하여 내부의 온도를 나타내는 용도로 많이 사용되는데, 이 경우 중간의 코일부분이 꺾이지 않게 감고 온도감지 센서부분이 수직으로 유지되어야 바른 온도를 나타낼 수 있다.

3) 가열용 온·습도계

탐침온도계

탐침온도계는 일반 온·습도계와 달리 원료 검수, 공정품, 가공용수 등의 가열온도 체크를 위해 식품의 품온측정이 필요한 곳에 사용하며, 반대로 저온냉동원료 등 필요시에는 드릴 등으로 원료에 구멍을 뚫은 후 사용해야 한다. 이 온도계는 모니터링에 많이 이용된다. 액정판에 온도가 표시되는 전자식 온도계는 반응속도가 빠르고 탐침 끝 1~2mm 부분에서 온도를 감지하므로 영양사나 조리사가 사용하기에 가장 적합한 온도계라 하겠다. 전자식 온도계는 팜타입과 펜타입이 있는데, 팜타입은 크기가 약간 크나 반응속도가 느리고, 펜타입은 주머니에 꽂고 있다가 필요시 쉽게 사용할 수 있으면서 가격도 저렴하다. 물이나 기름에 젖은 손으로 온도계를 취급하게 되는 영양사나 조리사의 경우 온도계가 쉽게 망가지므로 방수제품을 구하여 사용하기를 권한다. 탐침을 식품 속에 찔러 넣어 온도를 측정하는 경우 탐침을 잘 소독하여 더러워진 온도계의 탐침에 의한 오염을 막아야 하는데, 70% 소독용 알코올 스펀지나 동등한 효과가 있는 소독제를 사용하여 살균해주어야 한다. 다이얼식 탐침온도계는 바이메탈의 열팽창 차이를 이용한 기구로서 바이메탈 부분이 완전히 검체에 삽입되어야만 바른 온도를 측정할 수 있는데, 길이가 보통 2인치(5.08cm) 이상이어서 두께가 얇은 식품의 온도측정은 불가능하고 반응속도가 늦어 조리온도 측정에 부적합하다. 단지 이 온도계는 튀김솥에 부착하여 기름의 온도측정에는 사용가능하나 조리사가 조리온도를 측정하기에는 부적합하다.

그림 2-2-17 검수용, 냉장·냉동실용, 가열용 온도계의 종류와 특성

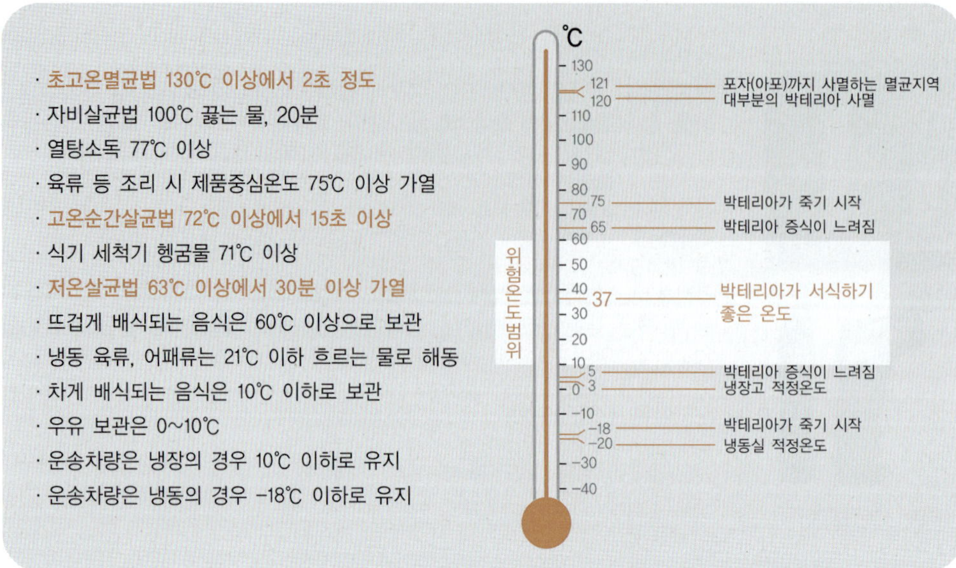

그림 2-2-18 식품 제조가공과 조리 시 위험온도범위와 온도 관리

그림 2-2-19 냉장실 온도를 확인하는 HACCP 마크 표시지

– 환기시설 관리

17. (식품제조·가공업소 등), 18. (집단급식소 등) 작업장 내에서 발생하는 악취나 이취, 유해가스, 매연, 증기 등을 배출할 수 있는 환기시설, 후드(집단급식소 등) 등을 설치하여야 한다.

19. (집단급식소 등) 외부로 개방된 흡·배기구, 후드 등에는 여과망이나 방충망, 개폐시설 등을 부착하고 관리계획에 따라 청소 또는 세척하거나 교체하여야 한다.

– 방충·방서 관리

18. (식품제조·가공업소 등) 외부로 개방된 흡·배기구 등에는 여과망이나 방충망 등을 부착하여야 한다.

19. (식품제조·가공업소 등), 20. (집단급식소 등) 작업장은 방충·방서 관리를 위하여 해충이나 설치류 등의 유입이나 번식을 방지할 수 있도록 관리하여야 하고, 유입여부를 정기적으로 확인하여야 한다.

20. (식품제조·가공업소 등), 21. (집단급식소 등) 작업장 내에서 해충이나 설치류 등의 구제를 실시할 경우에는 정해진 위생 수칙에 따라 공정이나 식품의 안전성에 영향을 주지 아니하는 범위 내에서 적절한 보호 조치를 취한 후 실시하며, 작업 종료 후 식품취급시설 또는 식품에 직·간접적으로 접촉한 부분은 세척 등을 통해 오염물질을 제거하여야 한다.

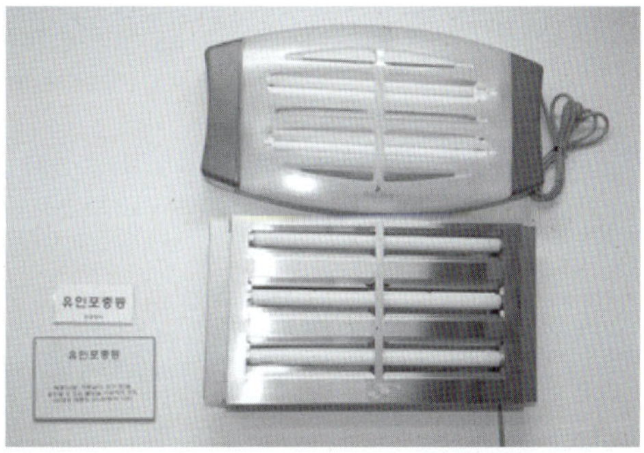

▲ 실내 유인포충등
바닥으로부터 1.5~1.8m에 설치하며, 파리·바퀴벌레·나방·모기·하루살이 등 해충을 유인할 수 있는 불빛을 이용하여 포획하므로 비행성 해충의 모니터링에 사용한다. 다만 설치의 위치를 조심해야 한다. 설치시 밖에서 보이게끔 설치해서는 안 된다. 왜냐하면 빛을 보고 해충이 모이기 때문이다. 또 조리대 근처에 설치해서는 안 된다.

▲ 실외 유인포충등
건물로부터 20~30m 이격시켜 밖에 설치하되 출입구나 창문쪽을 향해 해충을 유인하도록 한다.

그림 2-2-20 실외와 실내에 설치하는 유인포충등

그림 2-2-21 식품공장의 실외포충등 설치

개인위생 관리

21. (식품제조·가공업소 등), 22. (집단급식소 등) 작업장 내에서 작업 중인 종업원 등은 위생복·위생모·위생화 등을 항시 착용하여야 하며, 개인용 장신구 등을 착용하여서는 아니 된다.

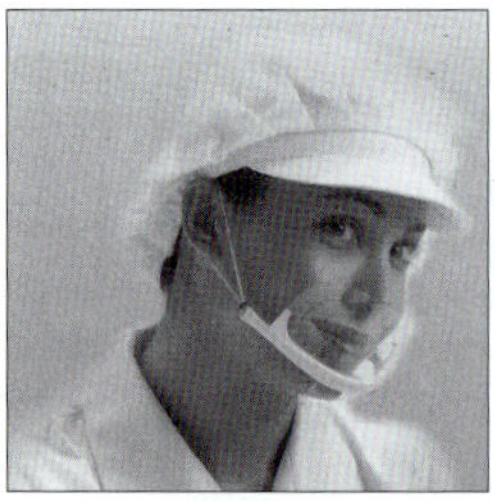
위생모

위생장갑

토시

위생화

위생화 특징
미끄럼 방지 성능 우수로 안전장화(내구성, 내유성 고무창)
매우 가벼운 발포 소재로서 물속에서도 단열 우수

그림 2-2-22 착용 및 비치해야 하는 위생모, 위생장갑과 토시, 위생화(장화)

폐기물 관리

22. (식품제조·가공업소 등), 34. (집단급식소 등) 폐기물·폐수처리시설은 작업장과 격리된 일정장소에 설치·운영하며, 폐기물 등의 처리용기는 밀폐 가능한 구조로 침출수 및 냄새가 누출되지 아니하여야 하고, 관리계획에 따라 폐기물 등을 처리·반출하고, 그 관리기록을 유지하여야 한다.

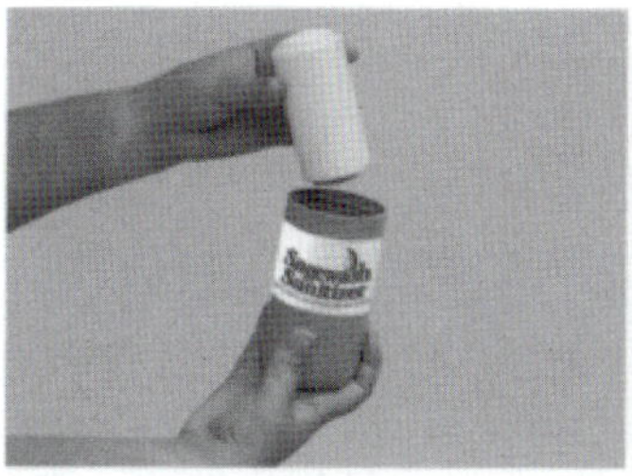

소독캡슐 투입

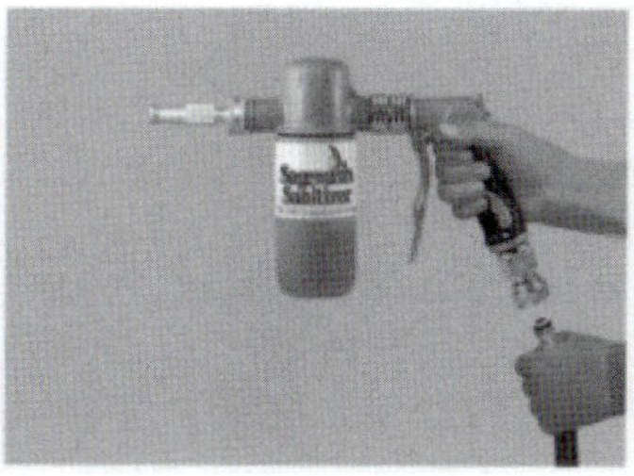

수도호스 연결

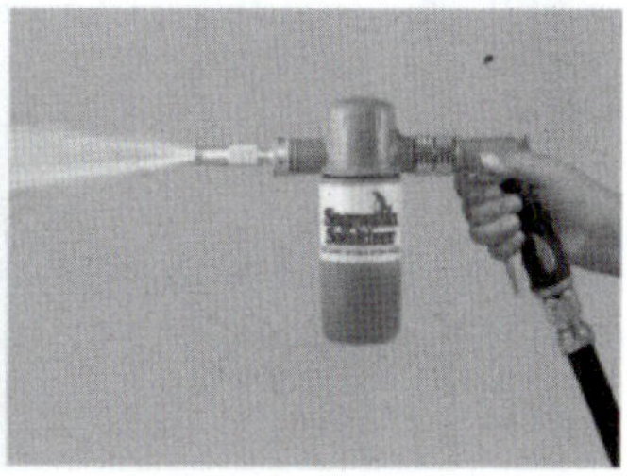

손잡이를 당겨 사용

세이지워시 복합소독기

청소도구

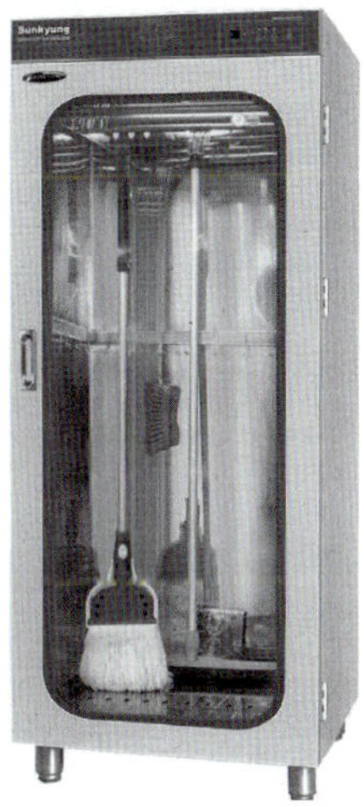

청소도구 소독기

그림 2-2-23 작업장 내의 청소도구 및 그 소독기

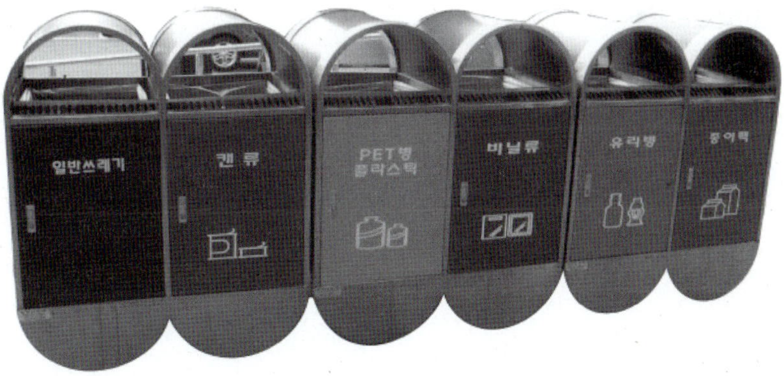

그림 2-2-24 작업장 외의 재활용 및 일반폐기물(쓰레기) 수거함

작업위생 관리(집단급식소 등만 해당 23~33번)

– 교차오염의 방지

23. (집단급식소 등) 칼과 도마 등의 조리기구나 용기, 앞치마, 고무장갑 등은 원료나 조리과정에서의 교차오염을 방지하기 위하여 식재료 특성 또는 구역별로 구분하여 사용하여야 한다.

24. (집단급식소 등) 식품 취급 등의 작업은 바닥으로부터 60cm 이상의 높이에서 실시하여 바닥으로부터의 오염을 방지하여야 한다.

복장위생

머리
- 매일 감고, 긴머리는 묶기

모자
- 귀와 머리카락이 보이지 않게 착용
- 망사모자는 피함

상의
- 흰색이나 옅은 색상의 면 소재로 목둘레나 소매단이 늘어지지 않는 것
- 매일 세척·건조 후 착용
- 외출복과 구분 보관관리

하의
- 몸에 여유가 있는 복장
- 매일 세척·건조 후 착용
- 외출복과 구분 보관관리

토시
- 매일 세척·건조 후 착용

화장
- 지나친 화장과 향수, 인조 속눈썹 등의 부착물 사용을 금함

장신구
- 목걸이, 귀걸이 등 장신구 착용을 금함

앞치마
- 세척·소독·건조 후 착용
- 착용 중 청결 유지
- 전처리용, 조리용, 배식용, 세척용으로 구분 사용

마스크
- 코까지 덮기

신발
- 신고 벗기 편리하고 미끄럽지 않은 재질 선택
- 외부용 신발과 구분 착용

용도별 복장

그림 2-2-25 집단급식 조리작업자의 위생복장

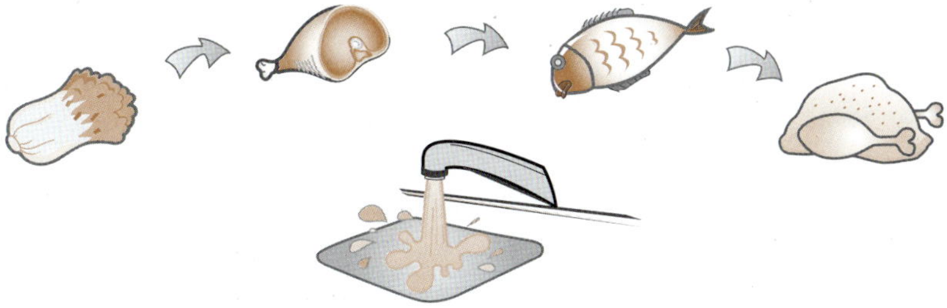

그림 2-2-26 **식재료 세척작업의 위생 관리**

도마나 칼이 종류가 다른 식품 간에 교차오염을 일으키는 주요 원인임은 잘 알려져 있다. 이를 최소화하기 위해 세척과 소독도 중요하지만 도마나 칼을 식품 종류별로 색상 구분하여 사용하는 것이 바람직하다.

그림 2-2-27 **색깔별 도마, 칼, 가위**

- 전처리

25. (집단급식소 등) 해동은 냉장해동(10℃ 이하)하거나, 전자레인지 또는 흐르는 물에서 실시한다.

26. (집단급식소 등) 해동된 식품은 즉시 사용하고, 즉시 사용하지 못할 경우 조리시까지 냉장보관하여야 하며, 사용 후 남은 부분을 재동결하여서는 아니 된다.

- 조리

27. (집단급식소 등) 가열조리 후 냉각이 필요한 식품은 냉각 중 오염이 일어나지 아니하도록 신속히 냉각하여야 하며, 냉각온도 및 시간기준을 설정·관리하여야 한다.

28. (집단급식소 등) 냉장식품을 절단 소분 등의 처리를 할 때에는 식품의 온도가 가능한 한 15℃를 넘지 아니하도록 한 번에 소량씩 취급하고, 처리 후 냉장고에 보관하는 등의 온도 관리를 하여야 한다.

- 완제품 관리

29. (집단급식소 등) 조리된 음식은 배식 전까지의 보관온도 및 조리 후 섭취 완료 시까지의 소요시간기준을 설정·관리하여야 하며, 유통제품의 경우에는 적정한 유통기한 및 보존 조건을 설정·관리하여야 한다.

·28℃ 이하의 경우: 조리 후 2~3시간 이내 섭취 완료
·보온(60℃ 이상) 유지 시: 조리 후 5시간 이내 섭취 완료
·제품의 품온을 5℃ 이하 유지 시: 조리 후 24시간 이내 섭취 완료

- 배식

30. (집단급식소 등) 냉장식품과 온장식품에 대한 배식 온도관리기준을 설정·관리하여야 한다.

·냉장보관: 냉장식품 10℃ 이하(다만, 신선편의식품, 훈제연어는 5℃ 이하 보관 등 보관 온도 기준이 별도로 정해져 있는 식품의 경우에는 그 기준을 따른다)
·온장보관: 온장식품 60℃ 이상

31. (집단급식소 등) 위생장갑 및 청결한 도구(집게, 국자 등)를 사용하여야 하며, 배식 중인 음식과 조리 완료된 음식을 혼합하여 배식하여서는 아니 된다.

- 검식

32. (집단급식소 등) 영양사는 조리된 식품에 대하여 배식하기 직전에 음식의 맛, 온도, 이물, 이취, 조리상태 등을 확인하기 위한 검식을 실시하여야 한다. 다만, 영양사가 없는 경우 조리사가 검식을 대신할 수 있다.

- 보존식

33. (집단급식소 등) 조리한 식품은 소독된 보존식 전용용기 또는 멸균 비닐봉지에 매회 1인분 분량을 -18℃ 이하에서 144시간 이상 보관하여야 한다.

음식보온·보냉고

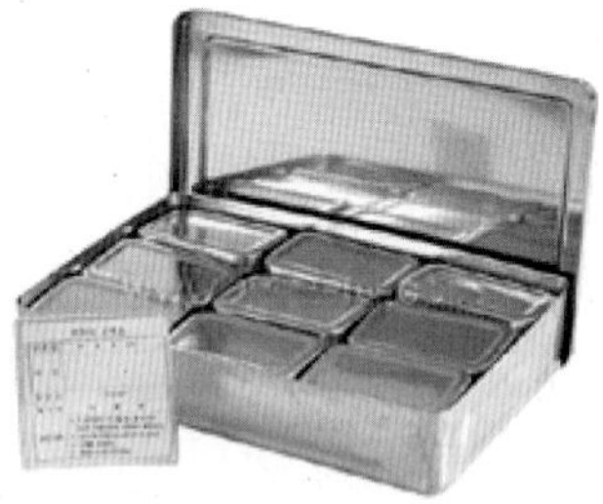

보존식 용기

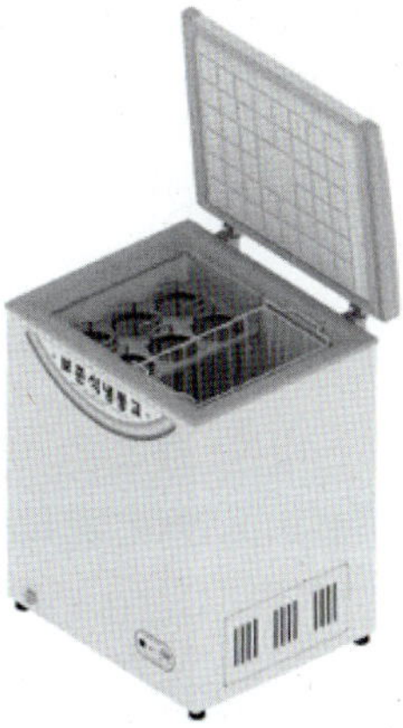

보존식 냉동고

보존식 보관용 멸균백

그림 2-2-28 음식보온·보냉고와 보존식 냉동고 등

세척 또는 소독

23. (식품제조·가공업소 등), 35. (집단급식소 등) 영업장에는 기계·설비, 기구·용기 등을 충분히 세척하거나 소독할 수 있는 시설이나 장비를 갖추어야 한다.

24. (식품제조·가공업소 등), 38. (집단급식소 등) 세척·소독시설에는 종업원에게 잘 보이는 곳에 올바른 손 세척 방법 등에 대한 지침이나 기준을 게시하여야 한다.

25. (식품제조·가공업소 등), 37. (집단급식소 등) 영업자는 다음 각 호의 사항에 대한 세척 또는 소독 기준을 정하여야 한다.

- · 종업원
- · 위생복, 위생모, 위생화
- · 작업장 주변
- · 작업실별 내부
- · 식품제조시설(이송배관 포함)
  (식품제조·가공업소 등만 해당)
- · 칼, 도마 등 조리도구(집단급식소 등만 해당)
- · 냉장·냉동설비
- · 용수저장시설
- · 보관·운반시설
- · 운송차량, 운반도구 및 용기
- · 모니터링 및 검사 장비
- · 환기시설(필터, 방충망 등 포함)
- · 폐기물 처리용기
- · 세척·소독도구
- · 기타 필요사항

26. (식품제조·가공업소 등), 38. (집단급식소 등) 세척 또는 소독 기준은 다음의 사항을 포함하여야 한다.

- · 세척·소독 대상별 세척·소독 부위
- · 세척·소독 방법 및 주기
- · 세척·소독 책임자
- · 세척·소독 기구의 올바른 사용 방법
- · 세척제 및 소독제(일반명칭 및 통용명칭)의 구체적인 사용 방법

27. (식품제조·가공업소 등), 39. (집단급식소 등) 세척제·소독제(집단급식소 등만 해당),세척 및 소독용 기구나 용기는 정해진 장소에 보관·관리되어야 한다.

28. (식품제조·가공업소 등), 세척 및 소독의 효과를 확인하고, 정해진 관리계획에 따라 세척 또는 소독을 실시하여야 한다.

40. (집단급식소 등) 세척 및 소독의 효과를 관리계획에 따라 확인하여야 한다.

이상의 세척 및 소독에서 각 시설, 기구와 용기 등에 대한 사항은 부록 1. 각종 조리기구의 세척 및 소독방법에 대해 상세하게 열거하였으니 이용하기 바란다.

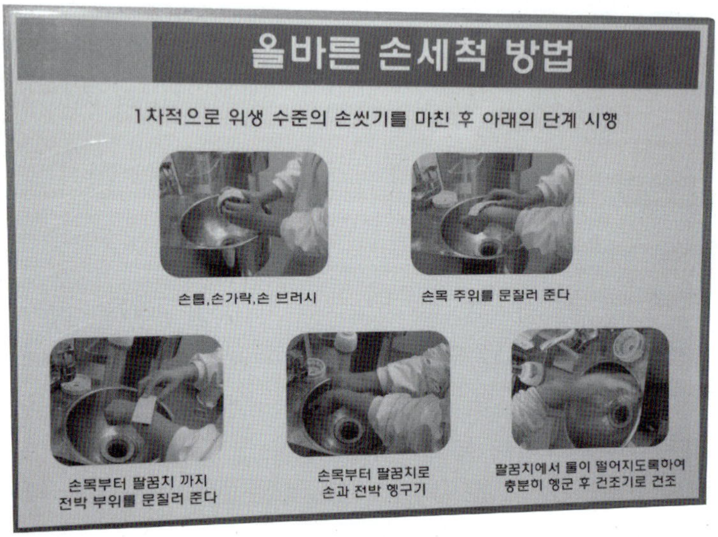

그림 2-2-29 작업장에서 손 세척 방법

◀장화세척대
장화세척대는 작업 후 위생장화를 신은 채로 한발씩 세척통 안에 넣고 급수를 이용하여 위생장화에 묻어 있는 각종 오염물들을 씻어내는 기구이다.
브러시 부분에서 물이 나오기 때문에 세척이 쉽고 세척제 공급장치가 있어 펌프식으로 눌러주면 쉽게 사용할 수 있다.

그림 2-2-30 장화세척대

▲위생복살균건조기

위생복살균건조기는 위생복을 열풍과 자외선 등으로 살균하여 건조시키는 스테인리스 캐비닛 모양을 한 기구이다.

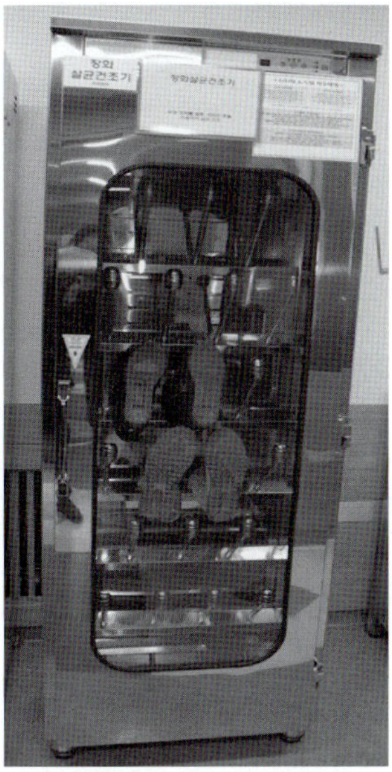

▲장화살균건조기

세척한 후 축축한 장화를 빠른 시간 내에 살균·건조시켜 주는 스테인리스 캐비닛 모양을 한 기구이다.

건조기 안에 보관해 두면 뽀송뽀송하여 작업하기에 좋은 느낌을 갖는다.

그림 2-2-31 **위생복살균건조기, 장화살균건조기**

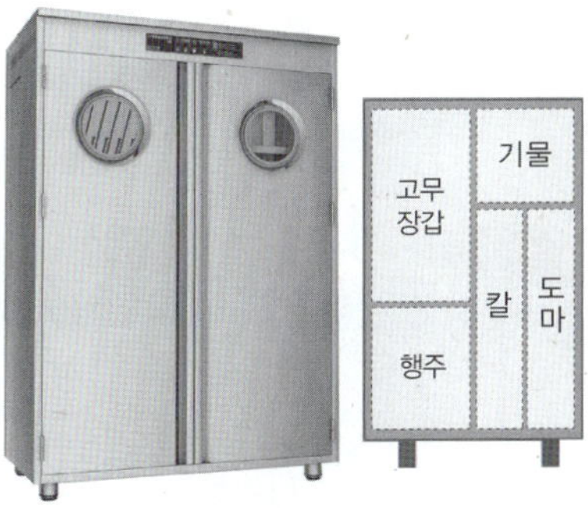

UV 복합 살균보관고

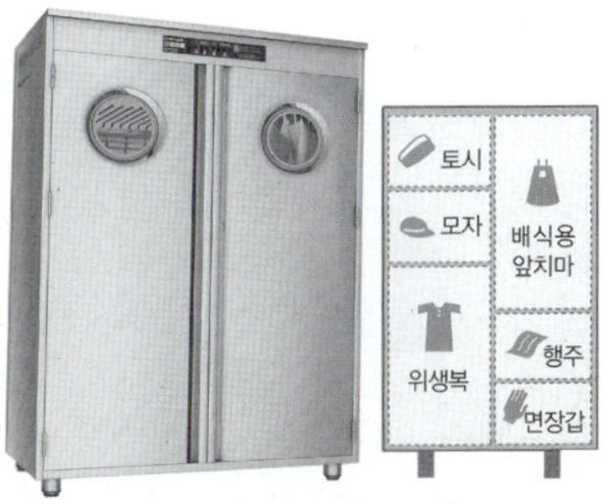

UV 배식실용 살균보관고

그림 2-2-32 **살균보관고**

그림 2-2-33 올바른 세척·헹굼·살균소독

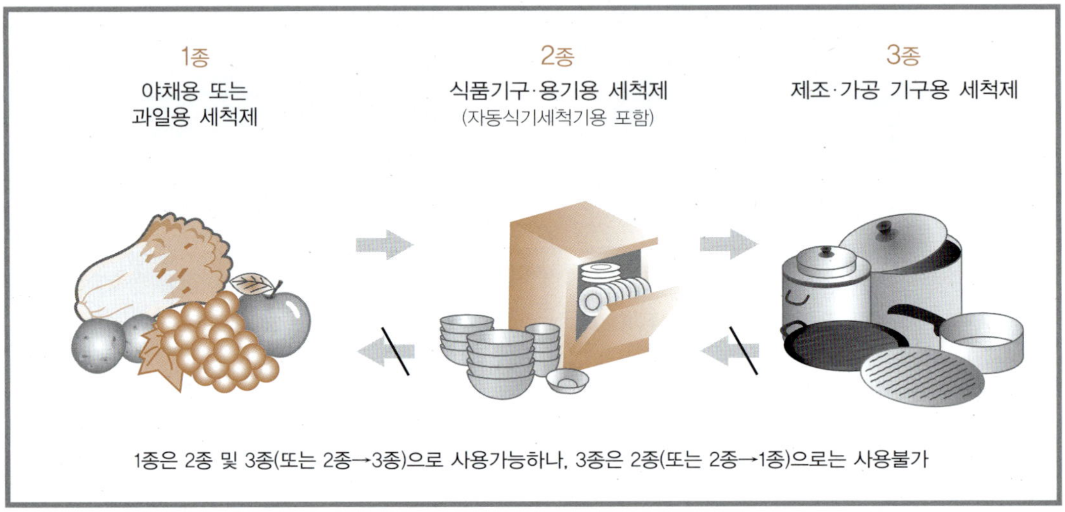

그림 2-2-34 세척제의 3종 분류와 사용 대상

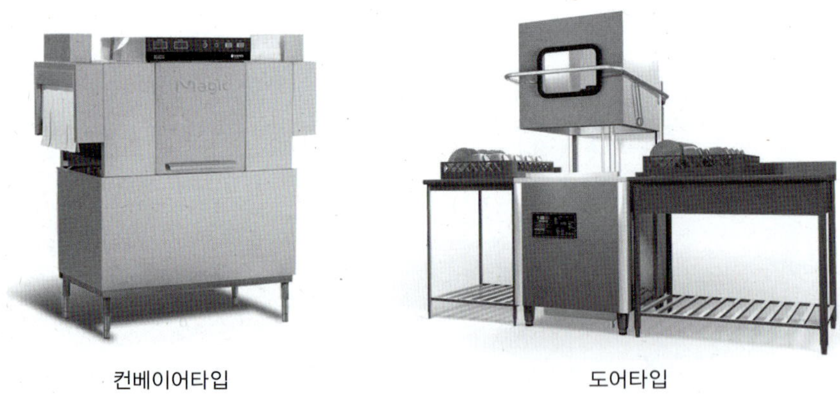

그림 2-2-35 자동식기세척기의 종류

그림 2-2-36 **살균소독제의 종류**

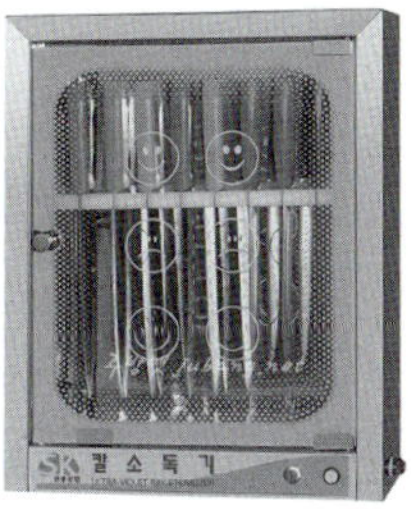

칼은 여러 식품 사이에 교차오염을 많이 일으키므로 칼 사용 사이사이에 적절한 소독이 필요하다. 이를 위해서 작업대 위에 올려놓고 사용할 칼 소독조는 모든 주방에 꼭 비치해야 할 비품이다.
칼 소독조는 칼 소독에 적합한 소독액을 채워 칼날과 손잡이의 연결부분까지 잠길 수 있도록 해야 한다. 이 칼 소독조는 칼뿐만 아니라 자주 사용하는 소도구들도 넣어두고 사용할 수 있다.

그림 2-2-37 **자외선 칼·가위 전용 소독조(기)**

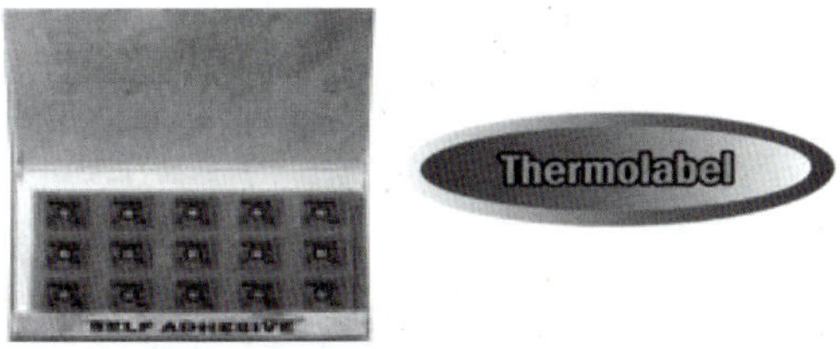

집단급식소 등에서 식기세척기의 세척 후 살균이 제대로 이루어지는지 확인하기 위한 방법으로 마지막 헹굼 고정 시 세척기 수온의 온도를 확인한다.
세척수의 온도가 71℃ 서모라벨(Thermo label)을 식기에 부착, 세척기를 통과시켜 71℃ 이상일 때 색깔 변화로 온도를 확인한다.

그림 2-2-38 **식기세척 후 살균온도의 적합 여부**

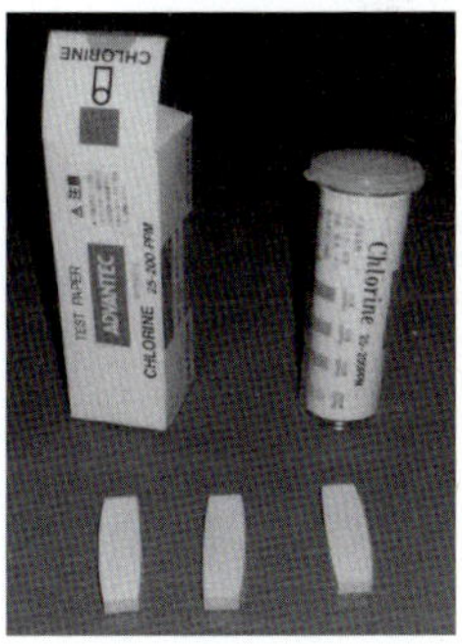

살균소독하려는 식재료 등을 크로린 시험지(Chlorine test paper)로 염소농도를 즉시 확인할 수 있다. 다만 10ppm, 50ppm, 100ppm, 200ppm 4단계만 확인이 가능하다.
특히 채소나 과일의 양이 많아서 여러 번 나누어서 소독을 할 경우 처음과 중간, 마지막 등 염소농도가 차이가 나므로 소독제를 첨가하면서 이 시험지로 자주 측정하며 농도를 맞추어야 할 것이다.

그림 2-2-39 **크로린 시험(Chlorine test)으로 잔류소독제 확인**

그림 2-2-40 자외선 식판살균건조소독기

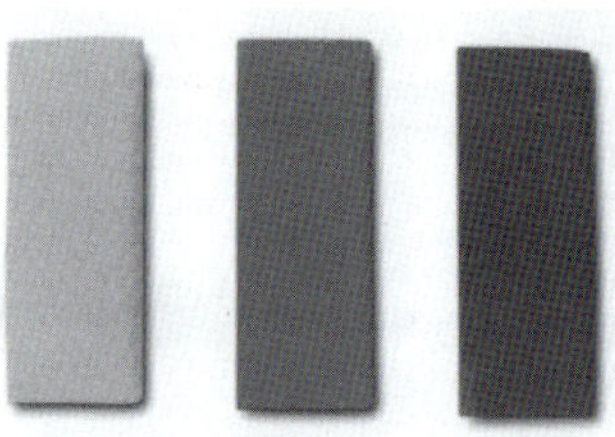

색상별로 용도를 구분하여 사용
- 초록색, 푸른색 행주: 농산물(채소·과일 등)
- 붉은색, 분홍색 행주: 축산물
- 노란색 행주: 어패류
- 흰색 행주: 기타

또는
- 흰색이나 노란색 행주: 음식이 닿는 부분
- 파란색 행주: 음식이 닿는 부분과 작업대나 선반 위
- 빨간색 행주: 음식이 닿지 않는 선반 및 기물 외관

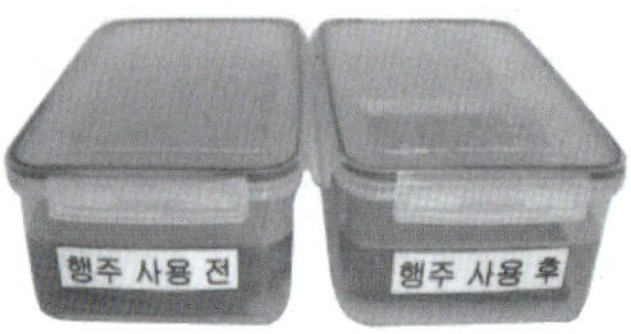

사용 전과 사용 후의 상태를 분리·보관하여 사용, 즉 사용한 행주를 한 곳에 넣고 보관하지 않는다.

❖ 행주위생지침
(1) 건조된 행주를 소독제 희석액에 10분 이상 담가 소독하여 사용(젖은 행주는 희석액에 담그면 희석 비율이 변할 수 있음)
(2) 물기를 제거한 여러 장의 소독된 행주를 깨끗한 용기에 담아 뚜껑을 덮거나 랩을 씌워 냉장고에 보관하면서 사용
(3) 업무 종료 후 사용한 행주를 세탁한 후 자외선살균기에 넣어 완전 건조

그림 2-2-41 컬러행주의 색상별 용도와 유의사항 및 행주위생지침

수량계는 여러 종류가 있다. 여기서는 세척공정의 모니터링 방법으로 이용되는 기구이다. 세척수량 측정을 이용하며 특히 찌꺼기에 큰 영향을 받지 않도록 설계되어 있고 광범위하게 사용이 가능하다. 아울러 가격이 저렴한 것은 녹이 발생하지 않은 재질인지를 확인하여야 한다.

그림 2-2-42 세척공정의 모니터링에 사용되는 수량계의 설치

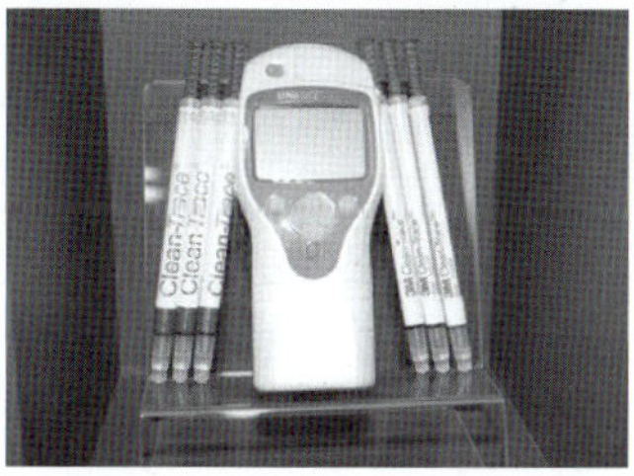

ATP 측정기의 용도는 작업장의 세척 및 소독의 효과 확인 등에 사용한다. 즉 작업장 표면 등의 ATP농도를 측정하여 오염정도를 측정하는 데 사용한다.
식물·동물·미생물 등 유기물의 ATP를 모두 측정하므로 세척, 소독 효과 확인에는 유용하지만 미생물을 검사하기에는 정확하지 않다.

그림 2-2-43 세척, 소독 효과를 위한 ATP 측정기의 설치

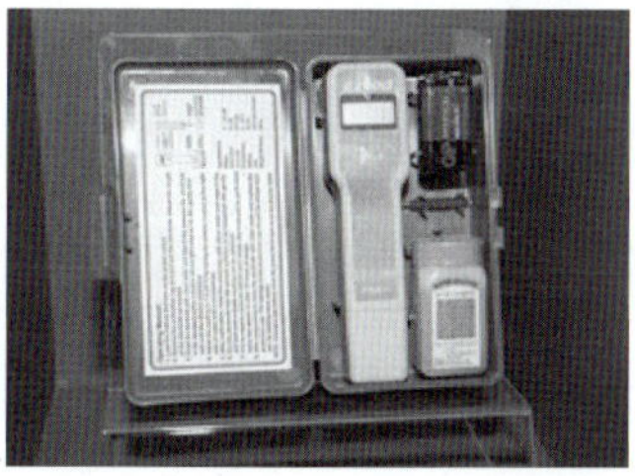

원료·공정품·최종제품 등 모든 식품에 pH를 측정한다. 즉 pH 측정기(pH meter)는 표준액으로 보정한 후 정확한 pH가 필요할 때 사용한다.
pH 측정지는 간이검사용으로 신속하게 대략적으로 알기 위해 많이 사용한다.
그리고 pH 측정기는 HACCP의 모니터링에도 관여한다.

그림 2-2-44 pH 측정기 및 pH 측정지의 확보

2-3. 제조·가공·조리시설·설비 관리

- 식품제조·가공업소 등만 해당(29~32)

제조시설 및 기계·기구류 등 설비 관리

29. (식품제조·가공업소 등) 식품취급시설·설비는 공정간 또는 취급시설·설비 간 오염이 발생되지 아니하도록 공정의 흐름에 따라 적절히 배치되어야 하며, 위해요인에 의한 오염이 발생하지 아니하여야 한다.

30. (식품제조·가공업소 등) 식품과 접촉하는 취급시설·설비는 인체에 무해한 내수성

·내부식성 재질로 열탕·증기·살균제 등으로 소독·살균이 가능하여야 하며, 기구 및 용기류는 용도별로 구분하여 사용·보관하여야 한다.

31. (식품제조·가공업소 등) 온도를 높이거나 낮추는 처리시설에는 온도변화를 측정·기록하는 장치를 설치·구비하거나 일정한 주기를 정하여 온도를 측정하고, 그 기록을 유지하여야 하며 관리계획에 따른 온도가 유지되어야 한다.

32. (식품제조·가공업소 등) 식품취급시설·설비는 정기적으로 점검·정비를 하여야 하고 그 결과를 보관하여야 한다.

공정 흐름에 따른 공정품의 온도변화를 체크하는 기구이다. 즉 공정품, 제품 등의 속에 센서를 넣어 가공 중 온도변화 및 보관, 유통 중의 온도변화를 측정할 수 있으며, 컴퓨터를 이용하여 내장 센서의 정보를 활용할 수 있다. 그래서 위해요소 분석을 위한 근거자료 확보 등에 유용하게 사용된다.

그림 2-2-45 **데이터 로거(Data logger)의 설치**

- 집단급식소 등 해당(41~44번)

41. (집단급식소 등) 조리장에는 주방용 식기류를 소독하기 위한 자외선 또는 전기살균소독기를 설치하거나 열탕세척 소독시설(식중독을 일으키는 병원성 미생물 등이 살균될 수 있는 시설이어야 한다)을 갖추어야 한다.

전처리실과 조리실 사이에 설치

그림 2-2-46 **양문형 전기식기소독기의 교차오염 방지**

사용가능온도: 냉수용 0~60℃, 온수용 0~80℃

그림 2-2-47 **워터 자동 릴의 설치**

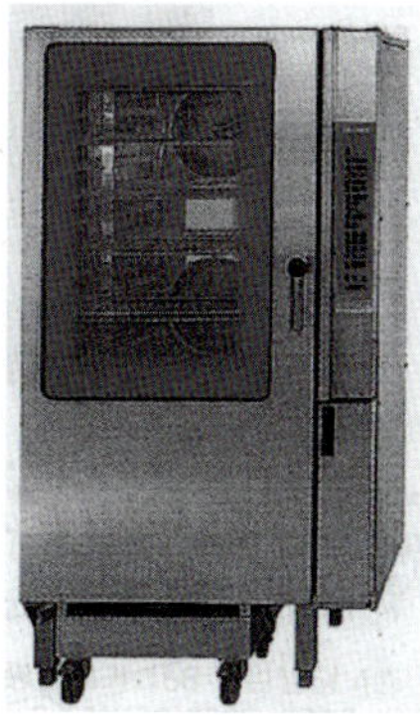

그림 2-2-48 **오븐레인지의 구비**

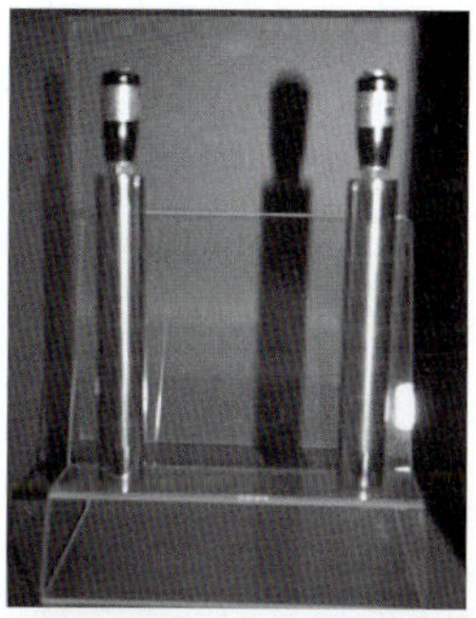

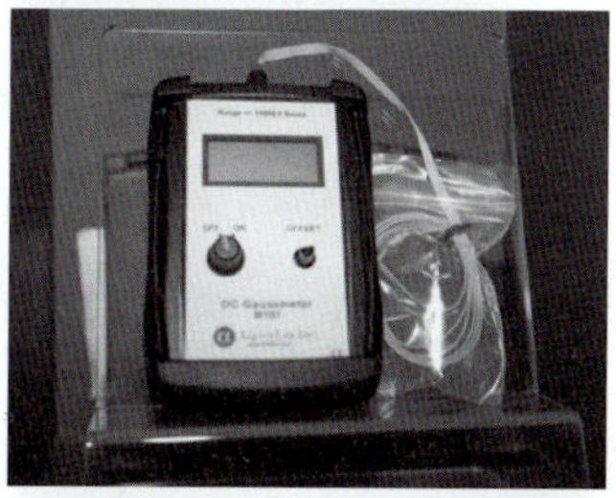

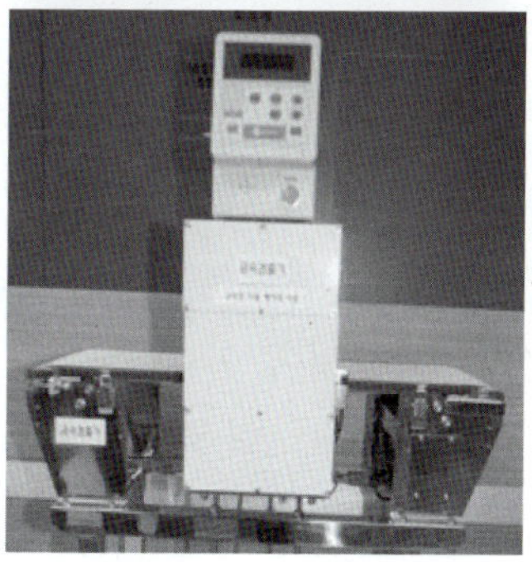

자석봉

원료나 공정품의 쇳가루 제거 및 제품 등의 쇳가루 잔존 여부를 검사하는데 사용하는 기구이다.

자력측정기

이것도 원료나 공정품의 쇳가루 제거공정 및 제품의 쇳가루 검사에 사용되는 자석봉의 자력을 모니터링하는데 사용하는 기구이다.

금속검출기

이 기구의 목적은 앞의 자석봉이나 자력측정기와 똑같고 그 기능과 역할은 자동적이고 신속한 생산성을 가지고 있다. 쇳가루, 쇳조각, 낚시바늘 등이 각종 원료나 가공식품 및 음식물에 함께 검출되는 것을 방지하기 위해서 필요하다. 금속검출기는 생산공정 관리를 하는데 불량품을 제거하고, 생산효율의 저하를 방지하고 금속 혼입에 따른 설비기계의 파손사고를 방지할 수 있는 HACCP 대응책에 바람직하며, 식품의 전분야에서 중요한 CCP로 운영·관리되고 있다.

이 검출기는 고가(高價)여서 소규모 업소에서는 사용하기가 부담스러운 것이 현실이다.

그림 2-2-49 **자석봉, 자력측정기, 금속검출기의 확보**

42. (집단급식소 등) 식품과 직접 접촉하는 부분은 내수성·내부식성 재질로 세척이 쉽고 열탕·증기·살균제 등으로 소독·살균이 가능한 것이어야 한다.

43. (집단급식소 등) 모니터링 기구 등은 사용 전후에 지속적인 세척·소독을 실시하여 교차오염이 발생하지 아니하여야 한다.

44. (집단급식소 등) 식품취급시설·설비는 정기적으로 점검·정비를 하여야 하고 그 결과를 보관하여야 한다.

2-4. 냉장·냉동 시설·설비 관리

33. (식품제조·가공업소 등), 46. (집단급식소 등) 냉장시설은 내부의 온도를 10℃ 이하(다만 신선편의식품, 훈제연어는 5℃ 이하 보관 등 보관온도 기준이 별도로 정해져 있는 식품의 경우에는 그 기준을 따른다), 냉동시설은 -18℃ 이하로 유지하고, 외부에서 온도변화를 관찰할 수 있어야 하며, 온도 감응 장치의 센서는 온도가 가장 높게 측정되는 곳에 위치하도록 한다.

45. (집단급식소 등) 냉장·냉동·냉각실은 냉장식재료 보관, 냉동식재료의 해동, 가열조리된 식품의 냉각과 냉장보관에 충분한 용량이 되어야 한다.

2-5. 용수 관리

34. (식품제조·가공업소 등), 47. (집단급식소 등) 식품제조·가공·조리(집단급식소 등만 해당)에 사용되거나, 식품에 접촉할 수 있는 시설·설비, 기구·용기, 종업원 등의 세척에 사용되는 용수는 수돗물이나 '먹는물 관리법' 제5조의 규정에 의한 먹는물 수질기준에 적합한 지하수이어야 하며, 지하수를 사용하는 경우 취수원은 화장실, 폐기물·폐수처리시설, 동물사육장 등 기타 지하수가 오염될 우려가 없도록 관리하여야 하며, 필요한 경우 용수(집단급식소 등만 해당) 살균 또는 소독장치를 갖추어야 한다.

35. (식품제조·가공업소 등), 48. (집단급식소 등) 식품제조·가공(가공·조리-집단급식소 등)에 사용되거나, 식품에 접촉할 수 있는 시설·설비, 기구·용기, 종업원 등의 세척에 사용되는 용수는 다음 각호에 따른 검사를 실시하여야 한다.

가. 지하수를 사용하는 경우에는 먹는물 수질기준 전 항목에 대하여 연 1회 이상(음료류 등 직접 마시는 용도의 경우는 반기 1회 이상) 검사를 실시하여야 한다.

나. 먹는물 수질기준에 정해진 미생물학적 항목에 대한 검사를 월 1회 이상(지하수를 사용하거나 상수도의 경우는 비가열식품의 원료 세척수 또는 제품 배합수로 사용하는 경우에 한한다.) 실시하여야 하며, 미생물학적 항목에 대한 검사는 간이검사키트를 이용하여 자체적으로 실시할 수 있다.

36. (식품제조·가공업소 등), 49. (집단급식소 등) 저수조·배관 등은 인체에 유해하지 아니한 재질을 사용하여야 하며, 외부로부터의 오염물질 유입을 방지하는 잠금장치를 설치하여야 하고, 누수 및 오염 여부를 정기적으로 점검하여야 한다.

37. (식품제조·가공업소 등), 50. (집단급식소 등) 저수조는 반기별 1회 이상 '수도법' 에 따라 청소와 소독을 자체적으로 실시하거나, '수도법' 에 따른 저수조청소업자에게 대행하여 실시하여야 하며, 그 결과를 기록·유지하여야 한다.

38. (식품제조·가공업소 등), 51. (집단급식소 등) 비음용수 배관은 음용수 배관과 구별되도록 표시하고 교차되거나 합류되지 아니하여야 한다.

2-6. 보관·운송 관리

구입 및 입고

39. (식품제조·가공업소 등), 52. (집단급식소 등) 검사성적서로 확인하거나 자체적으로 정한 입고기준 및 규격에 적합한 원·부자재만을 구입하여야 한다.

53. (집단급식소 등) 부적합한 원·부자재는 적절한 절차를 정하여 반품 또는 폐기 처분하여야 한다.

54. (집단급식소 등) 입고검사를 위한 검수공간을 확보하고 검수대에는 온도계 등 필요한 장비를 갖추고 청결을 유지하여야 한다.

55. (집단급식소 등) 원·부자재 검수는 납품 시 즉시 실시하여야 하며, 부득이 검수가 늦어질 경우에는 원·부자재별로 정해진 냉장·냉동온도에서 보관하여야 한다.

협력업소 관리

40. (식품제조·가공업소 등) 영업자는 원·부자재 공급업소 등 협력업소의 위생관리 상태 등을 점검하고 그 결과를 기록하여야 한다. 다만, 공급업소가 '식품위생법' 이나 '축산물 위생관리법' 에 따른 HACCP 적용업소일 경우에는 이를 생략할 수 있다.

운송

41. (식품제조·가공업소 등) 운반 중인 식품·축산물은 비식품·축산물 등과 구분하여 교차오염을 방지하여야 하며, 운송차량(지게차 등 포함)으로 인하여 운송제품이 오염되어서는 아니 된다.

56. (집단급식소 등) 운송차량(지게차 등 포함)으로 인하여 제품이 오염되어서는 아니 된다.

58. (집단급식소 등) 운반중인 식품은 비식품 등과 구분하여 취급하고 교차오염을 방지하여야 한다.

42. (식품제조·가공업소 등), 57. (집단급식소 등) 운송차량은 냉장의 경우 10℃ 이하(단, 가금육 -2~5℃ 운반과 같이 별도로 정해진 경우에는 그 기준을 따른다), 냉동의 경우 -18℃ 이하를 유지할 수 있어야 하며, 외부에서 온도변화를 확인할 수 있도록 온도 기록장치(임의조작이 방지된 온도기록장치는 집단급식소 등)를 부착하여야 한다.

59. (집단급식소 등) 운송차량, 운반도구 및 용기는 관리계획에 따라 세척·소독을 실시하여야 한다.

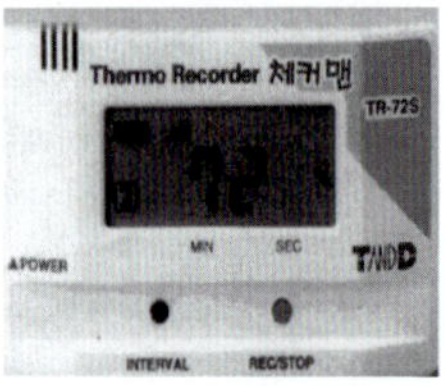

운송차량(콜드체인시스템 운영)

배송과 배식의 온도관리는 찬 음식은 5℃ 이하 냉장상태로, 더운 음식은 60℃ 이상 열장상태로 유지·관리한다.
조리나 제조·가공 후 최단시간에 배송·배식하도록 공정관리가 이루어져야 하고 배송차량의 온도는 물론 배식도구도 청결하여야 한다.
시간·온도표시기(TTI, time-temperature indicator)는 온도변화를 시간대별로 감지하여 기록해내는 장비로 직접 온도가 인쇄되어 나옴으로써 효율적인 식자재 온도관리가 가능하다.
이 장비는 유통과정의 HACCP 제도에 필요한 것으로 집단급식소에서 냉장·냉동식자재 납품업체에 TTI를 납품차량에 부착하여 그 결과에 대해 제출할 것을 요구할 수 있다.

그림 2-2-50 식자재 운송차량과 온도계 확인

보관

43. (식품제조·가공업소 등), 60. (집단급식소 등) 원료 및 완제품은 선입선출원칙에 따라 입고·출고상황을 관리·기록하여야 한다.

44. (식품제조·가공업소 등), 61. (집단급식소 등) 원·부자재, 반제품(식품제조·가공업소만 해당) 및 완제품은 구분·관리하고, 바닥이나 벽에 밀착되지 아니하도록 적재·관리하여야 한다.

45. (식품제조·가공업소 등) 부적합한 원·부자재, 반제품 및 완제품은 별도의 지정된 장소에 보관하고 명확하게 식별되는 표식을 하여 반송·폐기 등의 조치를 취한 후 그 결과를 기록·유지하여야 한다.

62. (집단급식소 등) 원·부자재에는 덮개나 포장을 사용하고, 날음식과 가열조리음식을 구분·보관하는 등 교차오염이 발생하지 아니하도록 하여야 한다.

63. (집단급식소 등) 검수기준에 부적합한 원·부자재나 보관 중 유통기한이 경과한 제품, 포장이 손상된 제품 등은 별도의 지정된 장소에 명확하게 식별되는 표식을 하여 보관하고 반송·폐기 등의 조치를 취한 후 그 결과를 기록·유지하여야 한다.

46. (식품제조·가공업소 등), 64. (집단급식소 등) 유독성 물질, 인화성 물질 및 비식용 화학물질은 식품취급구역으로부터 격리된 환기가 잘 되는 지정 장소에서 구분하여 보관·취급하여야 한다.

2-7. 검사 관리

제품검사

47. (식품제조·가공업소 등), 65. (집단급식소 등) 제품검사는 자체 실험실에서 검사계획에 따라 실시하거나 검사기관과의 협약에 의하여 실시하여야 한다.

48. (식품제조·가공업소 등), 66. (집단급식소 등) 검사결과에는 다음 내용이 구체적으로 기록되어야 한다.

· 검체명
· 제조연월일 또는 유통기한(품질유지기한)
· 검사연월일
· 검사항목, 검사기준 및 검사결과
· 판정결과 및 판정연월일
· 검사자 및 판정자의 서명날인
· 기타 필요한 사항

시설·설비기구 등 검사

49. (식품제조·가공업소 등), 67. (집단급식소 등) 냉장·냉동 및 가열처리시설 등의 온도 측정 장치는 연 1회 이상, 검사용 장비 및 기구는 정기적으로 교정하여야 한다. 이 경우 자체적으로 교정검사를 하는 때에는 그 결과를 기록·유지하여야 하고, 외부 공인 국가 교정기관에 의뢰하여 교정하는 경우에는 그 결과를 보관하여야 한다.

50. (식품제조·가공업소 등), 68. (집단급식소 등) 작업장의 청정도 유지를 위하여 공중 낙하균 등을 관리계획에 따라 측정·관리하여야 한다. 다만, 제조공정의 자동화와 시설·제품의 특수성(식품제조·가공업소만 해당), 식품이 노출되지 아니하거나, 식품을 포장된 상태로 취급하는 등 작업장의 청정도가 식품에 영향을 줄 가능성이 없는 작업장은 그러하지 아니할 수 있다.

2-8. 회수프로그램 관리(집단급식소 등: 시중에 유통·판매되는 포장제품에 한함)

69. (집단급식소 등) 영업자는 당해제품의 유통경로, 소비대상과 판매처의 범위를 파악하여 제품 회수에 필요한 업소명과 연락처 등을 기록·보관하여야 한다.

51. (식품제조·가공업소 등), 70. (집단급식소 등) 부적합품이나 반품된 제품의 회수를 위한 구체적인 회수절차나 방법을 기술한 회수프로그램을 수립·운영하여야 한다.

52. (식품제조·가공업소 등), 71. (집단급식소 등) 부적합품의 원인 규명이나 확인을 위한 제품별 생산장소, 일시, 제조라인 등 해당시설 내의 필요한 정보를 기록·보관하고 제품추적을 위한 코드표시 또는 롯트관리 등의 적절한 확인방법을 강구하여야 한다.

3. 기타식품판매업소의 선행요건(6항목)

3-1. 입고 관리(하차, 검품)

(1) 자체적으로 정한 입고 기준 및 규격에 적합한 식품만을 입고하여야 하며, 식품별로 다음 사항을 확인하여야 한다.

- 자연 농·임·수산물 및 이를 단순 처리한 식품: 변질, 신선도, 표시사항 등
- 가공식품: 표시사항, 포장 파손 등 외관상태
- 냉장·냉동식품: 운반온도 확인(신선편의식품 및 훈제연어는 5℃ 이하, 냉장 10℃ 이하, 냉동 -18℃ 이하, 운송차량의 온도기록지 확인 등)

3-2. 보관 관리

(2) 냉장·냉동식품은 입고되는 대로 신속히 적정온도로 보관하여야 하며, 외부에 방치하여서는 아니 된다.

(3) 포장되지 아니한 농·임·수산물 등은 교차오염이 되지 아니 하도록 구분·보관하여야 한다.

(4) 보관 중인 식품은 직접 바닥에 닿지 아니 하도록 받침대 등 위에 적재하고 벽에 닿지 아니하게 보관하여야 한다.

(5) 냉장창고의 온도는 10℃ 이하(다만, 신선편의식품, 훈제연어는 5℃ 이하 보관 등 보관온도 기준이 별도로 정해져 있는 식품의 경우에는 그 기준을 따른다.), 냉동창고의 온도는 -18℃ 이하로 유지하여야 한다.

(6) 냉장·냉동창고에 설치되어 있는 온도장치의 감온봉은 냉각원으로부터 가장 온도가 높은 곳에 설치되어야 한다.

(7) 냉장·냉동 시설·설비는 관리계획에 따라 점검·정비·청소를 실시하며 그 결과를 기록·유지하여야 한다.

(8) 부적합한 식품(불량·파손·표시사항이 훼손된 식품 등)은 명확하게 표시하여 보관하여야 한다.

3-3. 작업 관리(농·임·수산물 작업장)

개인위생 관리

(9) 작업장 내에는 종업원의 개인위생 관리를 위한 세척·소독 설비를 설치하여야 한다.

(10) 작업장내 종업원은 출입, 복장, 세척·소독기준 등을 포함하는 위생수칙을 설정하여 관리하여야 한다.

(11) 세척·소독시설에는 종업원에게 잘 보이는 곳에 올바른 손 씻는 방법 등에 대한 지침이나 기준을 게시하여야 한다.

(12) 작업장의 종업원은 위생복·위생모·위생화 등을 착용하여야 하며, 개인용 장신구 등을 착용하여서는 아니 된다.

(13) 식품위생법 시행규칙에서 정한 영업에 종사할 수 없는 질병에 걸렸거나, 그 우려가 있는 종업원은 근무시켜서는 아니 되며, 식품위생법 및 위생분야 종사자 등의 건강진단 규칙에 따른 건강진단을 연 1회 이상 실시하여야 한다. 다만, 완전포장된 식품을 운반 또는 판매하는데 종사하는 자는 제외한다.

작업자 출입 관리

(14) 작업장의 출입구에는 개인위생 관리를 위한 세척, 소독 설비 등을 구비하고, 출입자는 세척 또는 소독 등을 통해 오염가능물질 등을 제거한 후 출입하여야 한다.

시설·설비, 작업도구, 작업장 위생 관리

(15) 작업장은(창문, 벽, 천장 등) 누수, 외부의 오염물질이나 해충·설치류 등의 유입을 차단할 수 있도록 밀폐 가능한 구조이어야 한다.

(16) 작업장에는 기구·용기 등을 세척하거나 소독할 수 있는 시설이나 장비를 갖추어야 한다.

(17) 작업장, 작업도구 등은 자체 관리계획에 따라 정기적으로 세척·소독하여야 한다.

(18) 작업장 내에서 발생하는 악취나 이취 등을 배출할 수 있는 환기시설을 설치하여야 한다.

(19) 작업장은 적정온도를 유지하여야 하고 이를 측정할 수 있는 온도계를 비치하여야 한다.

(20) 작업장은 방충·방서를 위한 관리계획을 수립하고 유입여부를 정기적으로 확인하여야 한다.

(21) 식품의 세척에 사용되거나 종업원, 작업도구 등의 세척수로 사용하는 물이 수돗물이 아닌 지하수인 경우에는 먹는물 관리법 제5조에 따른 먹는물 수질기준에 적합한 지하수이어야 하며, 연 1회 이상 검사를 실시하여야 한다.

(22) 폐기물시설은 작업장과 격리된 일정장소에 설치·운영하며, 폐기물 등의 처리용기는 밀폐 가능한 구조로 침출수 및 냄새가 나지 아니하여야 하고, 관리계획에 따라 폐기물 등을 처리·반출하고, 그 내용을 유지하여야 한다.

(23) 작업장 내 조명시설은 파손 시 제품에 혼입되지 않도록 보호장치 등을 설치하여야 한다.

작업위생 관리

(24) 농·임·수산물 등의 절단, 보관 등 식품에 직접 접촉되는 칼, 도마, 보관용기 등 작업도구는 색상별로 각각 구분하여 사용하여야 하고, 작업 종료 후에는 세척·소독 후 위생적으로 보관하여야 한다.

(25) 작업장 내 종업원은 작업 전·후 및 작업 중에 작업자의 손, 앞치마 등을 수시로 세척하여야 한다.

3-4. 포장 관리

(26) 직접 섭취할 수 있도록 가공되는 농·임·수산물은 포장 시 이물이 혼입되거나, 병원성 미생물 등이 오염되지 아니 하도록 위생적으로 관리하여야 한다.

(27) 농·임·수산물을 포장할 경우 포장일자 또는 진열기한 등을 표기하여야 하며, 포장일자 또는 진열기한 등을 임의로 바꿔서는 아니 된다.

3-5. 진열 · 판매 관리

(28) 보관온도가 정하여진 가공식품 등은 정하여진 보관기준에 따라 진열 판매하여야 하고, 별도로 정하여지지 않은 식품 등(농·임·수산물 등)은 자체적으로 정한 보관기준을 준수하여야 한다.

(29) 냉장·냉동 진열대에는 온도계를 설치하여야 하고, 냉장식품은 10℃ 이하(다만, 신선편의식품, 훈제연어는 5℃ 이하 보관 등 보관온도 기준이 별도로 정해져 있는 식품의 경우에는 그 기준을 따른다.), 냉동식품은 -18℃ 이하로 보관하여야 한다.

(30) 냉장·냉동 진열대는 용량에 맞게 적재하여야 하며 주기적으로 세척·소독하여야 한다.

(31) 부적합한 식품(불량·파손·표시사항이 훼손된 식품 등)을 판매하거나 판매목적으로 진열하여서는 아니 되며 유통기한 또는 자체적으로 정한 판매기한(진열기한) 등을 경과한

식품을 진열·판매하여서는 아니 된다.

(32) 수족관의 용수 및 진열용 얼음은 식품 등의 기준 및 규격 제5 식품접객업소의 조리판매 식품 등에 대한 미생물 권장규격에 적합하여야 한다.

(33) 시식을 위한 조리도구 등은 사용 전·후에 세척·소독하여야 하며, 별도 장소에 위생적으로 보관하여야 한다.

3-6. 반품처리 및 회수 관리

(34) 부적합한 식품(불량·파손·표시사항이 훼손된 식품 등)에 대한 소비자의 반품 또는 교환 요구가 있을 경우 관련규정에 따라 신속히 조치하여야 한다.

(35) 부적합한 식품(불량·파손·표시사항이 훼손된 식품 등)에 대한 반품절차나 처리방법 등을 정하여 관리하여야 한다.

(36) 회수와 관련된 위해정보를 주기적으로 수집하여야 하며 관련식품이 판매가 되지 않도록 하고 관련규정에 따라 신속히 조치하여야 한다.

4. 소규모업소(연매출액이 5억원 미만이거나 종업원 수가 21인 미만인 업소), 즉석판매제조·가공업소의 선행요건(15개 단문장)

(1) 작업장은 외부의 오염물질이나, 해충·설치류 등의 유입을 차단할 수 있도록 밀폐 또는 위생적으로 관리하여야 한다.

(2) 포충등, 쥐덫, 바퀴벌레 포획도구 등에 포획된 개체수를 정해진 주기에 따라 확인하여야 한다.

(3) 종업원은 작업장 출입 시 이물제거 도구 등을 이용하여 이물을 제거하여야 하고, 개인장신구 등 휴대품을 소지하여서는 아니 된다.

(4) 종업원은 작업장 출입시 손·위생화 등을 세척·소독하여야 하며, 청결한 위생복장을 착용하고 입실하여야 한다.

(5) 종업원을 대상으로 정해진 주기에 따라 위생교육을 실시하여야 한다.

(6) 작업장 내부는 정해진 주기에 따라 청소하여야 한다.

(7) 배수로, 제조설비의 식품과 직접 닿는 부분, 식품과 직접 접촉되는 작업도구 등은 정해진 주기에 따라 청소·소독을 실시하여야 한다.

(8) 파손되거나 정상적으로 작동하지 아니하는 제조설비를 사용하여서는 아니 되며 식품위생법에서 정한 시설기준에 적합하게 관리하여야 한다.

(9) 냉장·냉동창고의 온도를 적절히 관리하여야 한다.

(10) 가열기 및 냉장·냉동창고의 온도계는 정해진 주기에 따라 검·교정을 실시하여야 한다.

(11) 저수조는 정해진 주기에 따라 청소·소독을 철저히 하고 화장실은 제조시설에 영향을 주지 아니하도록 위생적으로 관리하여야 한다.

(12) 식품과 직접 접촉되는 모니터링 도구(온도계 등)는 사용 전·후 세척·소독을 실시하여야 한다.

(13) 원·부재료 입고 시 시험성적서를 확인하거나, 육안검사를 실시하여야 한다.

(14) 완제품에 대한 검사를 정해진 주기에 따라 실시하여야 하며, 기준 및 규격에 적합한 제품을 제조·판매하고 부적합 제품에 대한 회수관리를 하여야 한다.

(15) 식품안전과 관련된 소비자 불만, 이물 혼입 등 발생시 개선조치를 실시하고, 그 결과를 기록·유지하는 등 식품위생법에서 정하는 준수사항을 지켜야 한다.

5. 식품소분업소의 선행요건(15개 단문장)

(1) 작업장은 외부의 오염물질이나, 해충·설치류 등의 유입을 차단할 수 있도록 밀폐 또는 위생적으로 관리하는 등 식품위생법에서 정한 시설기준에 적합하게 관리하여야 한다.

(2) 포충등, 쥐덫, 바퀴벌레 포획도구 등에 포획된 개체수를 정해진 주기에 따라 확인하고 관리하여야 한다.

(3) 종업원은 작업장 출입 시 이물제거 도구 등을 이용하여 이물을 제거하여야 하고, 개인장신구 등 휴대품을 소지하여서는 아니 된다.

(4) 종업원은 작업장 출입 시 손·위생화 등을 세척·소독하여야 하며, 청결한 위생복장을 착용하고 입실하여야 한다.

(5) 종업원을 대상으로 정해진 주기에 따라 위생교육을 실시하여야 한다.

(6) 작업장 내부는 정해진 주기에 따라 청소하여야 한다.

(7) 원·부자재, 완제품은 구분 관리하고, 바닥이나 벽에 밀착되지 않도록 적재·관리하여야 한다.

(8) 파손되거나 정상적으로 작동하지 아니하는 소분설비를 사용하여서는 아니 되며, 식품과 직접 접촉되는 작업도구 등은 정해진 주기에 따라 청소·소독을 실시하여야 한다.

(9) 냉장·냉동창고의 온도를 적절히 관리하여야 한다.

(10) 냉장·냉동창고의 온도계는 정해진 주기에 따라 검·교정을 실시하여야 한다.

(11) 화장실은 소분시설에 영향을 주지 아니하도록 위생적으로 관리하여야 한다.

(12) 식품과 직접 접촉되는 모니터링 도구(온도계 등)는 사용 전·후 세척·소독을 실시하여야 한다.

(13) 소분하는 원료제품 입고 시 시험성적서를 확인하거나 검사를 실시하여야 한다.

(14) 기준 및 규격에 적합한 제품을 소분·판매하고 부적합 제품에 대한 회수관리를

하여야 한다.

(15) 식품안전과 관련된 소비자 불만, 이물 혼입 등 발생 시 개선조치를 실시하고, 그 결과를 기록·유지하는 등 식품위생법에서 정하는 준수사항을 지켜야 한다.

6. 식품접객업소(일반음식점 · 휴게음식점 · 제과점)의 선행요건(15개 단문장)

(1) 조리장은 외부의 오염물질이나, 해충·설치류 등의 유입을 차단할 수 있도록 밀폐 또는 위생적으로 관리하는 등 식품위생법에서 정한 시설기준에 적합하게 관리하여야 한다.

(2) 포충등, 쥐덫, 바퀴벌레 포획도구 등에 포획된 개체수를 정해진 주기에 따라 확인하고 관리하여야 한다.

(3) 종업원은 조리장 출입 시 이물제거 도구 등을 이용하여 이물을 제거하여야 하고, 개인장신구 등 휴대품을 소지하여서는 아니 된다.

(4) 종업원은 조리장 출입 시 손·위생화 등을 세척·소독하여야 하며, 청결한 위생복장을 착용하여야 한다.

(5) 종업원을 대상으로 정해진 주기에 따라 위생교육을 실시하여야 한다.

(6) 작업장 내부는 정해진 주기에 따라 청소하여야 한다.

(7) 조리시설의 식품과 직접 닿는 부분, 식품과 직접 접촉되는 조리도구 등은 정해진 주기에 따라 청소·소독을 실시하여야 한다.

(8) 파손되거나 정상적으로 작동하지 아니하는 조리시설을 사용하여서는 아니 된다.

(9) 냉장·냉동창고의 온도를 적절히 관리하여야 한다.

(10) 냉장·냉동창고의 온도계는 정해진 주기에 따라 검·교정을 실시하여야 한다.

(11) 저수조는 정해진 주기에 따라 청소·소독을 철저히 하고 화장실은 영업장에 영향을 주지 아니하도록 위생적으로 관리하여야 한다.

(12) 식품과 직접 접촉되는 모니터링 도구(온도계 등)는 사용 전·후 세척·소독을 실시하여야 한다.

(13) 조리하는 원·부재료 입고 시 시험성적서를 확인하거나 검사를 실시하여야 한다.

(14) 음식물을 조리 및 보관과정 중에 교차오염 및 미생물 증식을 방지하기 위하여 적절한 관리를 하여야 한다.

(15) 식품안전과 관련된 소비자 불만, 이물 혼입 등 발생 시 개선조치를 실시하고, 그 결과를 기록·유지하는 등 식품위생법에서 정하는 준수사항을 지켜야 한다.

C·h·a·p·t·e·r 03

HACCP 관리계획 수립·운영을 위한 7원칙 12절차

1. HACCP 관리를 위한 12절차의 법적 근거

1-1. HACCP의 7원칙 12절차의 법적 근거와 적용순서

HACCP의 적용단계는 1993년 FAO/WHO 합동 국제식품규격위원회 Codex가 제시한 지침에 의거 실시되고 있는데, HACCP 적용순서는 다음의 식품 및 축산물 안전관리인증기준 제6조 관련 별표2에서 보는 바와 같이 12절차(단계)로 되어 있으며(그림 2-3-1), 1절차(단계)에서 5절차(단계)까지는 HACCP 관리계획에 있어서 준비(예비)작업 단계이고, 6절차(단계)에서 12절차(단계)까지는 HACCP의 7가지 원칙으로 순서에 따라 운영·관리되고 있다.

따라서 이 제도의 근거로는 우리나라의 국내법에 의거하여 "식품 및 축산물 안전관리인증기준" 제6조(HACCP 관리)에서 찾아볼 수 있으며 제6조 전문을 그대로 열거하면 다음과 같다.

제6조 【안전관리인증기준 관리】

① 안전관리인증기준(HACCP) 적용업소는 다음 각 호의 안전관리인증기준(HACCP) 적용원칙과 별표 2의 안전관리인증기준(HACCP) 적용 순서도에 따라 제조·가공·조리·소분·유통·판매하는 식품, 가축의 사육과 축산물의 원료관리·가공·선별·처리·포장·유통 및 판매에 사용하는 원·부재료와 해당 공정에 대하여 적절한 안전관리인증기준(HACCP) 관리계획을 수립·운영하여야 한다.

1. 위해요소 분석
2. 중요관리점 결정
3. 한계기준 설정
4. 모니터링 체계 확립
5. 개선조치 방법 수립
6. 검증절차 및 방법 수립
7. 문서화 및 기록유지방법 설정

② 제1항에 따른 안전관리인증기준(HACCP) 관리계획은 과학적 근거나 사실에 기초하여 수립·운영하여야 하며, 중요관리점, 한계기준 등 변경사항이 있는 경우에는 이를 재검토하여야 한다.

③ 「식품위생법」에 따른 안전관리인증기준(HACCP) 적용업소는 제1항에 따른 안전관리인증기준(HACCP) 관리계획의 적절한 운영을 위하여 다음 각 호의 사항을 포함하는 안전관리인증기준(HACCP) 관리기준서를 작성·비치하여야 한다.

1. 식품제조·가공업소, 건강기능식품제조업소, 집단급식소 및 집단급식소식품판매업소

가. 안전관리인증기준(HACCP)팀 구성

(1) 조직 및 인력현황
(2) 안전관리인증기준(HACCP)팀 구성원별 역할
(3) 교대 근무 시 인수·인계 방법

나. 제품설명서 작성

(1) 제품명·제품유형 및 성상
(2) 품목제조보고 연·월·일(해당제품에 한한다)
(3) 작성자 및 작성 연·월·일
(4) 성분(또는 식자재)배합비율
(5) 제조(포장)단위(해당제품에 한한다)
(6) 완제품규격
(7) 보관·유통상(또는 배식상)의 주의사항
(8) 유통기한(또는 배식시간)
(9) 포장방법 및 재질(해당제품에 한한다)
(10) 표시사항(해당제품에 한한다)
(11) 기타 필요한 사항

다. 용도 확인

(1) 가열 또는 섭취방법
(2) 소비 대상

라. 공정흐름도 작성

(1) 제조·가공·조리 공정도(공정별 가공방법)
(2) 작업장 평면도(작업특성별 구획, 기계·기구 등의 배치, 제품의 흐름과정, 세척·소독조의 위치, 작업자의 이동경로, 출입문 및 창문 등을 표시한 평면도면)
(3) 급기 및 배기 등 환기 또는 공조시설 계통도
(4) 급수 및 배수처리 계통도

마. 공정흐름도 현장 확인

바. 원·부자재, 제조·가공·조리·유통에 따른 위해요소 분석

(1) 원·부자재별·공정별 생물학적·화학적·물리적 위해요소목록 및 발생원인
(2) 위해평가(원·부자재별, 공정별각 위해요소에 대한 심각성과 위해 발생 가능성 평가)
(3) 위해평가 결과 및 예방조치·관리방법

사. 중요관리점 결정

(1) 확인된 주요 위해요소를 예방·제어(또는 허용수준 이하로 감소)할 수 있는 공정상의 단계·과정 또는 공정 결정
(2) 중요관리점 결정도 적용결과

아. 중요관리점의 한계기준 설정

자. 중요관리점별 모니터링 체계 확립

차. 개선조치 방법 수립

카. 검증절차 및 방법 수립

(1) 유효성 검증 방법(서류조사, 현장조사, 시험검사) 및 절차
(2) 실행성 평가 방법(서류조사, 현장조사, 시험검사) 및 절차

타. 문서화 및 기록유지방법 설정

2. 기타식품판매업소
  가. 안전관리인증기준(HACCP)팀 구성
    (1) 조직 및 인력현황　(2) HACCP팀 구성원별 역할　(3) 교대 근무 시 인수인계방법
  나. 입고·보관·작업·포장·진열·판매 등 판매흐름도 작성
  다. 입고·보관·작업·포장·진열·판매 등 단계별 위해요소 분석
  라. 중요관리점 결정
  마. 중요관리점의 한계기준설정
  바. 중요관리점별 모니터링 체계 확립
  사. 개선조치 방법 수립
  아. 검증절차 및 방법 수립
  자. 문서화 및 기록유지방법 설정

3. 집단급식소, 식품접객업소, 집단급식소식품판매업소, 즉석판매제조가공업소, 식품소분업소
  가. 안전관리인증기준(HACCP)팀 구성
    (1) 조직 및 인력현황
    (2) 안전관리인증기준(HACCP)팀 구성원별 역할
    (3) 교대 근무 시 인수·인계 방법
  나. 조리·제조·소분 공정도(과정 별 조리·제조·소분방법) 작성
  다. 원·부자재, 조리·제조·소분·판매에 따른 위해요소 분석
    (1) 원·부자재별·공정별 생물학적·화학적·물리적 위해요소 목록 및 발생원인
    (2) 위해평가(원·부자재별, 조리·제조·소분공정별 각 위해요소에 대한 심각성과 위해발생 가능성 평가)
    (3) 위해요소 분석결과 및 예방조치·관리 방법
  라. 중요관리점 결정
    (1) 확인된 주요 위해요소를 예방·제어(또는 허용수준 이하로 감소)할 수 있는 공정상의 단계·과정 또는 공정 결정
  마. 중요관리점의 한계기준 설정
  바. 중요관리점별 모니터링 체계 확립
  사. 개선조치 방법 수립
  아. 검증 방법 및 절차 수립
  자. 문서화 및 기록유지방법 설정

④ 「축산물 위생관리법」에 따른 안전관리인증기준(HACCP) 적용업소는 제1항에 따른 안전관리인증기준(HACCP) 관리계획의 적절한 운영을 위하여 다음 각 호의 사항이 포함된 안전관리인증기준(HACCP) 관리기준서를 작성·비치하여야 한다. 다만, 축산물가공업소의 경우 식품제조·가공업소의 안전관리인증기준(HACCP) 관리기준서를 같이 활용할 수 있다.

1. 안전관리인증기준(HACCP)팀 구성
  가. 조직 및 인력현황
  나. 안전관리인증기준(HACCP)팀 구성원별 역할
  다. 교대근무 시 인수·인계방법

2. 도체설명서(도축장에 한한다)

가. 도체식육명　나. 도체절단방법　다. 보관·운반·판매시 주의사항
라. 식육용도　마. 작성자 이름 및 작성 연월일　바. 기타 필요한 사항

3. 제품설명서(축산물가공장, 식육포장처리장에 한한다)

가. 제품명, 제품 유형 및 성상　나. 품목제조보고연월일　다. 작성자 및 작성연월일
라. 성분배합비율　마. 처리·가공(포장)단위　바. 완제품의 규격
사. 보관·유통상의 주의사항　아. 제품의 용도 및 유통기간　자. 포장방법 및 재질
차. 기타 필요한 사항

4. 축산물설명서(식육판매업, 식용란수집판매업, 식육즉석판매가공업에 한한다)

가. 식육·포장육·식용란명
나. 식육·포장육·식용란의 제조일자 또는 유통기한
다. 작성자 및 작성연월일
라. 보관·유통상의 주의사항
마. 용도
바. 기타 필요한 사항

5. 축산물설명서(축산물보관업, 축산물운반업에 한한다)

가. 축산물의 종류
나. 축산물의 포장상태 및 보관(운반)온도
다. 직성자 및 작성연월일
라. 보관(운반) 중 주의사항
마. 기타 필요한 사항

6. 원유설명서(집유업, 젖소농장에 한한다)

가. 원유의 종류　나. 보관 및 운반 온도　다. 작성자 및 작성연월일
라. 구매자　마. 집유·운반상 주의사항　바. 용도
사. 기타 필요한 사항

7. 가축설명서(농장, 부화장에 한한다)

가. 용도
나. 품종
다. 작성자 및 작성연월일
라. 구매자, 출하처 및 출하시 운반자
마. 항생제 처치 및 휴약기간 경과 여부(부화장 제외)
바. 주사침 잔류여부(부화장 제외)
사. 항생제무첨가 사료 급여기간
아. 기타 필요한 사항

8. 도살·처리·가공·포장·유통 및 판매 공정(과정) 등의 시설·설비(농장은 제외한다)

가. 공정도(공정별 처리·가공·포장 및 유통 등의 방법)
나. 평면도(작업특성별 분리, 시설·설비 등의 배치, 제품의 흐름 또는 축산물의 생산·유통과정, 세척·소독조의 위치, 종업원의 이동경로, 출입문 및 창문 등을 표시한 것을 말한다)

다. 급기 및 배기 등 환기 또는 공조시설(공기여과시설 및 배출시설을 말한다) 계통도
라. 급수 및 배수처리 계통도

9. 가축 사육의 시설·설비(농장에 한한다)
가. 사양관리 절차도
나. 사육시설·설비(축사, 소독 및 차단시설)
다. 농장 평면도(축종특성별 분리(축사 배치), 시설·설비 등의 배치, 가축의 이동, 차량의 이동 경로, 소독조의 위치, 출입자의 이동경로 등을 표시한 것을 말한다)
라. 가축분뇨처리장

10. 위해요소의 분석

11. 중요관리점 결정

12. 중요관리점의 한계기준 설정

13. 중요관리점 모니터링 체계 확립

14. 개선 조치방법 수립

15. 검증 절차 및 방법 수립

16. 문서화 및 기록유지방법 설정

⑤ 제1항부터 제4항까지의 규정에도 불구하고 소규모 업소는 별도로 정하여진 「소규모 업소용 안전관리인증기준(HACCP) 표준관리기준서」를 활용하여 안전관리인증기준(HACCP) 관리계획 및 기준서를 작성·비치할 수 있다.

⑥ 제3항에 따른 안전관리인증기준(HACCP) 관리기준서는 업소별 또는 적용대상 식품별로 작성하여야 하고, 제4항에 따른 안전관리인증기준(HACCP) 관리기준서는 작업장·업소·농장(축종)별로 작성하여야 하며, 이를 제정하거나 개정할 때에는 일자, 담당자 및 관리책임자 또는 영업자의 이름을 적고 서명하여야 한다.

HACCP 적용순서도(제6조 관련[별표 2])

1. 식품제조·가공업소, 집단급식소, 식품접객업소 및 식품소분업소 등

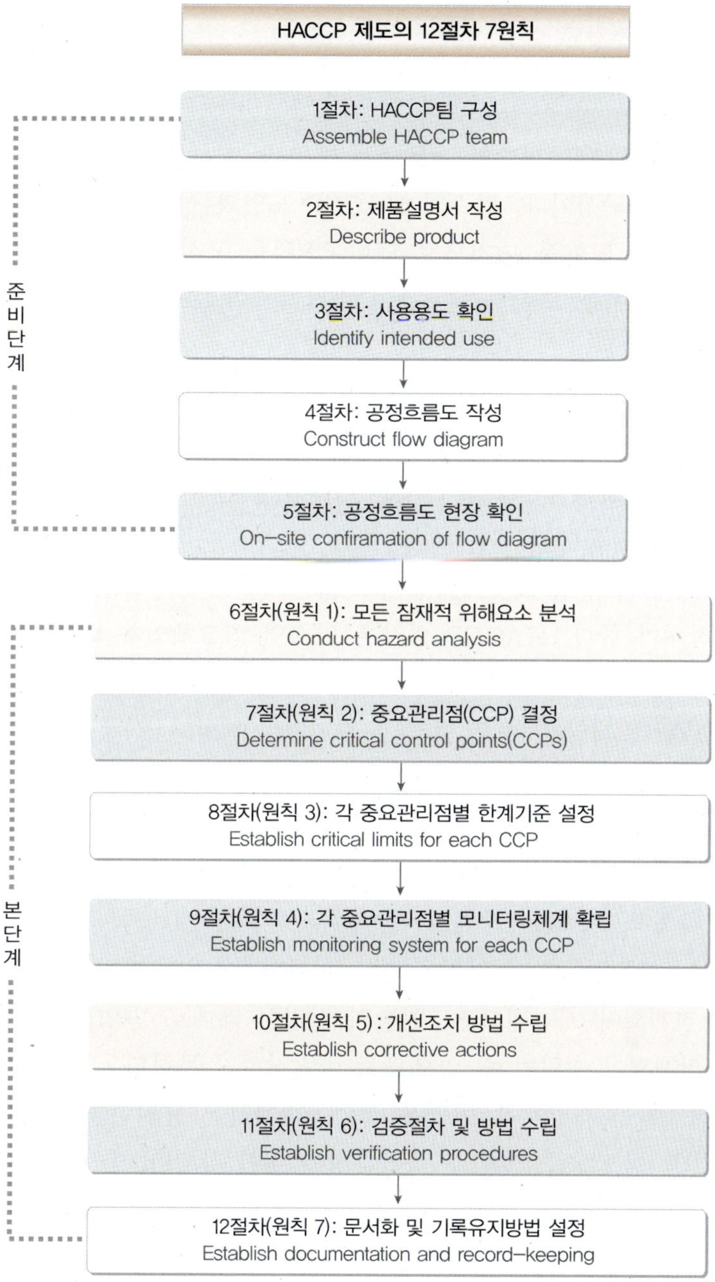

그림 2-3-1 HACCP 제도의 적용순서(단, 영문명은 고시에 없으나 참조)

2. HACCP 관리의 12절차 중 준비단계 5절차

2-1. HACCP팀의 구성(1절차)

HACCP팀 구성에서 팀장은 최고 선임적 지위, 팀원은 각 분야 전문적인 책임자 등으로 업소의 특성에 따라 구성한다.

HACCP 관리계획(Plan) 개발의 적용에서 제일 먼저 해야 할 준비단계는 주도적으로 담당할 HACCP팀의 구성이다. 업소의 HACCP 도입과 성공적인 운영은 최고경영자의 실행 의지가 결정적인 영향을 미치므로 HACCP팀을 구성할 때는 어떤 형태로든 최고경영자의 직접적인 참여를 포함시키는 것이 바람직하며, 또한 업소 내 핵심요원들을 팀원에 포함시켜야 한다.

HACCP 관리계획의 개발 및 운영에 필요한 HACCP팀의 규모는 업소규모 및 여건에 따라 다르기 때문에 일정하지 않다. HACCP는 위생담당자 한 사람으로 수행되는 것이 아니라 제품생산에 따르는 전 공정에 대한 이해와 관련지식을 바탕으로 식품의 안전성을 확보하기 위한 팀 활동이기 때문이다.

따라서 HACCP팀의 구성에는 제품공정도 상 각 분야에서의 전문지식과 기술을 갖춘 사람들로 구성하여야 한다. HACCP 팀장은 업소의 최고책임자 내지 선임적 위치에 있는 사람(영업자 또는 공장장, 영양사)이 되는 것을 권장하며, 팀원은 제조·작업 책임자, 시설·설비의 공무관계 책임자, 보관 등 물류관리업무 책임자, 식품위생 관련 품질관리업무 책임자 및 종사자 보건관리 책임자 등으로 구성되어야 한다. 즉 어느 회사와 집단급식소의 HACCP팀의 조직구성을 보면 그림 2-3-2, 그림 2-3-3과 같다.

또 이들은 관련규정에 준하여 HACCP 교육을 받고 일정 수준의 전문성을 갖추어야 한다. 이때 자체적으로 취약하다고 판단되는 부분에 대해 자체 내에 필요한 전문가가 없을 경우에는 외부전문가의 지원을 받도록 한다. 그러나 전적으로 외부전문가에 의해 HACCP 관리계획이 개발된다면, 현장의 실정이 제대로 반영되지 못하여 비효율적인 HACCP 관리계획이 수립될 수 있으므로 바람직하지 못하다.

HACCP 관리계획을 개발하는 팀원은 작업공정에서 사용되는 시설·설비 및 기술, 실제 작업상황, 위생, 품질보증, 그리고 작업공정에 대한 상세한 지식이 있어야 한다. 따라서 팀원들은 식품위생학·식품미생물학·공중보건학·식품공학 분야의 기술 및 지식을 갖고 있다면 더욱 좋으며, 이런 지식이 부족한 경우 외부전문가, 정부(식품의약품안전처)의 지침서 또는 기술적 문헌 등으로 보완하여야 한다.

이 경우 HACCP팀의 조직 및 인력현황, HACCP 팀원의 역할, 교대근무 시 인수인계 방법 등이 문서화되어야 한다.

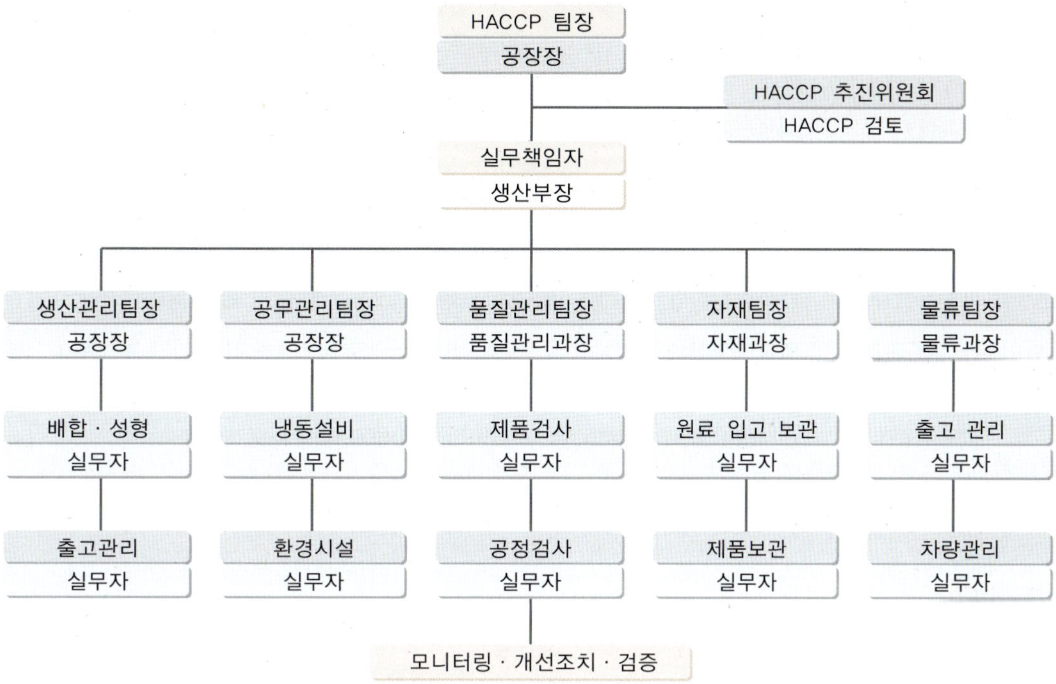

그림 2-3-2 **식품제조·가공업소의 HACCP팀 조직구성 예**

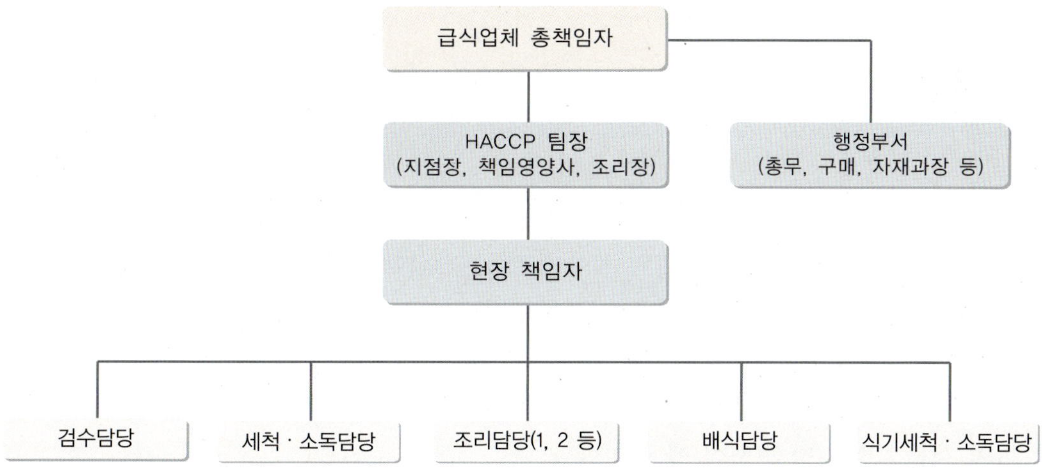

그림 2-3-3 **집단급식소의 HACCP팀 조직구성 예**

표 2-3-1 식품제조·가공업소, 집단급식소 등 HACCP팀의 업무분담표 예

구분	구성원	주요업무
총책임자	식품공장장, 급식업체 전무	재원조달·시설 등 모든 사항 총괄
품질관리팀장, 급식위생과장	지점장 (식품·영양·조리전공)	농축산물의 원료로부터 생산·소비까지 모든 단계의 위생관련 방법 조사·연구 총괄
생산·공무관리팀장, 메뉴개발과장	식품가공기사·영양사 등	제조·가공제품이나 조리제품을 생산하고자 하는 목적의 메뉴를 개발 총괄
총무·자재과장	총무과장이나 자재과장 등	대내외 HACCP 관련업무와 시설, 기구 등의 자재업무, 종업원 등 총괄
재무·구매과장	재무과장이나 구매과장 등	재정 재무 및 구매 등의 회계 총괄
영업·물류과장	영업과장이나 마켓팀장 등	소비자의 의도나 기호도 및 서비스 등 총괄
품질관리, 급식·위생 담당자 3인	식품제조담당(기사), 영양조리담당(영양사), 검사담당	식품제조·가공업소나 집단급식소 등의 업소에 따라 분야별로 담당자를 선정
생산·공무, 메뉴개발 담당자 2인	식품제조개발담당자, 영양조리개발담당자	식품제조·가공업소나 집단급식소 등의 업소에 따라 분야별로 메뉴 개발 담당자 선정
검수담당자	총무과 직원	원료식자재나 가공제품 등 검수 업무 담당
세척·소독담당자	직원	세척제, 소독제 확인 및 작업 업무 담당
조리담당자	직원	밥류, 국류, 찬류별 조리나 온도체크 업무 담당
배식담당자	직원	완성된 제품, 조리의 냉·온식품 배식 업무 당당
식시·세척·소독담당자	직원	식후 식기 등 세척·소독 및 정리

2-2. 제품설명서 작성(2절차)

해당식품의 특성과 취급방법을 기술한다.

두 번째 준비단계는 HACCP팀의 제품에 대한 완전한 이해와 위해요소의 식별을 돕기 위하여 제품에 대한 상세한 설명을 작성하여야 한다. 업소에서 취급하는 각 식품의 종류, 특성, 원료, 성분, 제조·조리 및 유통방법 등을 포함하는 제품에 대한 전반적인 취급내용이 기술되어 있는 제품설명서를 작성하는 것이다. 제품설명서를 다음 내용을 포함하여 제품설명서 양식(서식)에 작성한다.

제품설명서의 각 사항 작성 시 다음 사항을 참고하면 제품설명서 작성에 도움이 된다.

(1) 제품명

제품명은 식품제조·가공업소의 경우 해당관청에 보고한 해당품목의 "품목제조(변경) 보고서"에 명시된 제품명과 일치하여야 한다.

(2) 제품유형

제품유형은 "식품공전"의 분류체계에 따른 식품의 유형을 기재한다.

(3) 성상

성상은 해당식품의 기본 특성(예: 액상, 고상 등)뿐만 아니라 전체적인 특성(예: 가열 섭취식품, 비가열섭취식품, 냉장식품, 냉동식품, 살균제품, 멸균제품 등)을 기재한다.

(4) 품목제조보고연월일

품목제조보고연월일은 식품제조·가공업소의 경우에 해당하며, 해당식품의 "품목제조(변경)보고서"에 명시된 보고 날짜를 기재한다.

(5) 작성자 및 작성연월일

제품설명서를 작성한 사람의 성명과 작성날짜를 기재한다.

(6) 성분(또는 식자재)배합비율 및 제조(또는 조리)방법

- 성분(또는 식자재)배합비율은 식품제조·가공업소의 경우 해당식품의 "품목제조(변경) 보고서"에 기재된 원료인 식품 및 식품첨가물의 명칭과 각각의 함량을 기재한다. 대상 식품이 많은 업소의 경우 원료목록표를 작성하면 원료에 대한 위해요소를 총괄적으로 분석하는 데 도움이 된다.
- 제조(또는 조리)방법은 일반적인 방법을 기재하거나 "공정흐름도"로 갈음한다.

(7) 제조(포장)단위

제조(포장)단위는 판매되는 완제품의 최소 단위를 중량, 용량, 개수 등으로 기재한다.

(8) 완제품의 규격

완제품의 규격은 식품위생법과 대상고객, 사내규격 등을 참고하여 안전성과 관련된 항목에 대해 성상, 생물학적·화학적·물리적 항목과 각각의 규격을 기재한다.

(9) 제품용도 및 유통(또는 배식)기간

- 제품용도는 소비계층을 고려하여 일반건강인, 영유아, 어린이, 환자, 노약자, 허약자 등으로 구분하여 기재한다.
- 유통(또는 배식)기간은 식품제조·가공업소의 경우 "품목제조(변경)보고서"에 명시된 유통기한을 보관조건과 함께 기재하며, 집단급식소 등의 경우 조리완료 후 배식까지의

시간을 기재한다.

- 이와 아울러 소비자 구매 시 섭취방법(그대로 섭취, 가열조리 후 섭취)을 함께 기재하는 것도 도움이 된다.

(10) 포장방법 및 재질

특이한 포장방법이 있는 경우 그 방법을 구체적으로 기재하며, 포장재질은 내포장재와 외포장재 등으로 구분하여 기재한다.

(11) 표시사항

표시사항에는 "식품 등의 표시기준"의 법적 사항에 기초하여 소비자에게 제공해야 할 해당식품에 관한 정보를 기재한다.

(12) 보관 및 유통(또는 배식) 상의 주의사항

해당식품의 유통·판매 또는 배식 중 특별히 관리가 요구되는 사항을 기재한다. 제품설명서의 각 사항에는 기본적으로 위생적인 요소(Safety factors)만을 고려하여야 하나 품질적인 사항(Quality factors)을 포함시켜야 하는 경우에는 위생적인 요소와 구분하여 기재한다. 제품설명서는 식품별로 작성함을 원칙으로 한다. 그러나 각 식품의 특성이 같거나 비슷하여 식품유형별로 작성하여도 무방하다고 판단되는 경우 식품을 묶거나 식품유형별로 작성할 수 있다.

제품설명서의 견본서식은 표 2-3-2와 같다. 업소는 이 견본서식을 이용하여 업소 자체 실정에 맞게 적절한 서식을 이용하여 제품설명서를 작성할 수 있다.

2-3. 사용용도 확인(3절차)

해당식품의 사용용도를 파악한다.

제품의 사용용도는 소비자에 의하여 통상적으로 사용되는 형태를 말한다.

그래서 세 번째 준비단계는 해당식품의 의도된 사용방법 및 대상 소비자를 파악하는 것이다. 해당식품이 소비자의 누구에게 어떻게 사용되는가를 예측하는 것이 필요하다. 예를 들면, 해당식품을 그대로 섭취할 것인가 아니면 간단히 또는 충분히 가열조리 후 섭취할 것인가 여부, 추후 재가공 후 제공, 조리·가공방법 및 다른 식품의 원료로 사용되는가 여부 등을 조사하여 예측 가능한 사용방법과 범위를 명확히 하여야 한다.

특히 제품의 최종소비자, 즉 일반소비자를 대상으로 할 것인지, 위해물질에 감수성이 있는 대상소비자, 즉 어린이, 노인, 임산부 및 병약자, 면역관련 특이체질 환자(알레르기 등) 등을 대상으로 할 것인지를 파악하고 제품의 사용의도를 확인하는 것이 중요하다. 이러한 자료는 공급되는 식품의 위해평가와 위해요소의 한계기준 설정에 중요한 자료가 된다.

표 2-3-2 제품설명서 견본서식

제 품 설 명 서		
1. 제품명 제품유형 성상	제품명: ○○○○ 어묵 유 형: 식품공전 상 유형 성 상: 제품의 특성을 기록	예) 함박웃음야채마루 어묵 예) 어묵(어유가공품 중) 예) 어육 중 염(鹽)에 녹는 단백질을 용출시킨 고기풀에 식품 등을 가하여 제조·가공한 것
2. 품목제조보고 연월일 및 보고자	2010. 7. 7. 보고자: 어두미	
3. 작성자 및 작성연월일	작성자: 오징어, 2010. 7. 7.	
4. 성분배합비율(%)	연육/수입산(어육살·설탕·D-솔비톨·산도조절제), 소맥(분말), 채소류[중국산 15%(당근 7.5%·파 7.5%)], 대두유, 정제염, 글루코노델타락톤, 소르빈산칼륨(합성보존류), 사카린나트륨제제[포도당 사카린나트륨(합성감미료)]	
5. 포장단위	500g	
6. 완제품의 규격	법적 규격	자사 규격
	· 생물학적 항목: 대장균군: 음성(비가열제품 제외) 일반세균: 음성(멸균제품에 한함) · 화학적 항목: 타르색소가 검출되어서는 안 된다. 보존료는 소르빈산·소르빈산칼륨·소르빈산칼슘으로 각 2g/kg 이하 · 물리적 항목: 이물 불검출	· 고유의 향미를 가지고 이미·이취가 없어야 한다. · 대장균군: 음성(비가열제품 제외) 일반세균: 음성(멸균제품에 한함) 비브리오균: 음성 황색포도상구균: 음성 · 화학적 항목은 법적 규격과 같음 · 이물은 불검출(단, 금속이물은 1.5mm 이상 불검출)
7. 보관·유통 및 유통기한	· 보관: 제품생산 후 5℃ 이하 냉장창고 보관 · 운송: 제품운송 중 5℃ 이하 냉장차로 운송 · 유통: 유통과정 중 5℃ 이하 유지 상태로 유통	
8. 제품용도 및 유통기간	· 제품용도: 일반성인, 어린이, 노약자 등의 국, 찌개 및 간식용 · 유통기간: 7일(냉장) · 섭취방법: 어묵떡볶이양념볶음 형태나 어묵감자조림 형태 등으로 조리가공 섭취	
9. 포장방법 및 재질	· 포장방법: 개별 용기나 파우치 포장 후 박스포장 · 재질: 속포장-필름류(폴리에틸렌/Al/-), 겉포장-골판지상자	

10. 표시사항	· 속포장지: 제품명 · 유형 · 주원료명 및 식품첨가물 · 특정성분 · 용량 · 보관방법 · 제조원 · 판매원 · 용기재질 · 반품 및 교환장소 · 가격 · 고객상담팀 전화번호 · 환경계도문 · 소비자피해보상규정 · 분리배출표시 · 바코드 · 겉포장지: 제품명 · 수량 · 제조자 · 가격 · 기타 주의사항
11. 기타 필요한 사항	

2-4. 공정흐름도 작성(4절차)

공정흐름도 및 평면도를 작성한다.

네 번째 준비단계로 HACCP팀은 우선 첫번째로 작업특성별 일반구역, 청결(준청결 포함)구역 및 위생전실 등 구획, 기계·기구 등의 배치, 제품의 흐름과정, 작업자 이동경로, 세척·소독조 위치, 출입문 및 창문, 공조시설계통도, 급수 및 배수처리 계통도 등을 표시한 작업장 평면도(Plant schematic)를 작성한다.

작업장 평면도 중 식품제조·가공업소의 평면도는 그림 2-3-4(어묵류)와 같고 집단급식소의 평면도는 그림 2-3-5(학교 등)와 같다. 그리고 급수 및 배수처리 계통도는 그림 2-3-6과 환기 또는 공조시설 계통도는 그림 2-3-7과 같다.

두 번째로 업소에서 직접 관리하는 원료의 입고에서부터 완제품의 출하까지 모든 공정단계들을 파악하여 그림 2-3-8과 그림 2-3-9와 같이 공정흐름도(Flow diagram)를 작성하고, 각 공정별 주요 가공조건의 개요를 기재한다. 이때 구체적인 제조공정별 가공방법에 대하여는 일목요연하게 표 2-3-3으로 정리하는 것이 바람직하다.

이들은 단순하고 이해하기 쉽게 작성되어야 하며 해당업소에서 작업이 이루어지기 이전 또는 이후의 단계도 포함될 수 있다. 이러한 공정흐름도와 평면도는 원료의 입고에서부터 완제품의 출하에 이르는 해당식품의 공급에 필요한 모든 공정별로 위해요소의 교차오염 또는 2차 오염·증식 등의 가능성을 파악하는 데 도움을 준다.

다음은 작업장의 평면도 상에서 해당작업장의 특성에 따른 구역설정을 나누어 설명해보면 다음과 같다.

(1) 작업장의 구역

작업장 평면도에서 작업장의 구역은 해당작업장의 특성에 따라 설정되어야 한다.

작업특성은 작업목적·작업조건·청정도 분포(공중낙하균 측정결과) 등에 따라 설정되어야 한다. 세척공정이 있는 경우 세척공정 전 절단실은 일반구역에 해당하나 세척공정 후 절단실은 청결구역이어야 한다. 세척공정 후 절단실·탈수실·가열실(김치류의 풀제조실)

은 준청결구역으로 세분화할 수 있고 세척 후 건조·보관실은 청결 또는 준청결구역으로 하여야 한다. 가열·건조공정이 있는 제품은 가열·건조공정 전 배합 및 성형실은 일반구역이나, 가열공정 후 배합 및 성형실은 청결구역에 해당된다. 가열·건조공정은 준청결구역으로 세분화할 수 있다.

또 소독공정이 있는 제품은 소독공정 전 헹굼, 절단실은 일반구역이나 소독공정 후 헹굼, 절단실은 청결구역이 된다. 소독공정은 준청결구역으로 세분화할 수 있다. 살균공정이 있는 제품에서 증숙공정 전 계량, 불림실은 일반구역이나 증숙공정 후 계량, 불림실은 청결구역이어야 한다. 그리고 증숙실은 준청결구역으로 세분화할 수 있다.

(2) 작업자의 이동경로

작업자의 이동경로에서 세척공정, 가열·건조공정, 소독공정, 분말공정, 살균·멸균공성에서 작업자의 이동 동선은 원칙적으로 위생전실에서 직접 작업장으로 이동하여 작업의 효율성·신속성을 확보하여야 하며, 일반구역에서 청결(준청결)구역으로 이동해서는 절대로 아니 된다.

작업장의 이동경로가 서로 교차하지 않도록 하여야 하며, 입실과 퇴실의 거리와 시간을 최소화하는 것은 교차오염을 많이 줄이는 방법이기도 하다. 그래서 작업자의 입실과 퇴실은 최소한의 구간으로 입·퇴실하는 것이 바람직하다. 즉 다시 말해 작업자의 노출을 최소화하기 위해 일반구역은 일반구역으로, 청결(준청결)구역으로 이동하여 교차오염을 방지하여야 한다. 위생전실에서 작업장으로 입실이 어려울 경우 이동통로의 설치하는 것이 바람직하다. 작업자의 이동 동선은 현장의 평면도와 일치하게 표시하여 작업자 등이 준수하도록 교육·훈련하여야 한다.

(3) 급수 및 배수처리

급수 및 배수처리 계통도에서 배수는 청결(준청결)구역에서 일반구역으로 그림과 같이 이동하도록 하여 교차오염을 방지하여야 한다. 작업특성에 따라 매립형은 배수가 가능한 경우는 이동방향은 관련이 없다. 배수로는 작업장에서 사용되는 배수량을 충분히 빠질 수 있는 구조, 즉 스테인리스 하단 배수로의 깊이와 넓이를 적절히 하는것이 바람직하다. 배수저장탱크가 있는 경우는 배수 후 뚜껑을 설치하여 철저히 관리하도록 한다.

(4) 환기 또는 공조시설의 공기흐름

환기는 청결(준청결)구역에서 일반구역으로 이동하도록 하여야 한다. 환풍방향은 환풍의 크기, 용량, 개수와 공조시설 등을 이용하여 공기흐름을 조절하여야 한다. 작업장 내에 설치하는 에어커튼은 바닥의 먼지 등 물리적 위해요소의 비산 등을 발생시키므로 방충

설비 목적에 부합되도록 설치·관리하는 것이 바람직하다.

(5) 제조시설·설비 및 세척·소독시설·장비 등 배치

제조시설 및 설비는 청소나 공정간 교차오염 방지가 가능하도록 적절히 배치하는 것이 바람직하다. 그리고 세척·소독시설 및 장비는 작업특성에 따라 물리적·생물학적 위해요소가 필요한 작업장, 즉 채소류 등을 씻고 소독하여야 하는 경우는 세척·소독시설을 갖추어야 하고, 생물학적 위해요소에 대한 관리가 필요한 작업장, 즉 세균 등을 사멸시켜야 하는 경우에는 소독 설비만 용도별로 구분하여 설치·사용하여야 한다.

예를 들면, 세척실은 세척·소독 설비가, 가열실은 소독 설비가 필요한 작업특성에 따라 설치하도록 하여야 한다.

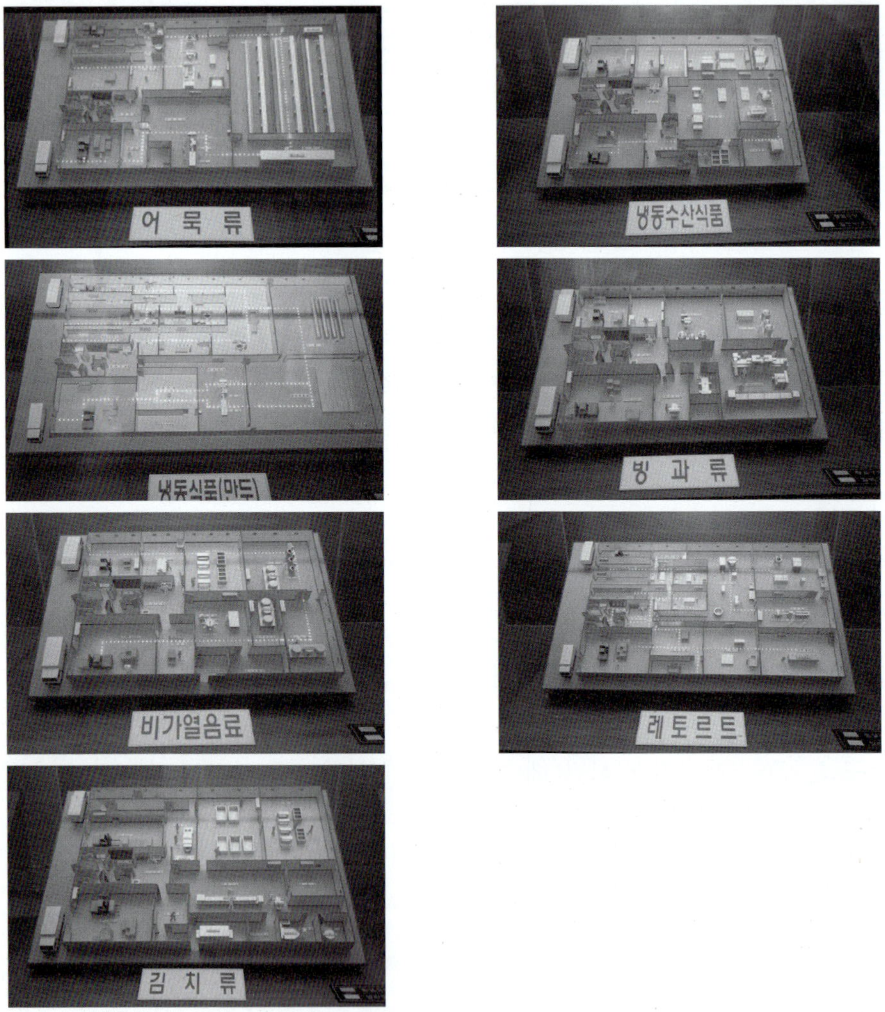

그림 2-3-4 식품공장의 작업장 평면도 예

바람직한 급식시설 · 설비 배치도

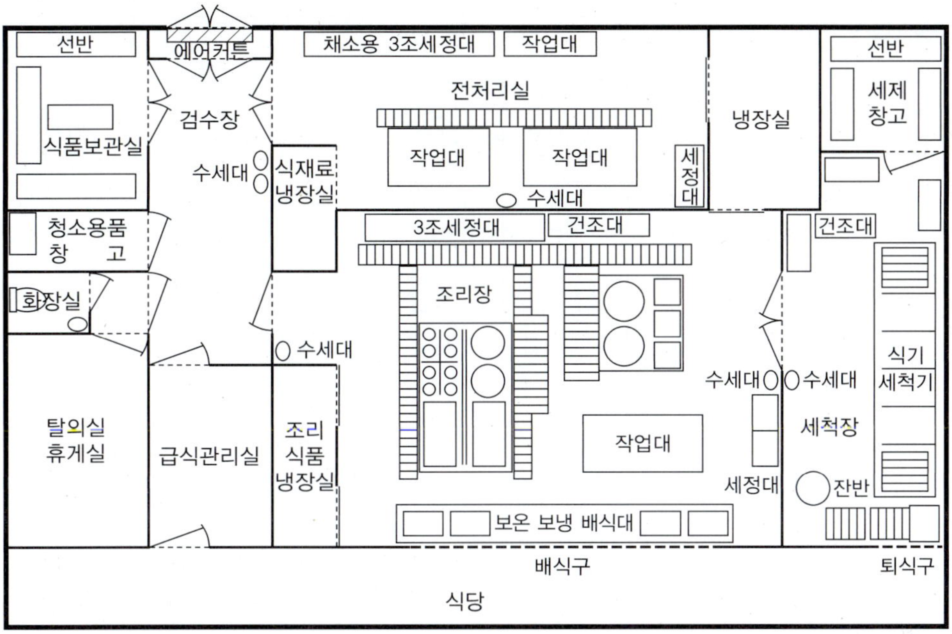

학교급식소(교육부편)

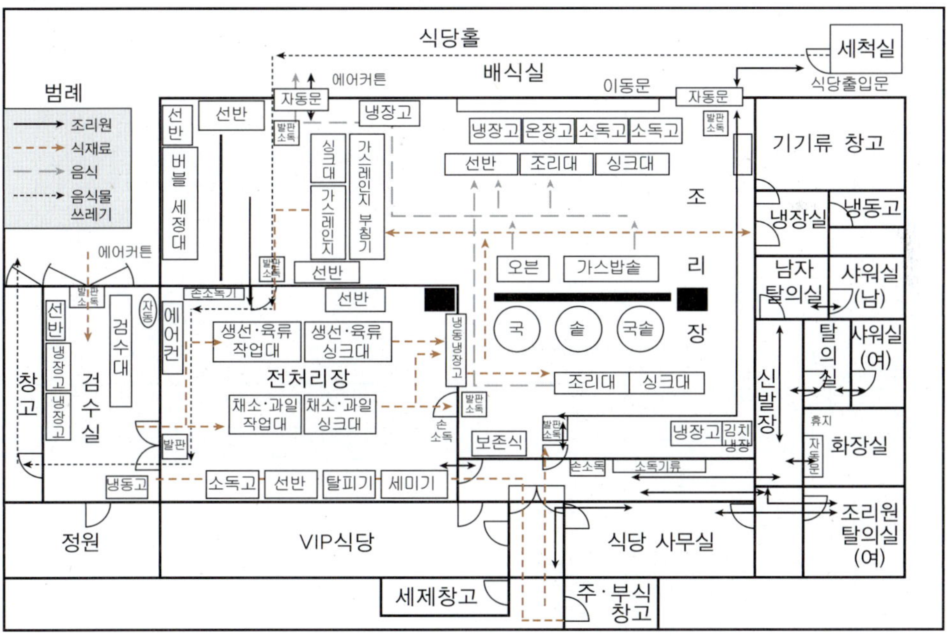

지식경제공무원교육원 작업장(주방)

그림 2-3-5 집단급식소의 작업장 평면도 예

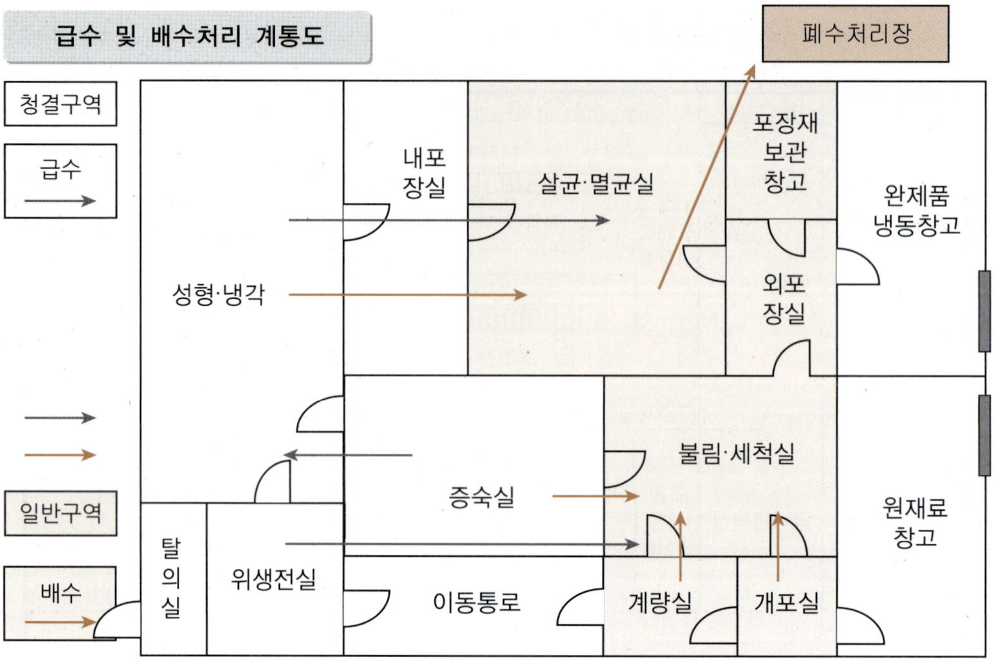

그림 2-3-6 **급수 및 배수처리 계통도 예**

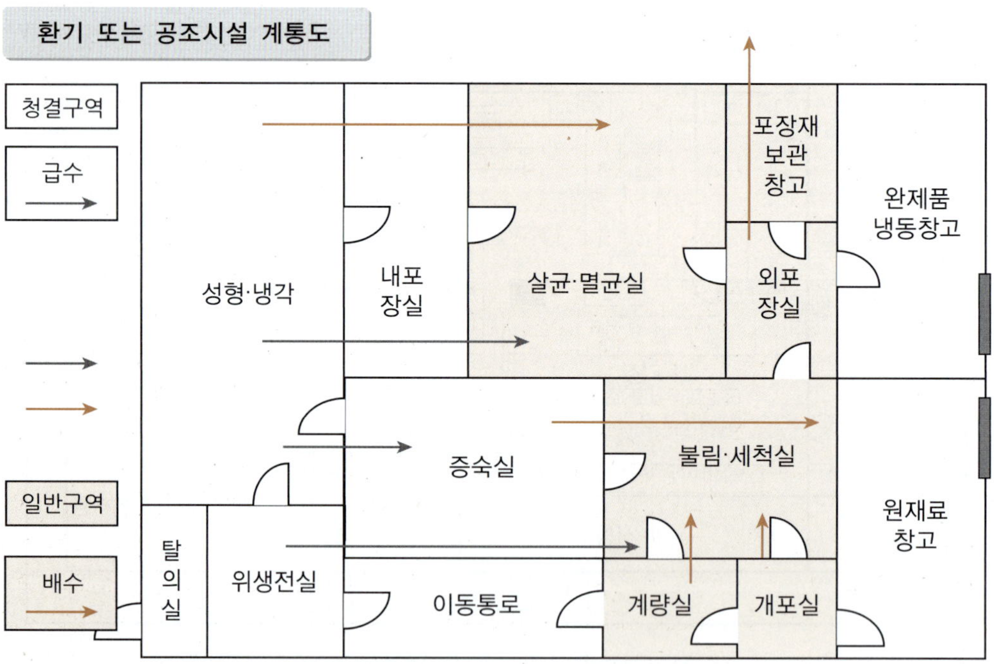

그림 2-3-7 **환기 또는 공조시설 계통도 예**

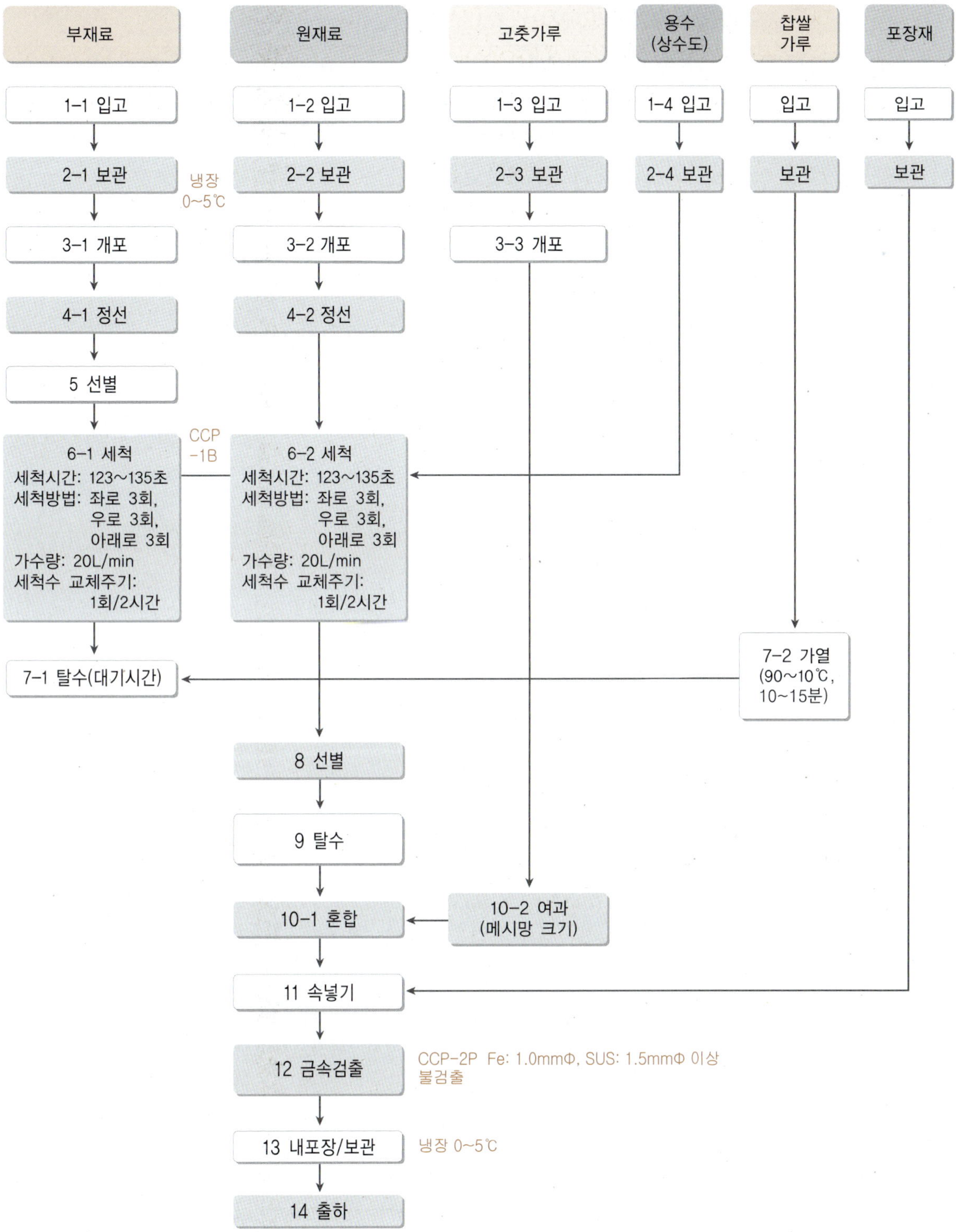

그림 2-3-8 식품공장의 공정흐름도 예

표 2-3-3 제조공정별 가공방법 예시

NO	공정단계	공정 설명	주요설비	관리 방법
1	입고	원료 ·입고 시 차량의 온도 및 청결상태 확인 ·관능검사 ·원산지 증명확인서를 수령하여 확인	저울·온도계	·원산지증명서 확인 ·육안검사 ·중량·온도 측정
		포장재 ·시험성적서 확인 ·관능검사 ·유통기한 확인		·시험성적서 확인 ·육안검사
2	보관	원료 ·냉장 0~5℃ 보관 ·팔레트를 위에 선입선출, 품목별 구분 적재 ·적재 시 벽과 10cm 정도 이격관리		·온도관리 ·적재상태 ·선입선출 관리 ·이격관리
		포장재 ·상온보관 ·선입선출/품목별 구분보관 ·적재 시 벽과 10cm 정도 이격관리		·보관상태 ·선입선출 관리 ·이격관리
3	외포장 제거	·오염원인 박스 등의 외포장재를 제거	가위·칼·이물통	·육안검사
4	비가부위 제거	·비가식 부위를 제거	가위·이물통	·육안검사
5	선별	·이물 비가식 부위를 선별	선별대· 이물통	·육안검사
6	세척	원료 ·세척기준에 맞게 세척	세척대· 바구니·시계	·세척시간: 123초~135초 사이 ·세척방법: 좌로 3회, 우로 3회, 아래로 3회 ·가수량: 20L/min ·세척수 교체주기: 1회/2시간
7	절단 및 분쇄	·세척된 마늘을 절단 또는 분쇄	절단기	·기기오염 ·육안검사
8	계근	·배합비에 맞게 계근하여 양념제조	저울	
9	내포장	사양에 맞게 포장	저울·진공포장기와 진공필름	·실링상태
10	금속검출	·포장한 제품을 금속검출기에 통과시킴 ·합격한 제품에 한해 보관실로 이동	금속검출기· 테스트피스	·금속검출기 작동상태 ·테스트피스 검출 여부 Fe: 1.0mmØ SUS: 1.5mmØ
11	보관	·0~5℃ 냉장고에 보관	팔레트	·보관고 위생상태 ·보관고 온도 ·보관고 이격관리 ·선입선출 관리
12	출하	·배송코스별로 비식품과 구분하여 적재한 후 냉장탑차에 출하	냉장탑차·팔레트	·출하상태

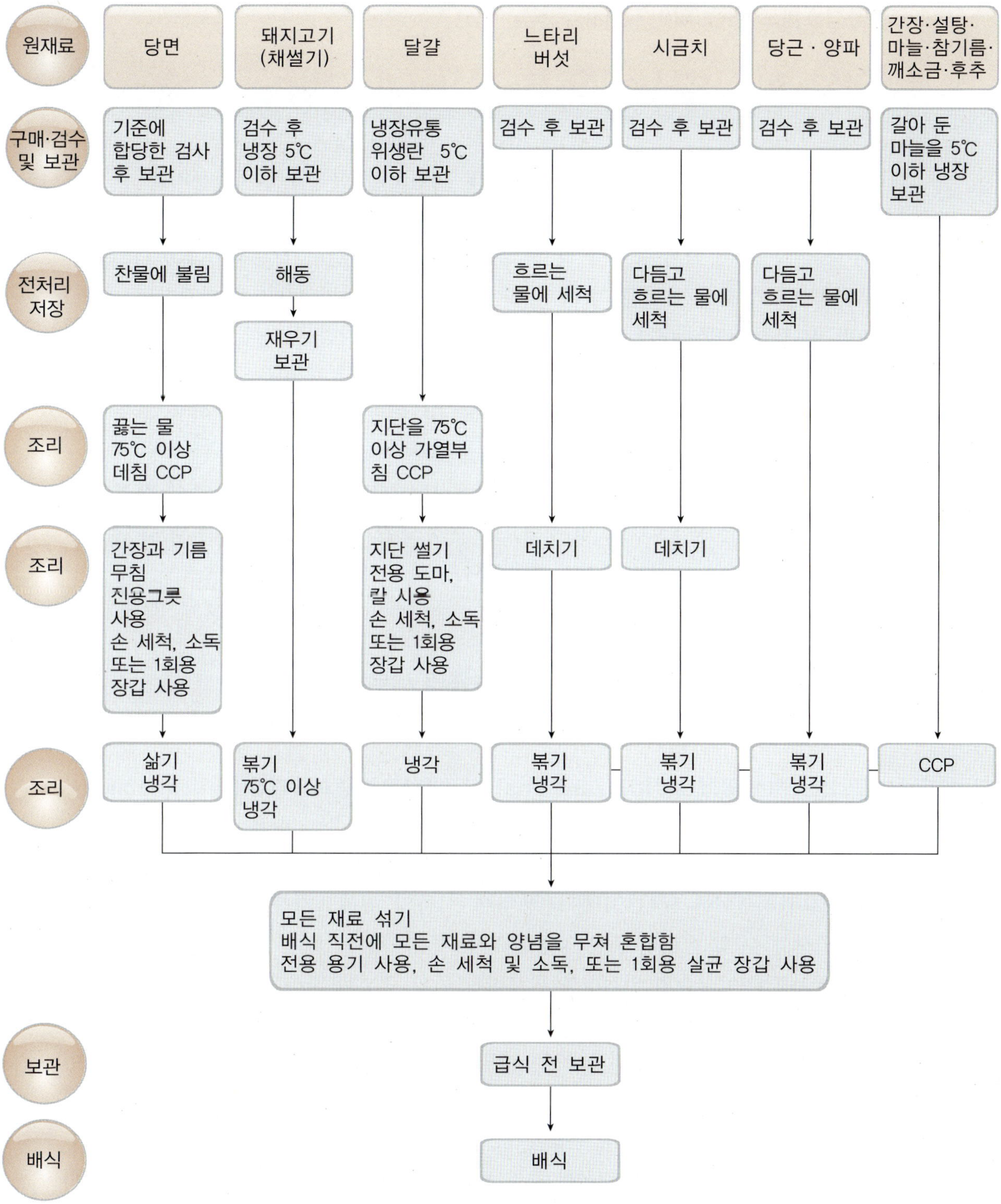

그림 2-3-9 집단급식소의 잡채 조리공정도

2-5. 공정흐름도 현장 확인(5절차)

공정흐름도 및 평면도가 작업현장과 일치하는지 확인한다.

다섯 번째 준비단계는 작성된 공정흐름도 및 평면도가 현장과 일치하는지를 검증하는 것이다. 공정흐름도 및 평면도가 실제 작업공정과 동일한지 여부를 확인하기 위하여 HACCP팀은 작업현장에서 공정별 각 단계를 직접 확인하면서 검증하여야 한다. 공정흐름도와 평면도의 작성 목적은 각 공정 및 작업장 내에서 위해요소가 발생할 수 있는 모든 조건 및 지점을 찾아내기 위한 것이므로 정확성을 유지하는 것이 매우 중요하다.

따라서 현장검증 결과, 변경이 필요한 경우에는 해당 공정흐름도나 평면도를 수정하여야 한다. 이와 같이 하여 정확한 공정흐름도 및 평면도가 완성되면 이제 본격적인 HACCP 관리계획의 개발을 시작할 수 있다.

공정흐름도 및 평면도의 정확성 검증을 위하여 HACCP팀은 작업시간 중에 현장검증을 실시하고 필요하면 공정흐름도 및 평면도를 수정·보완하여야 한다. 이는 다음 단계인 위해요소의 분석에 있어서 필수적이기 때문이다.

3. HACCP 제도의 7원칙과 관리계획 및 검증의 세부내용

3-1. HACCP 제도의 7원칙

HACCP는 위해요소 분석(Hazard analysis, HA)과 중요관리점(Critical control point, CCP)의 두 부분으로 구성되어 있는데, 여기서 위해요소라 함은 식품위생법 제4조의 규정에 의한 인체의 건강을 해할 우려가 있는 생물학적·화학적 또는 물리적 인자를 말하며, 중요관리점이란 HACCP를 적용하여 식품의 위해요소를 예방·제어·감소시켜 안전성을 확보할 수 있는 단계 또는 공정을 말한다.

그러나 HACCP는 식품의 안전성을 확보하기 위한 예방적 차원의 관리기법이기 때문에 위해요소 분석을 하고 CCP를 결정하는 것만으로 목적이 달성되는 것이 아니라 각 CCP에서의 위해요소를 제어·감소 또는 예방하기 위하여 감시해야 할 사항에 대하여 정확하게 모니터링(monitoring)하는 것이 중요하다.

이러한 모니터링사항으로는 pH, 온도, 시간, 압력 및 유량 등과 같은 단시간에 정확한 결과를 얻을 수 있고 연속적으로 감시할 수 있는 항목이 이상적이며, 미리 설정하여 둔 한계기준(Critical limit, CL)를 넘지 않도록 정확하게 모니터링하는 것이 필요하다. 여기에는 한계기준 초과 시의 개선조치와 효율성에 대한 검증 및 기록방법과 보존 등도 포함된다.

표 2-3-4 HACCP의 7원칙

원칙 1	모든 잠재적 위해요소 분석	Conduct hazard analysis
원칙 2	중요관리점(CCP) 결정	Determine critical control points(CCPs)
원칙 3	각 중요관리점별 한계기준 설정	Establish critical limits for each CCP
원칙 4	각 중요관리점별 모니터링 체계 확립	Establish monitoring system for each CCP
원칙 5	개선조치 방법 수립	Establish corrective actions
원칙 6	검증절차 및 방법 수립	Establish verification procedures
원칙 7	문서화 및 기록유지방법 설정	Establish documentation and record-keeping

HACCP는 초기에 우주식의 안전성 확보와 위생적 관리를 위한 방법의 성공적 사례에서 시작되었기에 HACCP 7원칙이란 그 성공적 사례에 적용된 방법을 말하며 HACCP는 표 2-3-4에서 보는 바와 같이 7가지 원칙을 기본으로 한다.

사실 이 7원칙은 식품 이외의 타제품 또는 회사 등에서 품질관리나 위기관리 측면에서 사용된 기법으로 HACCP라는 이름 하에 식품위생의 안전성에 적용된 것이라 하겠다.

우선 이 HACCP 7원칙을 가지고 우리 일상생활에서 흔히 있는 교통사고라는 사회적 위험을 실례를 들어 설명하여 보자.

교통사고의 원인은 과속, 음주운전, 신호위반, 중앙선침범 등이다. 즉 교통사고의 원인이 위해요소이고 이것을 살펴보는 것이 위해요소 분석이다. 그 예방책은 각각의 단속이 된다. 그런데 과속단속은 고속도로 등 과속할 수 있는 위험이 높은 곳에서 해야 하고, 음주단속은 저녁 9시 이후에 유흥가에서 주택가로 가는 길목이 효과적이다.

즉 단속의 효과가 극대화되어 적은 노력으로 교통사고를 최소화하는 곳이 CCP이다.

한계기준이란 고속도로에서 속도제한 규정이나 음주측정을 할 때 알코올 농도 등의 기준을 말한다. 그러나 기준이 있다고 해도 운전자가 이를 준수하지 않으면 교통사고 예방이 잘 되지 않으므로 실제로 경찰이 CCP에서 그 기준이 준수되는지 단속을 해야 하는데 이것이 모니터링이다.

그리고 그 모니터링의 결과에 의해 기준을 벗어났을 때에는 적절한 벌칙을 가하는 것이 개선조치이다. 이와 같은 활동을 검토하여 실제로 사고발생이 제대로 감소하는 장소나 시간 등이 타당한지를 조사·연구, 검토하는 것이 검증이다.

예를 들면 어떤 지역에 속도를 측정하는 무인카메라를 설치하였으나 그 전보다 교통사고가 감소되지 않았다면 이는 중요관리점(CCP)을 잘못 지정하여 예산 낭비만한 것이므로 카메라를 다른 곳으로 옮기든지 철거해야 할 것이다. 이를 정리해 보면 표 2-3-5와 같다.

표 2-3-5 HACCP 7원칙과 교통사고와의 실례

HACCP 7원칙	교통사고 예방		비고
원칙 1: 모든 잠재적 위해요소 분석	위해요소 1. 과속 예방목적: 속도단속	위해요소 2. 음주 예방목적: 음주단속	
원칙 2: 중요관리점 결정	· 고속도로(경부·중부) · 국도(올림픽대로)	· 길목, 시간 (밤 9시~새벽 1시)	
원칙 3: 각 중요 관리점별 한계기준 설정	· 100km 또는 110km · 80km	· 알코올 농도 0.1% 이상	기본 110 구간별로 상이
원칙 4: 각 중요 관리점에 대한 모니터링 체계 확립	· 속도측정기로 단속 · 무작위	· 음주측정기로 단속 · 무작위	CCTV, 교통경찰
원칙 5: 개선조치 방법 수립	· 벌금 및 벌점	· 벌금·면허취소·구속	
원칙 6: 검증절차 및 방법 수립	· 단속 장소와 시간이 적절한지 평가 · 교통사고 발생 분석		
원칙 7: 문서화 및 기록유지방법 설정	· 근무일지 · 교통범칙금 납부서 · 개인별 벌점 기록		

(1) **원칙 1: 모든 잠재적 위해요소 분석**(Conduct hazard analysis)

HACCP 관리계획의 개발을 위한 첫 번째 원칙은 위해요소 분석을 수행하는 것이다.

위해요소(Hazard) 분석은 HACCP팀이 수행하여야 하며, 이는 제품설명서에서 파악된 원·부재료별로, 그리고 공정흐름도에서 파악된 공정·단계별로 구분하여 실시하여야 한다. 이 과정을 통해 원·부재료별 또는 공정·단계별로 발생 가능한 모든 위해요소를 파악하여 목록을 작성하고, 각 위해요소의 유입경로와 이들을 제어할 수 있는 수단(예방수단)을 파악하여 기술하며, 이러한 유입경로와 제어수단을 고려하여 위해요소의 발생 가능성과 발생 시 그 결과의 심각성을 감안하여 위해(Risk)를 평가한다.

HACCP에서의 위해요소란 식품의 섭취로 인하여 안전성 문제를 야기시킬 수 있는 생물학적·화학적·물리적 위해요소를 말하는 것으로, 우선 종합적인 중요 위해요소를 분류하면 표 2-3-6과 같다. 위해요소 분석을 위한 첫 번째 단계는 원료별·공정별로 생물학적·화학적·물리적 위해요소와 발생원인을 모두 파악하여 목록화하는 것이다.

이때 표 2-3-7의 질문서를 이용하면 도움이 된다.

표 2-3-6 중요 위해요소 분류

위해요소		원인물질
생물학적 위해요소	세균	*Salmonella*속, *Vibrio*속, *Escherichia*속, *Staphylococcus*속, *Streptococcus*속, *Clostridium*속(아포 형성), *Bacillus*속(아포 형성), *Proteus*속, *Yersinia*속, *Campylobacter*속, *Listeria*속, *Aeromonas*속, *Plesiomonas*속, *Shigella*속, *Diphtheria*속, *Scarlet*속, *Citrobacter*속, *Klebsiella*속
	곰팡이	*Aspergillus flavus*, *Penicillum*(이하 *Pen.*) *citrinum*, *Pen. patulum*, *Pen. islandicum*, *Fusarium graminearum*, *Fusarium moniliforme*, *Sclerotinia sclerotiorum* 등
	바이러스	Poliomyelitis virus, Hepatitis A & E virus, Epidemic gastroenteritis virus, Norovirus, Rotavirus
	기생충	채소류 – 회충, 십이지장충, 요충, 편충, 동양모양선충 등 식육류 – 무구조충, 유구조충, 선모충 등 어패류 – 간 및 폐흡충, 광절열두조충, 요코가와흡충, 유극악구충, 아니사키스
	원충류·조류	원충류 – *Entamoeba historica, Toxoplasma gondii, Giardia lamblia* 등 조류 – *Alexandrium*속, *Pyrodinium*속, *Dinophysis*속, *Aphanizomeno*속 등
화학적 위해요소	자연독	동물성 자연독 – 복어독, 패류독 등 식물성 자연독 – 버섯독, 청매독 등
	고의에 의한 첨가물	허용되지 않은 식품첨가물(유해보존료, 유해착색료, 유해감미료, 유해표백제 등)
	농약류 및 항생제 등	살충제, 살균제, 제초제, 항생제, 항균제 등
	세척제류·살균소독제	청소용 세척제(합성세척제), 식품 및 용기용 세척제 및 살균소독제
	환경호르몬	PCBs, 다이옥신 및 푸란류 등
	제조·가공·조리 등 생성물질	Nitrosoamine 및 nitrosoamide, Trp-P-1 & Trp-P-2, Glu-P-1, 과산화물 등
물리적 위해요소	식품에 포함되면 안 되는, 포함되면 사람에게 위해를 일으킬 수 있는 이물	유리, 금속, 돌, 기타 이물

위해요소 분석은 제조·가공공정흐름도의 각 단계에서 적절한 일련의 질문으로 이루어진다. 또한 위해요소 분석은 제품 안전성에 대한 다양한 요소의 효과를 질문하는 것으로, 이들 질문의 목적은 잠재적인 위해요소를 확인하는 데 도움을 주기 위한 것이다.

표 2-3-7 위해요소 분석을 위한 질문사항

항목	질문사항
1. 원료	· 미생물학적 위해요소(*Salmonella*·*Staphylococcus aureus* 등), 화학적 위해요소(아플라톡신·항생물질·농약잔류물질 등) 또는 물리적 위해요소(돌·유리·뼈·금속 조각 등)가 발생할 가능성이 있는 감수성 원재료가 포함되어 있는가?
2. 고유인자	· 제조·가공 중과 제조·가공 후 위해를 일으키거나 예방할 수 있는 물리적 특성 및 성분(pH·발효성 탄수화물·수분활성도·보존성 등) 중 어느 내부인자가 안전성을 확보하기 위하여 관리되어야 하는가? · 제조 전 또는 제조 중 병원성 미생물의 생존 또는 증식, 독소 생성이 가능한가? 제조, 보관 또는 소비자 보관 중 병원성 미생물의 생존 또는 증식, 독소 생성이 가능한가?
3. 제조 및 가공에 사용되는 절차	· 제조 또는 가공절차는 병원성 미생물 또는 이들의 독소를 파괴할 수 있는 제어단계를 포함하고 있는가? 생장세포 및 포자도 고려해야 한다. · 제품이 제조·가공단계(가열조리 등) 및 포장 사이에 재오염 가능성이 있는가?
4. 제품 내 미생물 수(數)	· 제품은 상업적 살균이 되어 있는가?(저산성통조림 제품 등) · 제품에 아포형성 또는 비아포형성 병원성 미생물이 포함되어 있는가? · 적절한 관리상태에서 보관된 제품에 존재하는 정상적인 미생물은 무엇인가? · 소비 전 보관기간 동안 제품의 미생물 수가 변화하는가? · 미생물 수의 변화가 제품의 안전성을 변화시키는가?
5. 시설설계 (Facility design)	· 가열·살균 등 가공처리된 제품이 원재료와 적절하게 분리되도록 시설·설비 등이 설계되었는가? · 제품 포장실에는 양압(Positive air pressure)이 유지되는가? · 장비 이동 및 종업원 동선은 잠재적인 오염원이 되는가?
6. 장비 (Equipment)	· 장비는 한계기준에 부합되는 시간 및 온도관리를 제공하는가? · 장비는 제품을 제조·가공할 수 있는 충분한 용량인가? · 장비는 안전한가? 아니면 자주 고장나는가? · 장비는 청소 및 소독하기 쉽게 설계되었는가? · 제품은 위해물질(유리 등)의 오염 가능성이 있는가? · 시간 및 온도 계측기 같은 제품 안전장치(Product safety devices)가 소비자 안전을 증진시키기 위해 이용되는가? · 장비는 한계기준에 부합되는 시간 및 온도관리를 제공하는가?
7. 포장	· 포장방법이 병원성 미생물의 증식 또는 독소 형성에 영향을 주는가? · 포장재는 미생물 오염을 방지할 수 있는가? · 제품안전을 위해 필요하다면 포장지에 냉장·냉동보관이라는 표시를 뚜렷이 표기하는가? · 포장지에는 소비자의 안전한 취급 및 조리를 위한 주의사항이 표기되어 있는가? · 개봉 흔적이 있는 포장재를 사용하는가? · 각 포장지에는 생산 롯트를 정확하고 읽기 쉽게 표시하는가?
8. 위생	· 적용된 위생활동이 제조·가공 중인 제품의 안전에 영향을 주는가? · 시설은 제품의 안전한 취급을 보장하기 위해 세척 및 소독되고 있는가? · 제품 안전성을 보장하기 위한 위생상태가 유지되고 있는가?

9. 종업원 건강, 위생 및 교육	· 종업원 건강 또는 개인위생 상태가 제조·가공 중인 제품의 안전성에 영향을 주는가? · 종업원은 안전한 제품을 보장하기 위해 관리하여야 할 요소와 제품 제조공정을 이해하고 있는가? · 종업원은 제품안전에 영향을 주는 문제점을 관리자에게 알리는가?
10. 포장단계에서 소비자단계 사이의 보관상태	· 제품이 잘못된 온도에서 부적절하게 보관될 경우 그 원인은 무엇인가? · 부적절한 온도에서 보관은 미생물학적으로 불안전한 제품을 초래하는가?
11. 의도된 사용법	· 제품은 소비자가 가열조리하는가? · 먹고 남길 가능성이 있는가?
12. 대상 소비자	· 제품이 일반인, 즉 질병에 대한 위험성이 적은 소비자용인가? · 제품이 질병에 대한 감수성이 높은 소비자(유아·노인·허약자·면역불량자 등)를 위한 소비용인가?

식품의 잠재적 위해요소는 다음과 같이 생물학적·화학적 및 물리적 위해요소로 구분된다.

1) 생물학적 위해요소

생물학적 위해요소는 세균·곰팡이·바이러스 등의 미생물과 기생충·원충 등의 생물체를 포함한다. 생물학적 위해요소는 원료의 생산 및 유통과정에서 작업장 안으로 유입될 수 있으며, 작업장 환경, 종업원, 식품성분, 제조·가공과정 그 자체에 의하여 오염될 수도 있다.

식품에서 가장 많이 발생할 수 있는 생물학적 위해요소가 미생물이다. 주요 위해미생물로는 *Salmonella*속, *Listeria monocytogenes*, *Campylobacter jejuni*, *Yersinia enterocolitica*, *Staphylococcus aureus*, *Clostridium botulinum*, *Clostridium perfringens*, *Bacillus cereus* 및 장출혈성 *Escherichia coli* 등이 있다.

2) 화학적 위해요소

화학적 위해요소는 식품에서 자연적으로 존재하는 위해요소와 식품의 제조·가공·포장·보관·유통·조리 등의 과정에서 오염되는 위해요소로 구분된다. 유해한 화학물질은 식품에서 유래하는 급성질병 및 만성질병과 관련이 있다. 자연적으로 발생하는 화학적 위해요소는 외부로부터의 오염이 아닌 자연적 구성성분으로 생성되는 버섯독·복어독·곰팡이독 등의 천연독소가 해당된다. 식품의 제조 및 가공 중에 오염되는 화학적 위해요소는 의도적 또는 비의도적으로 첨가되거나 오염되는 독성물질 또는 유해물질로서 동물용의약품, 살충제, 허용 외 식품첨가물뿐만 아니라 윤활제·세척제·페인트 및 코팅제와 같은 식품 생산시설·장비·기구 등에 사용되는 화학물질들이 포함된다.

현재 식품원료에서 주로 문제가 되는 화학적 위해요소는 항생물질 등 동물용 의약품의 잔류와 중금속 등 환경 오염물질의 잔류이다.

3) 물리적 위해요소

물리적 위해요소는 정상적으로 원료에서 발견될 수 없는 것으로서, 식품을 소비하는 사람에게 건강상의 장애(질병 또는 상처)를 유발할 수 있는 외부 유래의 이물(주로 경화성 이물)을 말한다. 물리적 위해요소는 유리·금속 및 플라스틱과 같은 다양한 이물을 포함하는데, 그 요인은 오염된 원료, 잘못 설계되거나 불충분하게 유지된 시설 및 장비, 오염된 포장재료, 종업원의 부주의 등과 관련된다.

위해요소 분석을 수행하기 위한 두 번째 단계는 파악된 잠재적 위해요소(Hazard)에 대한 위해(Risk)를 평가하는 것이다. 파악된 잠재적 위해요소에 대한 위해 평가는 표 2-3-8의 위해평가기준을 이용하여 수행할 수 있다.

표 2-3-8 위해평가기준

위해평가기준이란 식품의 위해평가 시의 기준으로서, 이 기준은 건강과 식품 안전성에 영향을 미치는 잠재적 위해요소(Hazard)에 대한 위험도를 결정하기 위하여 위해요소의 심각성과 발생 가능성을 평가하는 데 이용된다.

1. 위해판단기준

1) 심각성 평가

파악된 잠재적 위해요소의 심각성은 인체의 건강장애를 일으킬 수 있는 정도에 따라 무증상 또는 잠재성 감염은 낮음, 만성적 건강장애는 보통, 급성적 건강장애·사망은 높음 등으로 결정된다. 또한 심각성은 최종소비자의 보건과 관련해서 최악의 상황을 기준으로 결정된다. 예를 들어, 병원성 미생물은 대부분이 높음으로 분류되지만 물리적 위해요소는 낮음이나 보통으로 분류된다. FAO(1998년) 자료에 의하면 위해요소의 인체에 미치는 심각성에 따른 구분은 다음과 같다.

심각성	위해의 종류
높음	*Clostridium botulinum*, *Salmonella typhi*, *Listeria monocytogenes*, *E.coli* O157:H7, *Vibrio cholerae*, *Vibrio vunificus*, paralytic shellfish poisoning, amnestic shellfish poisoning, 유리조각, 금속성 이물 등
보통	*Brucella* spp., *Campylobacter* spp., *Salmonella* spp., *Shigella* spp., *Streptococcus* type A., *Yersinia enterocolitica*, hepatitis A virus, mycotoxins, ciguatera toxin, 잔류농약, 중금속 등
낮음	*Bacillus* spp., *Clostridium perfringens*, *Staphylococcus aureus*, Norovirus, 대부분 기생충, histamine 유사물질, 식품첨가물 등

2) 발생 가능성의 평가

잠재적 위해요소의 발생 가능성은 해당식품에서 나타날 수 있는 발생 가능성, 즉 최종소비자가 해당위해요소에 노출될 수 있는 가능성이다. 각 위해요소의 발생 가능성 정보는 국내외의 발생 사례 및 문헌상의 발생 가능성 조사자료에 근거하여야 한다. 실직적인 발생 가능성평가는 작업장에서의 위생 관리수준, 제품의 형태 및 용도, 대상소비자 규제요건 만족도, 클레임·반품·불량발생상황 등과 같은 기록에 의존되며, 연간 발생 건수에 따라 정량적인 구분이 이루어질 수 있다. 업소의 관리목표도 이러한 평가에 영향을 주는 요인이 된다.

2. 위해의 종합평가

1) 심각성의 구분

① 낮음: 해당식품에서 위해사실이 확인되지 않거나 낮은 것으로 알려진 위해요소
② 보통: 심각성 구분이 낮음 혹은 높음에 해당되지 않는 경우 모두 포함
③ 높음: 보건상의 위험이 높은 위해요소. 식중독 및 급성질병 발생, 전파, 영구장애 유발, 치사율이 높은 경우

2) 발생 가능성의 구분

① 낮음: 작업장에서 식품의 오염 또는 변질, 기준일탈 위험을 일으킬 수 있는 결함이 발견되지 않는 상태이거나, 예상되는 식품의 오염 또는 변질 가능성이 낮은 결함사항
② 보통: 발생 가능성 구분이 낮음 혹은 높음에 해당되지 않는 경우 모두 포함
③ 높음: 식품의 오염 또는 변질, 한계기준 일탈 가능성이 높은 결함사항

3) 확인 대상 위해요소 선정

심각성 및 발생 가능성의 구분에 의한 분류에서 경결함 이상에 해당되는 것으로 평가되는 위해요소는 결정도에서 CCP 여부를 확인해야 할 대상으로 선정한다.

발생 가능성	높음	경결함	중결함	치명함
	보통	불만족	경결함	중결함
	낮음	만족	불만족	경결함
구분		낮음	보통	높음
		심각성		

위해평가기준에서 제시하는 기준은 평가를 위한 접근방향을 제시하는 것이지 모든 위해요소에 대한 정답을 제시할 수는 없다. 작업장별로 다양한 제품을 생산하고 또한 작업환경 조건이 서로 다르므로 판단기준을 업소마다 설정해야 하는 어려움이 있다. 따라서 제품별 관련된 모든 위해요소에 대한 정보를 최대한 수집하여 발생 가능성(빈도)과 심각성을 분석·평가하여야 한다.

위해평가 시의 모집단은 유아, 면역결핍자 또는 해당식품을 유일한 영양공급원으로 하는 사람과 같은 감수성이 높은 집단에 대해서도 고려해야 한다. 파악된 잠재적 위해요소의 심각성과 발생 가능성을 고려할 때는 '경결함' 이상에 해당되거나 편의상 이에 해당되는 정량화된 점수를 사용하여 '경결함'에 해당되는 점수 이상의 위해요소를 CCP 결정도에 적용하도록 권장한다. 발생 가능성이 낮은 경우도 그 위해요소의 심각성이 높을 경우는 전혀 발생 가능성이 없는 것이 아니므로 확인대상 위해요소에 포함하여 관리되어야 하기 때문이다.

위해요소 분석을 수행하기 위한 마지막 단계는 파악된 잠재적 위해요소의 발생원인과 각 위해요소를 안전한 수준으로 예방하거나 완전히 제어, 또는 허용 가능한 수준까지 감소시킬 수 있는 예방조치방법이 있는지를 확인하여 기재하는 것이다. 이러한 예방조치방법에는 한 가지 이상의 방법이 필요할 수 있으며, 어떤 한 가지 예방조치방법으로 여러 가지 위해요소가 통제될 수도 있다. 예방조치방법은 현재 작업장에서 시행되고 있는 것만을 기재한다.

위해요소의 예방조치방법에는 다음과 같은 것이 있다.

1) 생물학적 위해요소

- 시설기준에 적합한 개·보수
- 원료 협력업체로부터 시험성적서 수령
- 입고되는 원료의 검사
- 보관, 가열, 포장 등의 가공조건(온도·시간 등) 준수
- 시설·설비, 종업원 등에 대한 적절한 세척·소독 실시
- 공기 중에 식품노출 최소화
- 종업원에 대한 위생교육

2) 화학적 위해요소

- 원료 협력업체로부터 시험성적서 수령
- 입고되는 원료의 검사
- 승인된 화학물질만 사용
- 화학물질의 적절한 식별 표시, 보관
- 화학물질의 사용기준 준수
- 화학물질을 취급하는 종업원의 적절한 훈련

3) 물리적 위해요소

- 시설기준에 적합한 개·보수
- 원료 협력업체로부터 시험성적서 수령
- 입고되는 원료의 검사
- 육안선별, 금속검출기 등 이용
- 종업원 훈련

위해요소 분석 시 활용할 수 있는 기본자료는 해당식품 관련 역학조사자료, 업소 자체 오염실태 조사자료, 작업환경조건, 종업원 현장조사, 보존시험, 미생물시험, 관련규정, 관련 연구자료 등이 있으며, 기존의 작업공정에 대한 정보도 이용될 수 있다.

이러한 정보는 위해요소와 관련된 목록 작성뿐만 아니라 HACCP 관리계획의 특별검증(재평가), 한계기준 이탈 시 개선조치방법 설정, 예측하지 못한 위해요소가 발생한 경우의

대처방법 모색 등에도 활용될 수 있다.

이와 같이 위해요소 분석은 해당식품 및 업소와 관련된 모든 다양한 기술적·과학적 전문자료가 필요하므로 상당히 어렵고 시간이 많이 걸리지만, 정확한 위해요소 분석을 실시하지 못하면 효과적인 HACCP 관리계획을 수립할 수 없기 때문에 철저히 수행되어야 하는 중요한 과정이다.

위해요소 분석표의 견본서식은 표 2-3-9와 같다. HACCP팀은 이 견본서식을 이용하여 업소 자체 실정에 맞는 위해요소 분석표를 작성할 수 있다.

표 2-3-9 위해요소 분석표 견본서식

일련번호	원부자재명·공정명	구분	위해요소		위해평가			예방조치 및 관리방법
			명칭	발생원인	심각성	발생 가능성	종합 평가	
1		B	병원성 세균					
		C	중금속					
		P	비금속성 이물					

· B(Biological hazards): 생물학적 위해요소
- 제품에 내재하면서 인체의 건강을 해할 우려가 있는 병원성 미생물, 부패미생물, 일반세균수, 대장균, 대장균군, 효모, 곰팡이, 기생충, 바이러스 등

· C(Chemical hazards): 화학적 위해요소
- 제품에 내재하면서 인체의 건강을 해할 우려가 있는 중금속, 농약, 항생물질, 항균물질, 사용기준 초과 또는 사용 금지된 식품첨가물 등 화학적 원인물질

· P(Physical hazards): 물리적 위해요소
- 원료와 제품에 내재하면서 인체의 건강을 해할 우려가 있는 인자 중에서 돌조각, 유리조각, 플라스틱 조각, 쇳조각 등

(2) 원칙 2: 중요관리점 결정(Determine critical control points, CCPs)

위해요소 분석이 끝나면 해당 제품의 원료나 공정에 존재하는 잠재적인 위해요소를 관리하기 위한 중요관리점을 결정해야 한다. 중요관리점이란 원칙 1에서 파악된 위해요소를 예방, 제어 또는 허용 가능한 수준까지 감소시킬 수 있는 최종 단계 또는 공정을 말한다. 식품의 제조·가공·조리공정에서 중요관리점이 될 수 있는 사례는 다음과 같으며, 동일한 식품을 생산하는 경우에도 제조·설비 등 작업장 환경이 다를 경우에는 서로 상이할 수 있다.

1) 미생물 성장을 최소화할 수 있는 냉각공정
2) 병원성 미생물을 사멸시키기 위하여 특정 시간 및 온도에서 가열처리
3) pH 및 수분활성도의 조절 또는 배지 첨가 같은 제품성분 배합

4) 캔의 충전 및 밀봉과 같은 가공처리

5) 금속검출기에 의한 금속이물 검출공정 등

CCP를 결정하는 하나의 좋은 방법은 식품 및 축산물 안전관리인증기준 제6조 관련 별표 2에서 예시한 그림 2-3-10의 중요관리점 결정도를 이용하는 것으로 이 결정도는 원칙 1의 위해평가 결과 중요 위해(확인대상, 경결함 이상)로 선정된 위해요소에 대하여 적용한다. 이 결정도를 이용하여 CCP를 결정하기 위해 사용되는 중요관리점 결정표로 표 2-3-10의 양식을 이용할 수 있다.

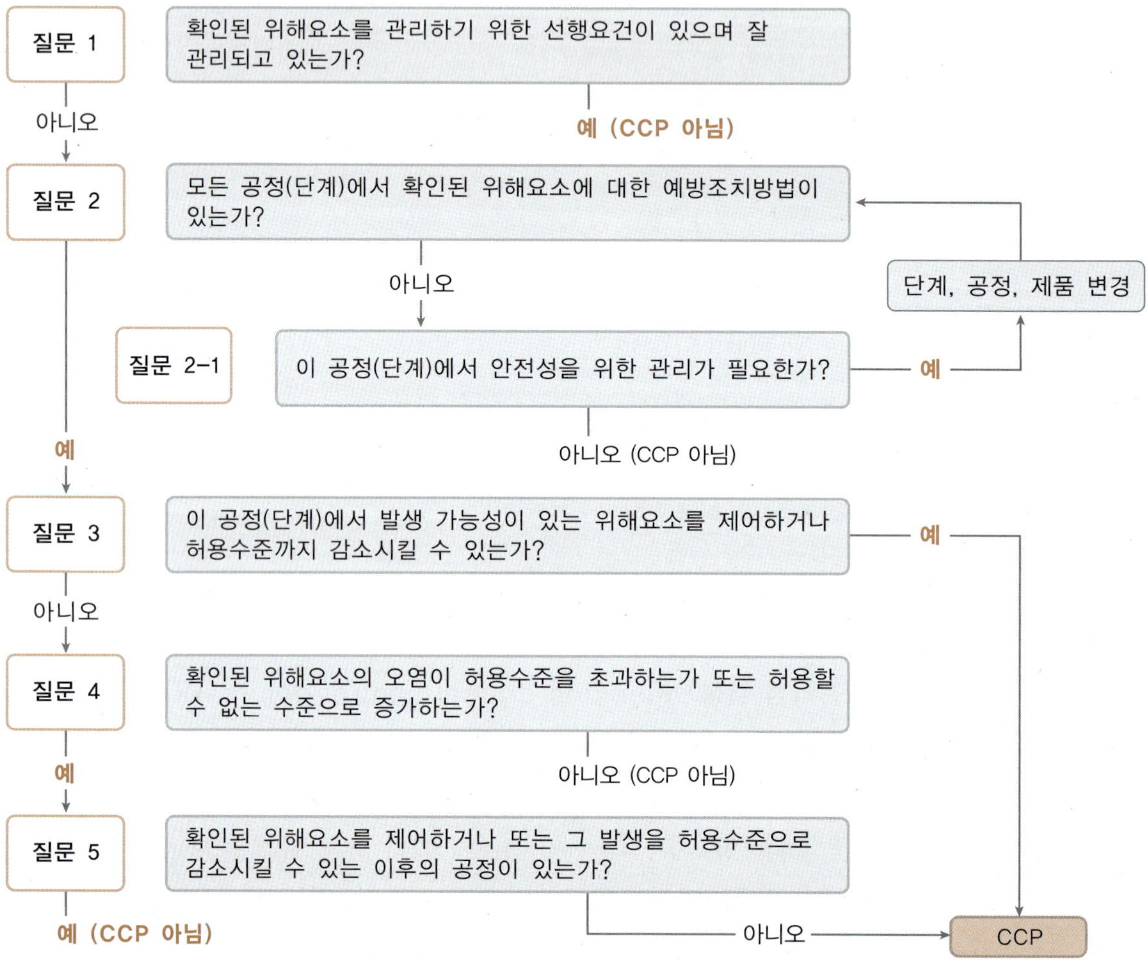

그림 2-3-10 **중요관리점(CCP) 결정도**

이 CCP 결정표는 위해요소 분석 후 사용해야 한다. 중대한 위해요소의 관리를 위해서는 1개 이상의 CCP가 필요하나 너무 많은 CCP는 관리의 초점을 분산시켜 HACCP의 실시에 어려움을 초래할 우려가 있다. 따라서 CCP는 통상의 공정관리점(CP)이 아닌 중대한 위해요소를 가장 잘 관리할 수 있는 단계나 절차 또는 지점으로 제한하여 결정되어야 한다.

그리고 용어 중 CP(Control point)란 HACCP 제도를 적용하여 식품의 위해요소와 관계없는 일상적으로 관리해야 할 지점, 공정 또는 절차를 말한다.

표 2-3-10 중요관리점(CCP) 결정표

공정단계	위해요소	질문 1 예→CP 아니오→질문 2	질문 2 예→질문 3 아니오→질문 2-1	질문 2-1 예→질문 2 아니오→CP	질문 3 예→CCP 아니오→질문 4	질문 4 예→질문 5 아니오→CP	질문 5 예→CP 아니오→CCP	중요관리점 결정

※ 위해요소 분석 결과, 위해가 높은 항목만 중요관리점(CCP) 결정도에 적용하고 그 결과를 중요관리점 결정표에 작성

(3) 원칙 3: 각 중요관리점별 한계기준 설정(Establish critical limits for each CCP)

세 번째 원칙은 HACCP팀이 각 CCP에서 취해져야 할 예방조치에 대한 한계기준을 설정하는 것이다. 한계기준은 CCP에서 관리되어야 할 생물학적, 화학적 또는 물리적 위해요소를 예방, 제어 또는 허용 가능한 안전한 수준까지 감소시킬 수 있는 최대치 또는 최소치를 말하며, 안전성을 보장할 수 있는 과학적 근거에 기초하여 설정되어야 한다.

한계기준은 현장에서 쉽게 확인이 가능하도록 가능한 육안 관찰이나 간단한 측정으로 확인할 수 있는 수치 또는 특정지표로 나타내어야 한다.

- 온도 및 시간
- 습도(수분)
- 수분활성도(Aw) 같은 제품 특성
- 염소·염분농도 같은 화학적 특성
- pH
- 금속검출기 감도
- 관련서류 확인 등

한계기준을 설정할 때에는 법적 요구조건과 연구 논문이나 식품관련 전문서적, 전문가 조언, 생산공정의 기본자료 등 여러 가지 조건을 고려해야 한다. 예를 들면 제품 가열 시 중심부의 최저온도, 특정온도까지 냉각시키는 데 소요되는 최소시간, 제품에서 발견될 수 있는 금속조각(이물)의 크기 등이 한계기준으로 설정될 수 있으며, 이들 한계기준은 식품의 안전성을 보장할 수 있어야 한다.

한계기준은 초과되어서는 안 되는 양 또는 수준인 상한기준과 안전한 식품을 취급하는 데 필요한 최소량인 하한기준을 단독으로 설정할 수 있다. 상한기준의 예는 식품에서 발견되는 금속파편 크기를 1.0mm 이하로 하는 경우이며, 하한기준의 예는 세균 증식을 억제하기 위하여 첨가하는 주정의 양을 일정량 이상으로 설정하는 경우이다.

표 2-3-11 한계기준 설정 절차(방법)

1) 결정된 CCP별로 해당식품의 안전성을 보증하기 위하여 어떤 법적 한계기준이 있는지를 확인한다.
2) 법적인 한계기준이 없을 경우, 업소에서 위해요소를 관리하기에 적합한 한계기준을 자체적으로 설정하며, 필요시 외부전문가의 조언을 구한다.
3) 설정한 한계기준에 관한 과학적 문헌 등 근거자료를 유지 보관한다.

결정된 CCP에서의 위해요소를 예방하기 위한 한계기준의 설정은 식품의 안전성 확보를 위한 절대적 한계치를 설정하는 것이다. 생물학적 위해요소에 대한 허용한계는 결과 확인에 많은 시간이 소요되므로 잘 사용되지 않는다. 따라서 위해요소의 허용한계의 설정은 주로 온도, 시간, 형태 및 색깔, pH, 수분활성도(Aw), 염도 등 결과의 확인에 많은 시간이 소요되지 않는 것을 한계기준으로 설정한다. 또한 설정된 한계기준에 대한 이유를 설명할 수 있어야 하며 설정된 한계기준이 실제 위해요소를 관리할 수 있는가에 대한 확인을 해야 한다. 급식소의 작업별 구역에서 공중낙하균을 보면 표 2-3-12와 같고 자율적용 급식소의 미생물 관리기준을 보면 표 2-3-13과 같은 것을 볼 수 있다. 더 나아가 여러 공정 중 한계기준 설정 예를 보면 표 2-3-14와 같다.

표 2-3-12 급식소 작업구역별 공중낙하균 기준

작업구역	공중낙하균 기준
일반구역	낙하세균수(생균수) ------------- 100개 이하
준청결구역	낙하세균수(생균수) ------------- 50개 이하
청결구역	낙하세균수(생균수) ------------- 30개 이하
	낙하진균수(곰팡이, 효모의 생균수) – 10개 이하

표 2-3-13 HACCP 자율적용 급식소의 조리공정별 최종 조리음식의 미생물 관리기준

미생물 항목	조리공정 1	조리공정 2	조리공정 3
일반세균(CFU/g)	$<10^6$	$\leq 10^5$	$\leq 10^5$
대장균군(CFU/g)	$<10^4$	$<10^4$	$\leq 10^2$
대장균	음성	음성	음성
병원성 대장균	음성	음성	음성
황색포도상구균	음성	음성	음성
살모넬라균	음성	음성	음성
리스테리아균	음성	음성	음성

표 2-3-14 한계기준 설정 예

공정명	CCP	위해요소	위해요인	한계기준
가열	CCP-1B	리스테리아 모노사이토제니스, *E. coli* O157:H7	가열온도 및 가열시간 미준수로 병원성 미생물 잔존	65℃ 이상 1분 이상
세척	CCP-2B	리스테리아 모노사이토제니스, *E. coli* O157:H7	세척방법 미준수로 병원성 미생물 잔존	6단 세척 가수량 3배 세척시간 5분 이상
소독	CCP-3B	리스테리아 모노사이토제니스, *E. coli* O157:H7	소독농도 및 소독시간 미준수로 병원성 미생물 잔존	소독농도 50~100ppm 소독시간 1~1.5분
금속검출	CCP-4P	금속이물	금속검출기 감도 불량으로 이물 잔존	철 2mm 이상 불검출 쇳가루 불검출

(4) 원칙 4: 각 중요관리점별 모니터링 체계 확립(Establish monitoring system for each CCP)

네 번째 원칙은 중요관리점을 효율적으로 관리하기 위한 모니터링 체계를 확립하는 것이다. 모니터링이란 CCP에 해당되는 공정이 한계기준을 벗어나지 않고 안정적으로 운영되도록 관리하기 위하여 종업원 또는 기계적인 방법으로 수행하는 일련의 관찰 또는 측정수단이다.

모니터링 체계를 수립하여 시행하게 되면 첫째, 작업과정에서 발생되는 위해요소의 추적이 용이하며, 둘째, 작업공정 중 CCP에서 발생한 기준 이탈(Deviation) 시점을 확인할 수 있으며, 셋째, 문서화된 기록을 제공하여 검증 및 식품사고 발생 시 증빙자료로 활용할 수 있다.

HACCP팀은 모니터링 활동을 수행함에 있어서 연속적인 모니터링을 실시해야 한다. 연속적인 모니터링이 불가능한 경우 비연속적인 모니터링의 절차와 주기(빈도수)는 CCP

가 한계기준 범위 내에서 관리될 수 있도록 정확하게 확립되어야 한다. 모니터링 주기 설정 시 작업공정 관리에 대한 통계학적 지식이 적용되면 더욱 효과적인 결과를 얻을 수 있다.

모니터링 결과는 개선조치를 취할 수 있는 지식과 경험 그리고 권한을 가진 지정된 자에 의해서 평가되어야 한다. 한계기준를 이탈한 경우에는 신속하고 정확한 판단에 의하여 개선조치가 취해져야 하는데, 일반적으로 물리적·화학적 모니터링이 미생물학적 모니터링 방법보다 신속한 결과를 얻을 수 있으므로 우선적으로 적용된다.

CCP를 모니터링하는 종업원은 해당 CCP에서의 모니터링 항목과 모니터링 방법을 효과적으로 올바르게 수행할 수 있도록 기술적으로 충분히 교육·훈련되어 있어야 한다. 또한 모니터링 결과에 대한 기록은 예/아니오 또는 적합/부적합 등이 아닌 실제로 모니터링한 결과를 정확한 수치로 기록해야 한다.

표 2-3-15 모니터링 체계의 확립순서

1) 각 원료와 공정별로 가장 적합한 모니터링 절차를 파악한다.
2) 모니터링 항목을 결정한다.
3) 모니터링 위치·지점, 방법을 결정한다.
4) 모니터링 주기(빈도)를 결정한다.
5) 모니터링 결과를 기록할 서식을 결정한다.
6) 모니터링 담당자를 지정하고 훈련시킨다.

모니터링 방법이 올바른지는 다음의 질문을 통하여 효과적으로 판단할 수 있다.

① 모든 CCP가 포함되어 있는가?
② 모니터링의 신뢰성이 평가되었는가?
③ 모니터링 장비의 상태는 양호한가?
④ 작업현장에서 실시하는가?
⑤ 기록서식은 사용하는 데 편리한가?
⑥ 기록은 정확히 이루어지는가?
⑦ 기록은 실시간으로 이루어지는가?
⑧ 기록이 지속적으로 이루어지는가?
⑨ 모니터링 주기가 적절한가?
⑩ 시료채취 계획은 통계적으로 적절한가?
⑪ 기록결과는 정기적으로 통계처리하여 분석하는가?
⑫ 현장 기록과 모니터링 계획이 일치하는가?

아울러 모니터링 방법의 예를 보면 표 2-3-16과 같다.

표 2-3-16 모니터링 방법 예

공정명	CCP	한계기준	대상	모니터링 방법	주기	담당자
가열	CCP-1B	75℃ 이상 1분 이상	가열온도 시간	1. 가열기의 정상작동 유무를 확인한다. 2. 가열기에서 가열온도와 시간을 CCP 모니터링 일지에 기록한다. 3. CCP 모니터링 일지를 HACCP 팀장에게 승인받는다.	매 작업 시	공정 담당
세척	CCP-2B	6단 세척 가수량 3배 세척시간 5분 이상	세척방법	1. 세척기의 정상작동 유무를 확인한다. 2. 세척방법에 따라 세척시간, 횟수, 가수량을 CCP 모니터링 일지에 기록한다 3. CCP 모니터링 일지를 HACCP 팀장에게 승인받는다.	매 작업 시	공정 담당
소독	CCP-3B	소독농도 50~100ppm 소독시간 1~1.5분	소독농도 시간	1. 소독기의 정상작동 유무를 확인한다. 2. 소독농도, 시간을 CCP 모니터링 일지에 기록한다. 3. CCP 모니터링 일지를 HACCP 팀장에게 승인받는다.	매 작업 시	공정 담당
금속 검출	CCP-4P	철 2mm 이상 불검출 쇳가루 불검출	금속 검출기 감도	1. 금속검출기의 정상작동 유무를 확인한다. 2. 테스트 피스를 이용하여 금속검출기의 감도를 기기, 제품에 측정한 후 CCP 모니터링 일지에 기록한다. 3. CCP 모니터링 일지를 HACCP 팀장에게 승인받는다.	매 작업 시	공정 담당

(5) 원칙 5: 개선조치 방법 수립(Establish corrective actions)

HACCP 관리계획은 식품으로 인한 위해요소가 발생하기 이전에 문제점을 미리 파악하고 시정하는 예방체계이므로, 모니터링 결과 한계기준을 벗어날 경우 취해야 할 개선조치방법을 사전에 수립하여 신속한 대응조치가 이루어지도록 하여야 한다.

표 2-3-17 개선조치 방법 수립 시 질문사항

1) 이탈된 제품을 관리하는 책임자는 누구이며, 기준 이탈 시 모니터링 담당자는 누구에게 보고하여야 하는가?
2) 이탈의 원인이 무엇인지 어떻게 결정할 것인가?
3) 이탈의 원인이 확인되면 어떤 방법을 통하여 원래의 관리상태로 복원시킬 것인가?
4) 한계기준이 이탈된 식품(반제품 또는 완제품)은 어떻게 조치할 것인가?
5) 한계기준 이탈 시 조치해야 할 모든 작업에 대한 기록·유지 책임자는 누구인가?
6) 개선조치 계획에 책임있는 사람이 없을 경우 누가 대신할 것인가?
7) 개선조치는 언제든지 실행 가능한가?

일반적으로 취해야 할 개선조치 사항에는 공정상태의 원상복귀, 한계기준 이탈에 의해 영향을 받은 관련식품에 대한 조치사항, 이탈에 대한 원인규명 및 재발방지 조치, HACCP 관리계획의 변경 등이 포함된다.

표 2-3-18 개선조치 방법 수립순서

1) 각 CCP별로 가장 적합한 개선조치 절차를 파악한다.
2) CCP별로 잠재적 위해요소의 심각성에 따라 차등화하여 개선조치 방법을 수립한다.
3) 개선조치 결과의 기록서식을 결정한다.
4) 개선조치 담당자를 지정하고 교육·훈련시킨다.

개선조치가 완료되면 확인해야 할 기본적인 사항은 다음과 같다.

① 한계기준 이탈의 원인이 확인되고 제거되었는가?
② 개선조치 후 CCP는 잘 관리되고 있는가?
③ 한계기준 이탈의 재발을 방지할 수 있는 조치가 마련되어 있는가?
④ 한계기준 이탈로 인해 오염되었거나 건강에 위해를 주는 식품이 유통되지 않도록 개선조치 절차를 시행하고 있는가?

더불어 개선조치 방법 예를 보면 표 2-3-19와 같다.

표 2-3-19 개선조치 방법 예

공정명	CCP	개선조치 방법
가열	CCP-1B	1. 가열온도, 시간 이탈 시 · 공정 담당자는 즉시 작업을 중지한다. · 해당제품은 즉시 재가열한 후 CCP 모니터링 일지에 이탈사항과 개선조치 사항을 기록하고 생산관리팀장, HACCP 팀장에게 보고한다. · 품질관리팀장에게 해당 롯트 제품에 대한 공정품검사를 의뢰한다. 2. 기기 고장인 경우 · 공정 담당자는 즉시 작업을 중지하여 공정품을 보류한 뒤 CCP 모니터링

		일지에 이탈사항을 기록하고 공무팀에 수리를 의뢰한다. · 수리완료 후 공정품은 재가열한다. · CCP 모니터링 일지에 개선조치 사항을 기록하고 생산관리팀장, HACCP 팀장에게 보고한다. · 품질관리팀장에게 해당 롯트 제품에 대한 공정품검사를 의뢰한다.
세척	CCP-2B	1. 세척횟수, 시간, 가수량 이탈 시 ·공정 담당자는 즉시 작업을 중지한다. · 해당제품은 즉시 재세척한 후 CCP 모니터링 일지에 이탈사항과 개선조치 사항을 기록하고 생산관리팀장, HACCP 팀장에게 보고한다. · 품질관리팀장에게 해당 롯트 제품에 대한 공정품검사를 의뢰한다. 2. 기기 고장인 경우 · 공정 담당자는 즉시 작업을 중지하여 공정품을 보류한 뒤 CCP 모니터링 일지에 이탈사항을 기록하고 공무팀에 수리를 의뢰한다. · 수리완료 후 공정품은 재세척한다. · CCP 모니터링 일지에 개선조치 사항을 기록하고 생산관리팀장, HACCP 팀장에게 보고한다. · 품질관리팀장에게 해당 롯트 제품에 대한 공정품검사를 의뢰한다.
소독	CCP-3B	1. 소독농도, 시간 이탈 시 · 공정 담당자는 즉시 작업을 중지한다. · 소독농도를 보정하고 해당제품을 재소독한 후 CCP 모니터링 일지에 이탈사항과 개선조치 사항을 기록하고 생산관리팀장, HACCP 팀장에게 보고한다. · 품질관리팀장에게 해당 롯트 제품에 대한 공정품검사를 의뢰한다. 2. 기기 고장인 경우 · 공정 담당자는 즉시 작업을 중지하여 공정품을 보류한 뒤 CCP 모니터링 일지에 이탈사항을 기록하고 공무팀에 수리를 의뢰한다. · 수리완료 후 공정품은 재소독한다. · CCP 모니터링 일지에 개선조치 사항을 기록하고 생산관리팀장, HACCP 팀장에게 보고한다. · 품질관리팀장에게 해당 롯트 제품에 대한 공정품검사를 의뢰한다.
금속 검출	CCP-4P	1. 제품에 혼입될 경우 · 공정 담당자는 즉시 작업을 중지한다. · 해당제품을 재통과하여 확인하고 혼입이 확인될 경우 CCP 모니터링 일지에 이탈사항과 개선조치 사항을 기록하고 생산관리팀장, HACCP 팀장에게 보고한다. · 품질관리팀장에게 해당 롯트 제품에 대한 공정품검사를 의뢰한다. 2. 기기 고장인 경우 · 공정 담당자는 즉시 작업을 중지하여 공정품을 보류한 뒤 CCP 모니터링 일지에 이탈사항을 기록하고 공무팀에 수리를 의뢰한다. · 수리완료 후 CCP 모니터링 일지에 개선조치 사항을 기록하고 생산관리팀장, HACCP 팀장에게 보고한다.

	· 해당 롯트 제품은 재통과시킨다. 3. 감도 저하 시 · 공정 담당자는 즉시 작업을 중지하여 공정품을 보류한 뒤 CCP 모니터링 일지에 이탈사항을 기록하고 기기 감도를 측정한다. · 감도 확인 후 CCP 모니터링 일지에 개선조치 사항을 기록하고 생산관리 팀장, HACCP 팀장에게 보고한다. · 품질관리팀장에게 해당 롯트 제품에 대한 공정품검사를 의뢰한다.

(6) 원칙 6: 검증절차 및 방법 수립(Establish verification procedures)

여섯 번째 원칙은 HACCP 시스템이 적절하게 운영되고 있는지를 확인하기 위한 검증절차를 수립하는 것이다.

HACCP팀은 HACCP 시스템이 설정한 안전성 목표를 달성하는 데 효과적인지, HACCP 관리계획에 따라 제대로 실행되는지, HACCP 관리계획의 변경 필요성이 있는 지를 확인하기 위한 검증절차를 수립하여야 한다.

HACCP팀은 이러한 검증활동을 HACCP 관리계획을 수립하여 최초로 현장에 적용할 때, 해당식품과 관련된 새로운 정보가 발생되거나 원료·제조공정 등의 변동에 의해 HACCP 관리계획이 변경될 때 실시하여야 한다. 또한, 이 경우 이외에도 전반적인 재평가를 위한 검증을 연 1회 이상 실시하여야 한다.

검증내용은 크게 2가지로 분류된다. 즉, 1) HACCP 관리계획에 대한 유효성 평가(Validation) 2) HACCP 관리계획의 실행성 검증(Implementation)이다.

HACCP 관리계획의 유효성 평가라 함은 HACCP 관리계획이 올바르게 수립되어 있는지 확인하는 것으로 발생 가능한 모든 위해요소를 확인·분석하고 있는지, CCP가 적절하게 결정되었는지, 한계기준이 안전성을 확보하는데 충분한지, 모니터링 절차가 올바르게 확립되었는지, 개선조치 방법은 적절하게 수립되었는지 등을 과학적·기술적 자료의 수집과 평가를 통해 확인하는 검증의 한 요소이다.

HACCP 관리계획의 실행성 검증은 HACCP 관리계획이 설계된 대로 이행되고 있는 지를 확인하는 것으로 작업자가 정해진 주기로 모니터링을 올바르게 수행하고 있는지, 기준이탈 시 개선조치를 적절하게 하고 있는지, 검사·모니터링 장비를 정해진 주기에 따라 검·교정하고 있는지 등을 확인하는 것이다.

이러한 검증활동은 선행요건프로그램의 검증활동과 병행하거나 분리하여 실시할 수 있다.

(7) 원칙 7: 문서화 및 기록유지방법 설정(Establish Documentation & record-keeping)

일곱 번째 원칙은 HACCP 시스템을 문서화하는 효율적인 기록유지방법을 설정하는 것이다. 기록유지는 HACCP 시스템의 필수적인 요소이며, 기록유지가 없는 HACCP 시스템의 운영은 비효율적이고 운영근거를 확보할 수 없기 때문에 HACCP 관리계획의 운영에 대한 기록의 개발 및 유지가 요구된다.

HACCP 시스템에 대한 기록유지방법 개발에 접근하는 방법 중의 하나는 이전에 유지관리하고 있는 기록을 검토하는 것이다. 가장 좋은 기록유지체계는 필요한 기록내용을 알기 쉽게 단순하게 통합한 것이다. 즉, 기록유지방법을 개발할 때에는 최적의 기록담당자 및 검토자, 기록시점 및 주기, 기록의 보관기간 및 장소 등을 고려하여 가장 이해하기 쉬운 단순한 기록서식을 개발하여야 한다.

HACCP 시스템의 운영과 관련된 기록목록의 예는 다음과 같다. 이 기록들은 제품을 유통시키기 전에 해당 작업장에서 HACCP 관리계획을 준수하였음을 보증하는 것이다.

1) 원료

- 규격에 적합함을 증빙하는 원료공급업체의 시험증명서
- 공급업체의 시험성적서를 검증한 업소의 지도·감독 기록
- 온도에 민감하거나 유통기한이 설정된 원료에 대한 보관온도 및 기간 기록

2) 공정관리

- CCP와 관련된 모든 모니터링 기록
- 식품 취급과정이 적절하게 지속적으로 운영하는지를 검증한 기록

3) 완제품

- 제품의 안전한 생산을 보장할 수 있는 자료 및 기록
- 제품의 안전한 유통기한을 입증할 수 있는 자료 및 기록
- HACCP 관리계획의 적합성을 인정한 문서

4) 보관 및 유통

- 보관 및 유통온도 기록
- 유통기간이 경과된 제품이 출고되지 않음을 보여주는 기록

5) 한계기준 이탈 및 개선조치

- CCP의 한계기준 이탈 시 취해진 공정이나 제품에 대한 모든 개선조치 기록

6) 검증

- HACCP 관리계획의 수립, 변경 및 재평가 기록

7) 종업원 교육

- 식품위생 및 HACCP 수행에 관한 교육훈련 기록

7원칙 12절차에 따라 HACCP 관리계획이 수립되게 되면 해당계획을 표 2-3-20의 HACCP 관리계획표 서식에 따라 일목요연하게 도표화하여 기록·관리하여야 한다.

이렇게 HACCP 관리계획이 작성되면 HACCP 팀원 및 현장 종업원들에 대한 교육을 통하여 해당내용을 주지시킨 후 현장에 시범적용토록 하여 실제 현장에 적용하였을 경우 효과가 있는지, 종사자들에 의해 실행함에 있어 문제점은 없는지 등을 확인하여야 한다. 이러한 과정을 "최초검증"이라 하는데, HACCP 관리계획이 수립되면 반드시 이 과정을 거쳐야 한다.

최초 검증결과 미흡사항 또는 문제점 등에 대하여는 반드시 해결책을 찾아 HACCP 관리계획에 반영·개선한 후 HACCP 시스템을 본격적으로 운영하여야 한다.

표 2-3-20 HACCP 관리계획표(HACCP Plan)

중요 관리점	위해 요소	한계 기준	모니터링 방법				개선조치 방법	검증 방법	기록 문서
			항목 What	방법 How	빈도 Frequency	담당자 Who			

3-2. HACCP 관리계획

(1) HACCP 관리계획(HACCP Plan)의 정의

HACCP 적용원칙에 따라 공정관리에 적합하도록 작성된 문서나 도표 또는 계획을 말한다.

(2) HACCP 관리계획의 개발, 실행, 검증

HACCP 관리계획의 개발, 실행, 검증은 공정분석, 위해요소 분석을 거쳐 개발되고, 식품공장 현장에서 운영·실시된다. HACCP 관리계획의 실행은 반드시 기록으로 유지·보관되어야 하며, 수립·운영된 HACCP 관리계획의 효과성과 이행가능성에 대한 검증을 실시하여 그 결과를 지속적으로 HACCP 관리계획에 반영하여야 한다.

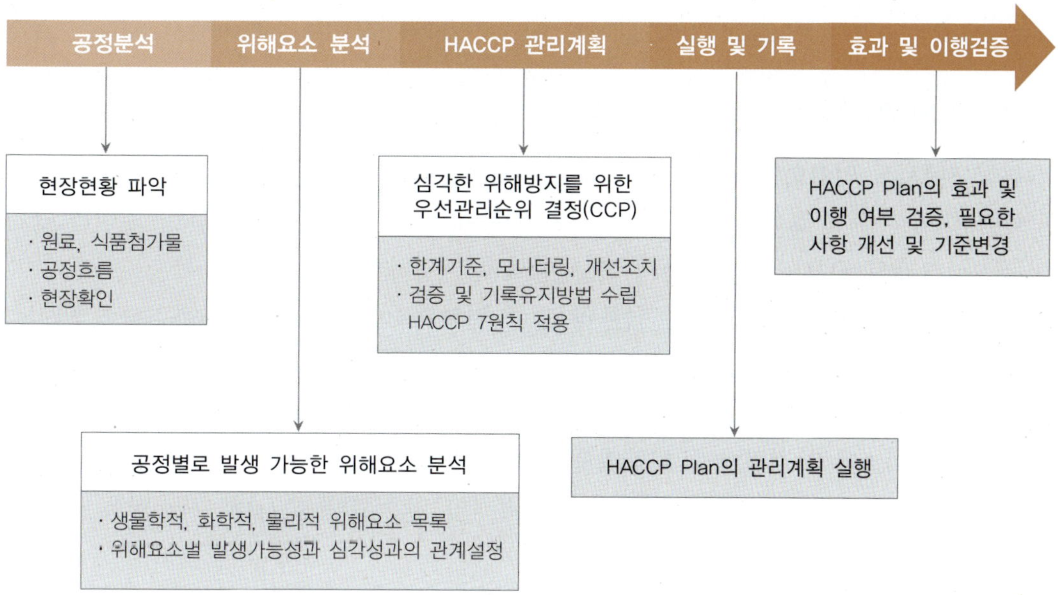

그림 2-3-11 HACCP 관리계획의 개발, 실행, 검증의 진행과정

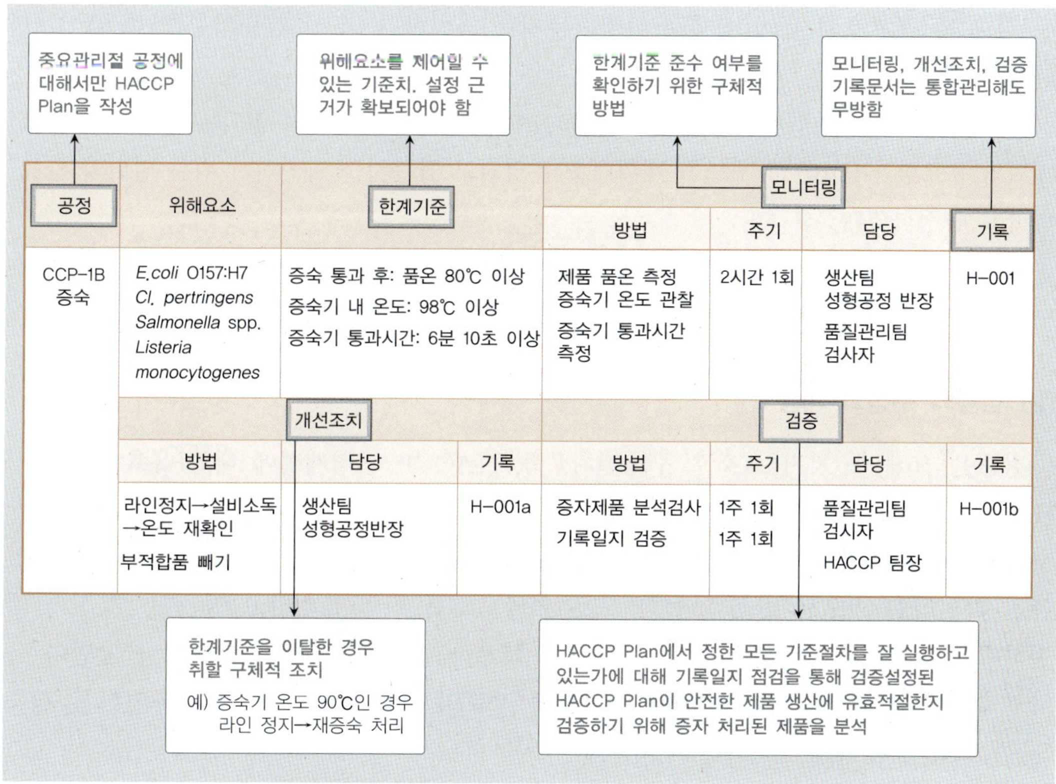

그림 2-3-12 증숙공정 CCP의 HACCP 관리계획 예시

3-3. HACCP 제도의 세부 검증내용

(1) HACCP 제도의 검증 필요성과 정의

원칙 6에서도 언급하였지만 과연 검증은 어떻게, 어떤 방법으로, 누가, 언제 할 것인지 구체적인 세부 내용을 아는 것이 효과적인 검증을 도출해 내는 데 도움이 되리라 생각이 든다. 그래서 필요성에 입각하여 별도 항으로 마련하였다.

기본적으로 HACCP 시스템은 식품의 모든 위해요소를 효과적으로 관리하여 안전성을 확보할 수 있는 가장 효율적인 관리제도로 인정받고 있지만, 이를 위해서는 적절하고 효과적인 HACCP 시스템의 수립, 실행 및 유지가 무엇보다 중요하다.

HACCP 시스템의 적절성과 효과성을 보장하기 위한 가장 효율적인 수단이 바로 검증(Verification)이며, 상황변화에 따라 지속적인 검증 활동을 통해 시스템을 개선·보완해 나가야 한다.

검증이란 HACCP 관리계획의 효과성 및 실행 여부를 정기적으로 확인·평가하는 활동으로, 효과성이라 함은 수립된 HACCP 관리계획이 해당식품의 안전성을 확보하는데 충분히 효과적인지를 의미하며, 실행 여부라 함은 HACCP 관리계획에서 수립한 모니터링 절차 및 개선조치 등이 실제로 이행되는지를 의미한다. 우선 검증의 정의를 알아보면 다음과 같다.

1997년 미국 식품미생물기준자문위원회(NACMCF)에서 검증의 정의는 "HACCP 관리계획의 유효성과 HACCP 제도가 계획대로 운영되고 있는지를 확인하기 위한 일련의 활동"이라고 규정하였다.

또 1997년 유엔 국제식품규격위원회 Codex에서 검증의 정의는 "HACCP 관리계획 준수 여부를 확인하기 위하여 적용하는 방법, 절차, 검사 및 기타 평가 행위"라고 하였다.

(2) 검증의 구성과 내용

검증은 크게 두 가지 요소로 구성된다. 즉, HACCP 관리계획에 대한 유효성 평가와 HACCP 관리계획의 실행성 검증이다.

HACCP 관리계획의 유효성 평가라 함은 HACCP 관리계획이 올바르게 수립되어 있는지 확인하는 것으로 발생 가능한 모든 위해요소를 확인·분석하고 있는지, CCP가 적절하게 설정되었는지, 한계기준이 안전성을 확보하는 데 충분한지, 모니터링 방법이 올바르게 설정되어 있는지 등을 과학적·기술적 자료의 수집과 평가를 통해 확인하는 검증의 한 요소이다.

HACCP 관리계획의 실행성 검증은 HACCP 관리계획이 설계된 대로 이행되고 있는지를 확인하는 것으로 작업자가 정해진 주기로 모니터링을 올바르게 수행하고 있는지, 기준 이탈 시 개선조치를 적절하게 하고 있는지, 검사·모니터링 장비를 정해진 주기에 따라 검·교정하고 있는지 등을 확인하는 것이다.

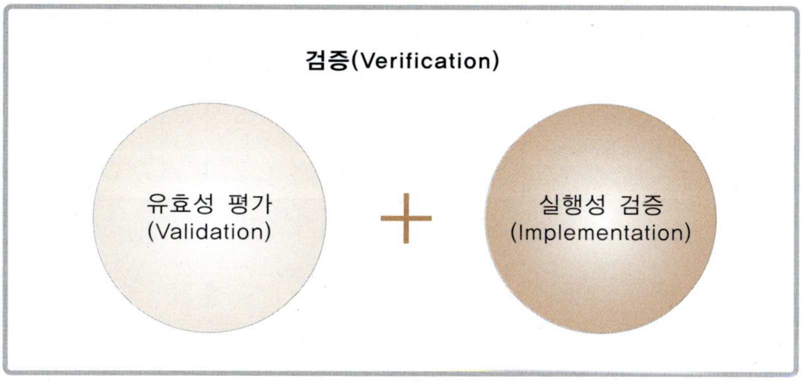

그림 2-3-13 검증의 두 가지 요소

1) 유효성 평가

수립된 HACCP 관리계획이 해당식품이나 제조·가공·조리라인에 적합한지 즉, HACCP 관리계획이 올바르게 수립되어 있어 충분한 효과를 가지는지를 확인하는 것으로

① 발생가능한 모든 위해요소를 확인·분석하였는지 여부

② 제품설명서, 공정흐름도의 현장 일치 여부

③ CP, CCP 결정의 적절성 여부

④ 한계기준이 안전성을 확보하는 데 충분한지 여부

⑤ 모니터링 체계가 올바르게 확립되어 있는지 여부

⑥ 개선조치 방법이 적절하게 수립되었는지 여부 등이 해당된다.

HACCP 관리계획의 유효성 평가에서는 수립한 CCP 및 한계기준이 적절한지, HACCP 관리계획이 효과적인지 확인하기 위한 수단으로 미생물 또는 잔류 화학물질 검사 등이 이용된다.

2) 실행성 검증

HACCP 관리계획이 수립된 대로 효과적으로 이행되고 있는지 여부를 확인하는 것으로

① 작업자가 CCP 공정에서 정해진 주기로 측정이나 관찰을 수행하는지 확인하기 위한 현장관찰 활동

② 한계기준 이탈 시 개선조치를 취하고 있으며, 개선조치가 적절한지 확인하기 위한 기록의 검토

③ 개선조치 실행 여부와 적절성 확인을 위하여 기록의 완전성·정확성 등을 자격있는 사람이 검토하고 있는지 여부

④ 검사·모니터링 장비의 주기적인 검·교정 실시 여부 등이 해당된다.

실행성 검증의 실례 중 모니터링 및 검사장비 검·교정 점검표는 표 2-3-21과 같다.

표 2-3-21 모니터링 및 검사장비 검·교정 점검표

모니터링 및 검사장비 검·교정 점검표	점검확인	양호	○	년 월 일	결재	작성자	검토자	승인자
		불량	×	~ 월 일				

측정 범위 / 검사설비명	검·교정 기준					점검결과				비고
	항목	기준치	허용치	방법	주기	3월	6월	9월	12월	
항온기 (Incubator)	온도	35℃	± 1℃	검·교정된 온도계를 항온기에 넣어 비교 측정	1회/6개월					
전자저울 (실험실)	중량	500g	1kg 이하: ± 0.5% 1kg 초과: ± 0.3%	국가공인기관 의뢰	1회/1년					
디지털 탐침 온·습도계	온도	-50℃ 400℃	± 0.5℃	검·교정된 온도계와 점검대상 온도계 비교측정(기준 온도계인 경우 공인기관에 의뢰)	1회/6개월 (기준 온도계인 경우 1회/1년)					
	습도	70%RH	± 5%							
조도계	조도	300Lux 600Lux 900Lux 1,200Lux 1,500Lux	± 5%	국가공인기관 의뢰	1회/1년					
디지털 온·습도계	온도	35℃	± 0.5℃	국가공인기관 의뢰	1회/1년					
	습도	70%RH	± 5%							
냉장창고	온도	-1℃	± 0.5℃	검·교정된 표준온도계와 비교대상 온도계를 각각 측정 후 결과를 비교한다.	1회/3개월					
냉동창고	온도	-1℃	± 0.5℃	검·교정된 표준온도계와 비교대상 온도계를 각각 측정 후 결과를 비교한다.	1회/3개월					
전자저울 (가공실)	중량	60kg	± 1kg	국가공인기관 의뢰	1회/1년					

(3) 검증의 분류

1) 검증주체에 따른 분류

- 내부검증: 사내에서 자체적으로 검증원을 구성하여 실시하는 검증이다.
- 외부검증: 정부 또는 적격한 제3자가 검증을 실시하는 경우로 식품의약품안전처에서 HACCP 적용업소에 대하여 연 1회 실시하는 사후조사·평가가 이에 포함된다.

2) 검증주기(실시시기)에 따른 분류

- 최초검증: HACCP 관리계획을 수립하여 최초로 현장에 적용할 때 실시하는 HACCP 관리계획의 유효성 평가로 효과가 있는지 확인하고 개선·보완할 점이 있으면 실시한다.
- 일상검증: 일상적으로 발생되는 HACCP 기록문서 등에 대하여 검토·확인하는 것으로 적절한 주기를 정하여 실시하도록 한다. 예를 들어, 위해요소를 제어 또는 감소시키기 위한 공정이 제대로 이행되었는지 확인하는 중요관리점에 대한 모니터링기록은 해당 제품이 출고되기 이전 시점에 반드시 확인하여야 한다.
- 정기검증: 정기적으로 HACCP 시스템의 적절성을 재평가하는 검증으로 최소 1년 1회 이상 실시한다.
- 특별검증: 해당식품과 관련된 새로운 위해정보가 발생하거나 새로운 안전성 정보가 있을 때, 해당식품의 특성 변경 시, 원료·제조공정 등의 변동 시, 설정된 한계기준이 맞지 않을 때, 해당식품이 식중독, 질병 등과 관련될 때, HACCP 관리계획의 문제점 발생이나 변경된 경우 실시하는 검증이다.
  예로 신규원료 사용 및 변경, 원료 공급업체의 변경, 제조·조리공정의 변경, 신규 또는 대체장비 도입, 작업량의 큰 변동, 섭취대상의 변경, 공급체계의 변경, 종업원의 대폭 교체 등이 있다.

(4) 검증의 실행

1) 검증팀 구성과 계획의 수립

HACCP 시스템의 검증은 업소 자체적으로 자격요건을 갖춘 검증원으로 검증팀을 구성하여 실시하거나 검증의 객관성을 유지하기 위해 제3자인 외부전문가를 통하여 검증을 실시할 수 있다.

HACCP팀은 연간 검증계획을 수립하고 이를 근거로 검증실시 이전에 검증종류, 검증원, 검증항목, 검증일정 등을 포함한 검증실시계획을 수립하여야 한다.

2) 검증활동

검증활동은 기록검토, 현장조사, 시험·검사로 구분할 수 있다.

① 기록의 검토: 검토되어야 할 기록의 종류와 내용

가. 현행 HACCP 관리계획

HACCP 관리계획에 대한 기록검토는 위해요소 분석 결과, 중요관리점, 한계기준, 모니터링 절차, 개선조치 방법이 적절하게 수립되어 있는가, 충분한 효과를 가지고 있는가에 대하여 평가하는 것이다.

나. 이전 HACCP 검증보고서(선행요건프로그램 포함)

이전에 실시된 검증보고서를 검토하는 것은 만성적인 문제점을 파악하는 데 도움이 되며, 이전 검증에서 지적된 사항은 보다 집중적으로 검토되어야 한다.

다. 모니터링 활동(검·교정기록 포함)

일상적인 모니터링 활동 기록들은 일상검증을 통해 제대로 모니터링되고 기록·유지 및 개선조치가 이루어지고 있는지 검토되어야 한다. 따라서 정기·특별검증 시에는 모든 기록을 광범위하게 검토하기보다는 업소의 특성을 고려하여 특히 중요한 부분에 해당되는 모니터링 활동 및 중요관리점 기록만을 검토하는 것이 효율적이다.

라. 개선조치 사항 등

모니터링 활동이 누락되었거나, 모니터링 결과 한계기준을 벗어난 모든 사항에 대해서 즉시 개선조치가 되고 기록되어 있는지 확인하여야 하며, 이에 상응하는 개선조치가 적절하였는지 검토하여야 한다.

② 현장조사

현장조사는 검증의 한 부분인 실행성을 확인할 수 있는 활동일 뿐만 아니라 이를 통하여 HACCP 관리계획이 효과적으로 운영될 수 있는 수준으로 선행요건프로그램이 유지되고 있음을 확인할 수 있다.

현장조사의 핵심은 제조·가공·조리공정흐름도, 작업장 평면도 등이 작성된 기준서와 일치하는지를 확인하고, 모니터링 담당자와의 면담 및 기록 확인을 통하여 모니터링 활동을 제대로 수행하고 있는지를 평가하는 것이다.

검증자는 현장조사 시 다음 사항을 반드시 확인하여야 한다.

가. 결정된 중요관리점의 유효성

나. 담당자의 중요관리점 운영, 한계기준, 모니터링 활동 및 기록관리 활동에 대한 이해

다. 한계기준 이탈 시 담당자가 취해야 할 조치사항에 대한 숙지상태

라. 모니터링 담당 종업원의 업무 수행상태 관찰

마. 공정 중의 모니터링 활동 기록의 일부 확인

③ 시험·검사

HACCP 관리계획의 효율적 운영 여부를 검증하는 방법의 하나는 미생물검사, 이화학적 검사 등을 통한 확인검증이다. 따라서, 중요관리점이 적절히 관리되고 있는지 검증하기 위해 주기적으로 시료를 채취하여 시험분석을 실시할 필요가 있다. 이는 모니터링 방법이 위해요소의 간접적인 제어수단이 되는 경우에 특히 필요하다.

시료채취 및 시험의 빈도는 HACCP 관리계획에 규정되어야 하며, 중요관리점 관리방법, 한계기준 및 모니터링 활동이 중요관리점을 연속적으로 관리하기에 적절한지를 검증할 수 있어야 한다. 특히, HACCP 관리계획이 처음 개발되거나 또는 중요한 변경이 이루어진 경우에는 중요관리점 관리가 적절히 이루어지고 있음을 입증할 수 있도록 시험·검사를 실시하는 것이 바람직하다.

3) HACCP 검증보고서 작성

HACCP 검증결과는 반드시 문서화되어 영업자에 의해 검토 또는 승인되어야 한다.

해당문서에는 검증종류, 검증원, 검증일자, 검증결과, 개선·보완내용 및 조치결과를 포함하여야 한다.

(5) HACCP 원칙 중 검증방법 실행확인

HACCP 관리계획의 검증은 현행 계획의 운영현황을 파악하고 개선의 필요성을 구체적으로 제시하기 위한 것으로, 위해요소 분석결과와 관리방법, CCP의 결정, 한계기준 설정, 모니터링 활동, 개선조치 및 기록관리의 검토를 포함한다. 주요 항목의 검증 시 고려해야 할 사항은 다음과 같다.

1) 위해요소 분석결과의 검증

- 선행요건프로그램은 최종 위해요소 분석 수행 시와 동일한 신뢰수준을 유지하면서 운영·관리되고 있는가?
- 제품설명서, 유통경로, 용도와 소비자 등이 정확히 기술되어 있으며, 작업장 평면도, 급수 및 배수처리 계통도, 환기 및 공조시설 계통도 등이 현장과 일치하는가?
- 예비단계에서 수집된 위해관련 정보가 충분하며, 정확한가?
- 원료별, 공정별 발생 가능성과 심각성을 고려하여 평가한 위해평가결과가 동일한 수준으로 판단되는가?
- 위해요소를 관리하기 위한 예방조치방법이 해당 식품 및 공정에 가장 적합한 방법인가?
- 관리방법이 신뢰할 수 없거나 또는 효과적이지 않다는 것을 나타내는 모니터링기록이나 개선조치 기록이 있는가?

- 보다 효과적으로 관리할 수 있는 새로운 정보가 있는가?

2) CCP의 검증

- 현행 CCP가 위해요소관리를 위한 공정상 최적의 선택인가?
- 생산제품, 제조·가공·조리공정, 작업장 환경변화 등으로 인하여 현행 CCP가 위해요소를 관리하기에 충분하지 않은가?
- CCP에서 관리되는 위해요소가 더 이상 심각한 위해요소가 아니거나 또는 다른 CCP에서 보다 효과적으로 관리되고 있는가?

3) 한계기준의 평가

설정된 한계기준이 과학적인 근거를 충분히 가지고 있는지, 관련된 새로운 위해관련 정보가 있는지, 이러한 정보가 기존의 한계기준을 변경하도록 요구하는지를 판단하여야 한다. 한계기준 변경 시 제조·가공·조리제품에 대한 응용연구결과, 문헌보고 내용, 식품안전 관련 관계법령 변경 등 모든 정보·자료를 근거로 한계기준에 대한 재평가를 수행하고 변경 여부를 결정해야 한다.

4) 모니터링 활동의 재평가

- 개별 CCP에서의 모니터링 활동 내용이 정확한가?
- 모니터링 활동은 해당공정이 한계기준 이내에서 운영되고 있는지를 판정할 수 있는가?
- 모니터링 활동은 관리활동이 보증될 수 있는 충분한 빈도로 실시되고 있는가?
- 안정적인 관리상태 유지를 위해서 공정 조정 혹은 개선조치가 얼마나 자주 요구되는가?
- 보다 좋은 모니터링 방법이 있는가?
- 모니터링 도구 및 장비가 제대로 기능을 발휘하고 있으며, 교정된 상태를 유지하는가?
- 빈번한 이탈현상이 자동화된 모니터링 체계에 따른 문제점으로 밝혀진 경우에는 수동 모니터링 체계로 변환하도록 요구될 수도 있다.

5) 개선조치의 평가

현행 개선조치가 모니터링 활동 내지는 한계기준 이탈현상을 개선하고 관리하는데 적절한가를 평가하는 것으로, 대부분 개선조치 보고서와 개선조치에 관한 HACCP 모니터링 보고서에서 관련자료를 얻을 수 있다. 재평가 과정에서 이루어진 HACCP 관리계획의 모든 개정사항도 역시 개선조치를 검토할 때 고려되어야 한다.

Chapter 04

HACCP 제도를 위한 교육·훈련

1. 교육 · 훈련의 중요성과 목적

HACCP를 초기 적용하고자 할 때 가장 중요한 사항은 영업자의 의지이며, 적용 이후 효과적이고 성공적인 운영을 위해서는 현장 종업원의 HACCP 관리계획 준수 의지가 필수적이다.

그러므로 영업자, HACCP 팀장, HACCP 팀원, 관리자, 현장 종업원 모두를 대상으로 하는 교육·훈련은 효과적인 HACCP 적용·운영에 가장 필수적인 요건이 된다.

그래서 식품 및 축산물 안전관리인증기준 제3장 교육훈련, 제20조(교육훈련 등)에 의거 식품의약품안전처장은 식품위생법 시행규칙 제64조의 제1항에 따라 HACCP 관리를 효과적으로 수행하기 위하여 HACCP 적용업소 영업자 및 종업원에 대하여 HACCP 교육·훈련을 실시하여야 하며, 기타 HACCP 적용업소로 인증을 받고자 하는 자, HACCP 평가를 수행할 자와 식품위생관련 공무원에 대하여 HACCP 교육·훈련을 실시할 수 있다고 규정하고 있다.

특히 HACCP 적용업소 영업자 및 종업원은 HACCP 적용업소 인증일로부터 6월 이내에 신규교육·훈련을 이수하여야 한다고 명시되었다.

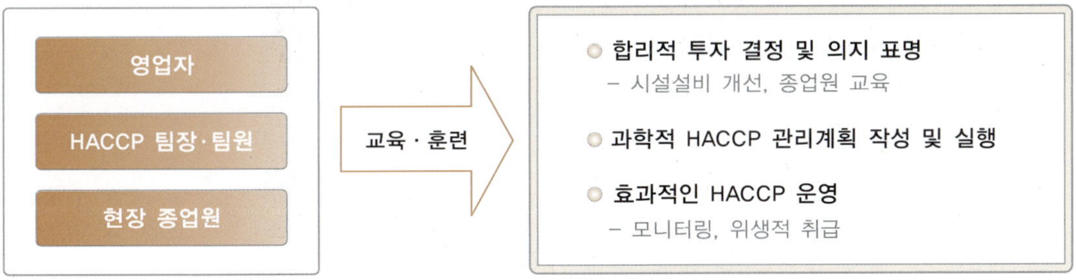

그림 2-4-1 HACCP 제도에 대한 교육·훈련 목적

2. 교육 · 훈련 내용 및 평가

(1) 교육·훈련의 종류

① 영업자 및 종업원에 대한 신규교육·훈련

② 종업원에 대하여 매년 1회 이상 실시하는 정규교육·훈련

③ 그 밖에 식품의약품안전처장이 식품위해사고 발생 및 확산이 우려되어 영업자 및 종업원에게 명하는 교육·훈련

(2) 교육·훈련 내용

① 식품 및 축산물 안전관리인증기준의 원칙과 절차에 관한 사항

② 식품위생제도 및 식품위생관련법령에 관한 사항

③ 식품 및 축산물 안전관리인증기준의 적용방법에 관한 사항

④ 식품 및 축산물 안전관리인증기준의 조사·평가 및 자체평가에 관한 사항

⑤ HACCP와 관련된 식품위생에 관한 사항

(3) 교육·훈련 평가

① 세부적 평가기준 수립(점수제 등)

② 서면평가, 구두평가, 현장실행평가 등

3. 내 · 외부교육 및 교육 · 훈련기관

(1) 내부교육·훈련

① 연간교육·훈련계획(자체)에 따라 운영

(2) 외부교육·훈련

1) 신규교육·훈련시간(인증 시)

① 영업자 교육·훈련: 2시간

② HACCP 팀장 교육·훈련: 16시간

③ HACCP 팀원, 기타 종업원 교육·훈련: 4시간

2) 정기교육·훈련시간(인증 후)

① HACCP 팀장 교육·훈련(팀원 대체 가능): 연 1회 4시간

② HACCP 팀원, 기타 종업원 교육·훈련: 연 1회 4시간

3) 식품 및 축산물 HACCP 교육·훈련기관 지정 현황

표 2-4-1 식품 HACCP 교육·훈련기관 지정 현황

교육·훈련기관	소재지/홈페이지 주소	연락처
㈜미래엠케이씨	서울특별시 성동구 성수일로8길 53 캐슬프라자 301호 www.mkchaccp.kr	02-783-9004
㈜세스코 식품안전 교육센터	서울특별시 강동구 상일로10길 46 세스코 터치센터 2층 www.cescofs.co.kr	02-2140-0288
㈜에프디엑스 안전 관리인증교육원	충청남도 천안시 동남구 대흥로 255 화일빌딩 602호 www.haccpfdx.co.kr	041-554-7676
㈜에프엠코리아	경기도 성남시 분당구 대왕판교로 102 DK빌딩2동 201호 (강릉교육장) 강원도 강릉시 공제로 357 강릉영동대학교 창업보육센터 2층 세미나실 (포천교육장) 경기도 포천시 호국로 1007 대진대학교 국제학관 209호 www.fmhaccp.com	031-711-3970 070-7781-0275
㈜푸드원텍	서울 금천구 가산디지털1로 2 우림라이온스밸리 2차 www.f1tech.co.kr	02-2027-3157
㈜한국농식품안전 관리원	경상남도 진주시 문산읍 월아산로950번길 25-25 (교육장) 경상남도 진주시 가좌동 900 경상대학교 내 www.gnuhaccp.com	055-763-4129
대구대학교 산학 협력단 HACCP 교육원	경상북도 경산시 진량읍 대구대로 201 대구대학교경산캠퍼스 창업보육센터 2호관 1101호 www.haccp.daegu.ac.kr	053-850-4775
신라대학교 산업협력단	부산광역시 사상구 백양대로700번길 140 신라대학교 내 www.haccp.silla.ac.kr	051-999-6989
식품안전교육원	(사무실) 서울특별시 동대문구 홍릉로15길 18(제기동 287-18) (교육장) 서울특별시 동대문구 홍릉로 91 경희사이버대학교 아카피스동 1B강연장 www.ihaccp.kr	02-959-4653
전북대학교 HACCP 교육원	전라북도 전주시 덕진구 백제대로 567 전북대학교 농업생명과학대학 1호관 107호 www.haccp.jbnu.ac.kr	063-270-3687
한국식품기술사협회 HACCP 교육원	서울특별시 송파구 법원로 127 문정대명벨리온 1117호 (춘천교육장) 강원도 춘천시 강원대학길1 강원대학교 춘천캠퍼스 식품생명공학과 www.foodpe.or.kr	02-3473-7171
한국식품산업협회	서울특별시 서초구 명달로 41(방배동 1002-6) www.kfia.or.kr	02-3470-8100
한국식품정보원	서울특별시 송파구 법원로 128 SKV1 GL메트로시티 1003~1006호 www.foodi.com	02-405-2800
한국식품안전관리 인증원	충청북도 청주시 흥덕구 오송읍 오송생명5로 156 www.haccp.or.kr	1599-1102
한양대학교 HACCP 교육원	서울특별시 성동구 왕십리로 222 한양대학교 산학협력단 www.haccphanyang.com	02-2220-4206
해숲식품안전 솔루션	광주광역시 광산구 원두로 63-1 에코빌딩 2층 www.haccp119.net	070-7114-0015

표 2-4-2 축산물 HACCP 교육·훈련기관 지정 현황

교육·훈련기관	소재지/홈페이지 주소	연락처
농협 축산물위생 교육원	경기도 안성시 공도읍 대신두길 42-3 www.meatacademy.co.kr	031-5183-6000
(사)한국축산물처리 협회	경기도 성남시 분당구 성남대로 69 로드랜드 EZ타워 406호 www.cleanmeat.or.kr	031-391-9766
(사)대한한돈협회	서울특별시 서초구 서초중앙로6길 9 제2축산회관 3층 www.koreapork.or.kr	02-581-9751
제주대학교 수의과 학연구소	제주특별자치도 제주시 제주대학로 102 제주대학교 아라캠퍼스 vmri.jejunu.ac.kr	064-754-3052
한경대학교 축산위생교육원	경기도 안성시 중앙로 327 한경대학교 sanhak.hankyong.ac.kr	031-670-5628
한국식품안전관리 인증원	충청북도 청주시 흥덕구 오송읍 오송생명5로 156 www.haccp.or.kr	043-928-0171
한국식품연구원	(본사) 전라북도 완주군 농생명로 245 www.kfri.re.kr	063-219-9170

4. HACCP 인증업소나 한국식품안전관리인증원 현장실습

HACCP 제도를 제대로 알고 파악하려면 무엇보다도 이론으로부터 배우고 현장을 보고 실습도 해보는 것이 매우 중요하리라 생각이 든다. 백문이 불여인견이란 말과 같이 실제로 현장시설과 관리·운영, 교육 등이 어떻게 이루어지는지를 보고 듣고 체험하여 얻는 것이다.

HACCP 제도는 대개 두 부류로 나누어 볼 수가 있는데, 그 하나는 원료식품을 전문적으로 제조·가공하는 공장과 그 생산된 제품일 것이고, 또 하나는 집단급식이나 외식업소에서 원료식품을 조리과정을 거쳐 조리된 음식물 즉 조리식품으로 섭취되는 공정일 것이다.

우선 식품을 다루는 모든 업소는 HACCP 제도가 마련되지 않은 그룹과 HACCP를 통과하여 인증업소가 된 그룹이 있는데, 우리는 실제로 HACCP 제도로 인정받은 업소를 방문하여 현장견학 및 실습(모형실습 포함)을 통해 견문을 넓혀야 할 것이다.

HACCP 제도를 전반적으로 이해하는 데에는 식품제조·가공계열(농·수·축산제조·가공전공)의 HACCP 인증공장이나 그 제품, 집단급식소, 조리식품을 선택해 인근지역 및 실물을 직접 조사함으로써 방문하여 HACCP를 익히는 것이 보다 효과적일 것이다.

또 다른 한편으로는 HACCP 제도를 지원하는 한국식품안전관리인증원의 “HACCP 전시 교육관(오송)”을 방문·견학하는 방법도 있다. 이곳에는 교육과 선행요건에 필요한 시설, 기기, 기구 및 용기와 의무로 지정된 식품의 모형 시뮬레이션 등이 갖추어져 있고, 한국식품안전관리인증원으로부터 이에 대한 자세한 설명도 들을 수 있다. 현장견학을 다녀온 학생들은 보고서에 이구동성으로 HACCP 제도를 이해하는데 매우 유익했다고 적고 있다.

이것이 중요한 이유는 HACCP 인증업소가 되기 위한 많은 시설투자와 각 공장이나 각 제품의 특성에 따른 HACCP 제도의 관리운영이 실제로 어떻게 이루어지는지는 확실히 눈으로 보아야만 인정할 수 있기 때문이다.

따라서 이 HACCP 과목은 다른 과목과는 달리 최소한 현장견학 및 실습이 중요하다고 필자는 단언한다.

Chapter 05

HACCP를 위한 속성 간이식품위생검사

1. 미생물의 위생검사 기준규격과 간이위생검사

1-1. 미생물의 위생검사 기준규격

표 2-5-1 공중낙하균의 검사 기준규격

검사방법	측정장소: 위치도를 참조하여 해당구역을 검사 측정범위: 바닥에서 80cm의 높이에서 측정 측정시간: 개방시간은 5~20분으로 함				
구역구분	구분	작업장	기준(CFU/plate 이하)		
			일반세균	대장균군	진균
	일반구역	장화세척소독실, 탈의실, 화장실, 검수실, 쌀창고, 원자재창고, 원자재냉동냉장실, 식기세척실, 외포장실, 외포장건조실, 실험실, 쓰레기처리실, 쓰레기냉장실	100	음성	40
	준청결구역	작업자 이동통로, 채소나 과일류 전처리실, 육류나 어패류 전처리실, 해동실, 음식보온고, 찬 음식 보관고, 신제품개발실	50	음성	20
	청결구역	가열실, 내포장실, 내포장건조실, 취사실	30	음성	10
검사주기	1회/1개월	기록관리	공중낙하균 검사성적서		

표 2-5-2 표면오염도의 검사 기준규격

검사방법	작업대, 포장대, 충진대 등 작업장 내 사용 중인 작업도구 및 공정설비들을 Swab contact method를 이용하여 측정		
항목	일반세균	대장균군	
기준규격	10^3 CFU/cm^2 이하	음성	
검사주기	1회/1개월	기록관리	표면오염도 검사성적서

표 2-5-3 작업자의 위생검사 기준규격

검사방법	면봉 및 거즈에 멸균시연수를 묻혀 항목별루 적당한 면적의 표면을 닦아 일반배지 또는 페트리필름에 24시간 배양				
항목	일반세균	대장균군	황색포도상구균	검사주기	기록관리
기준규격	10^4 CFU/cm^2 이하	음성	음성	1회/1개월	작업자 위생검사 성적서

표 2-5-4 용수검사 규격

항목	일반세균	총대장균군	대장균	분원성 대장균군	검사주기	기록관리
기준규격	10^2 CFU/mL 이하	음성/100mL	음성/100mL	음성/100mL	1회/1개월	용수검사 성적서

1-2. 미생물의 신속분리방법

식품에 오염된 미생물의 수가 많으면 균질화한 시료용액을 그대로 또는 희석하여 미생물의 분리·배양하여 사용한다. 반대로 미생물의 수가 아주 적은 병원성 세균은 증균과정이 필요하다. 적은 병원성 세균 오염을 검사할 경우 항체(Antibody)를 활용한 IMS(Immuno-magnetic separation) dynabead법을 이용하고 있다. 살모넬라균(*Salmonella*)나 리스테리아균(*Listeria*)의 신속분리에 이용된다.

1-3. 페트리필름 키트(Kit)배지에 의한 식품의 생균수 측정

검사시간과 경비를 줄이고 소규모 식품업체나 집단급식 현장 등에서 간편하게 사용할 수 있는 간이배지 키트(Kit)가 개발되어 이용되고 있다. 신속한 미생물검사에 사용되는 장비로는 저울, 시료분쇄기, 배양기, 무균처리대와 페트리필름(Petrifilm)을 주요 미생물배지로 사용하여 측정한다. 이것을 HAPS(Hazard Analysis Promotion System)라고 한다. HAPS 키트에 사용되는 모든 제품은 국제규격에 공인을 받은 제품으로 구성되어 있으며 편리하고 간단하게 사용할 수 있다고 한다. 즉 Petrifilm plate, 3M Reduget test에 대장균, 대장균군 등의 호기성 미생물이나 효모, 곰팡이를 접종한 후, 배양하여 생균수를 측정한다. 이 방법은 AOAC시험법에서도 인정되었다.

HAPS 키트를 이용한 식품시료의 일반검사방법은 다음과 같다.

① 시료채취: 검사식품의 시료를 10g 취하여 멸균백에 넣는다.
② 균질화: 멸균수 90mL을 멸균백에 넣고 균질화시킨다.
③ 시료접종: 균질화된 시료 1mL을 배양하고자 하는 배양지에 접종시킨다.
④ 배양: 접종된 배양지를 배양기에 넣고서 균에 따라 적정한 온도에서 배양한다.
⑤ 균수확인: 배양된 배양지에서 균수를 확인한다.

1-4. 페트리필름을 이용한 미생물 검사

(1) 페트리필름 배지의 구성

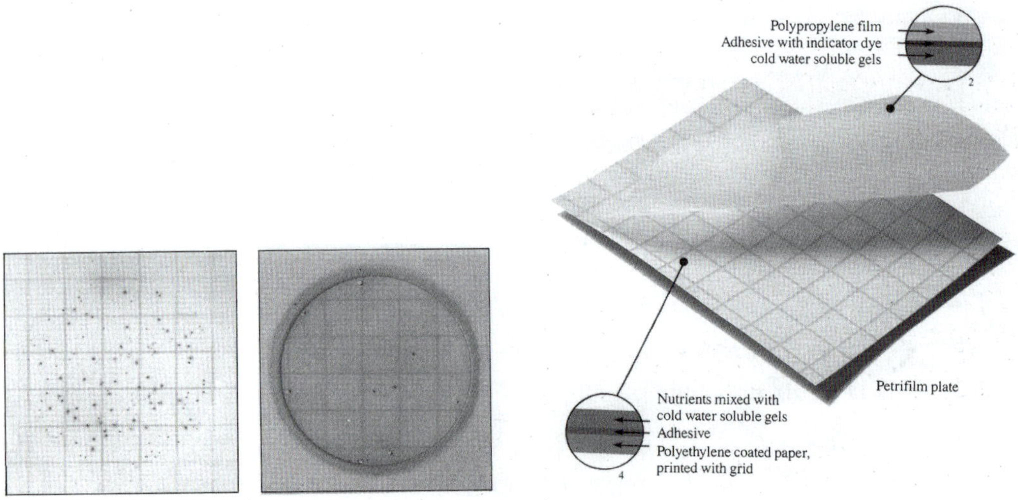

그림 2-5-1 페트리필름 배지의 구성

(2) 페트리필름 배지의 종류 및 균수 판별법

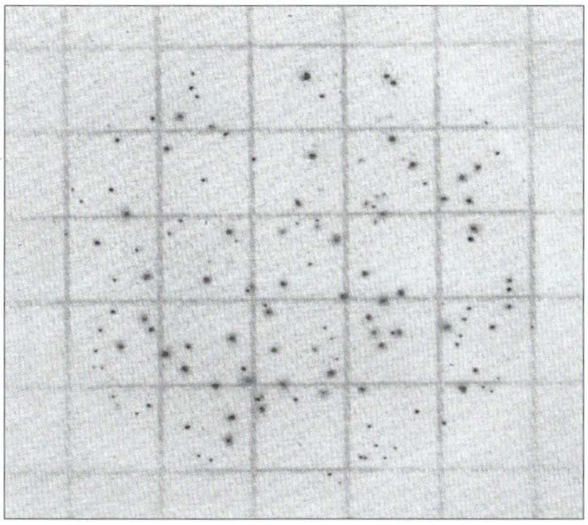

일반세균용 배지

일반세균이 붉은색으로 염색되어 나타나며 크기에 관계없이 모두 헤아린다.
세균수가 250개를 넘을 경우 1개의 사각형 안에 있는 세균수를 세어 20을 곱하면 전체균수가 근사치로 계산된다.

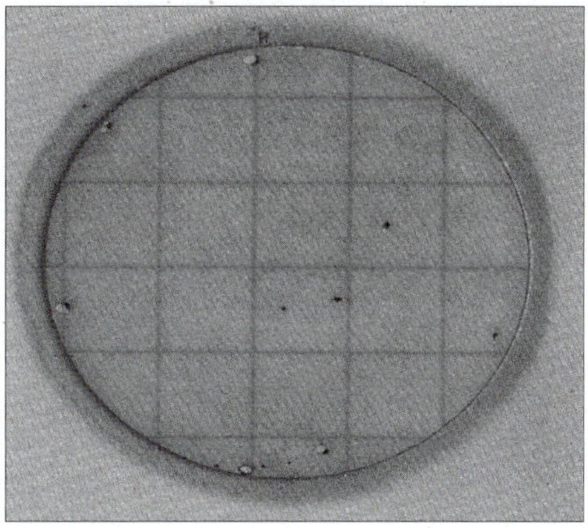

대장균군용 배지

대장균군은 붉은색으로 염색되며 균에 바로 붙어서 균의 대사산물인 가스가 집적되므로 붉은색으로 염색된 균+가스인 균이 대장균군으로 간주되며 가스방울 없이 붉은색만으로 나타나는 균은 기타 잡균으로 분류된다.

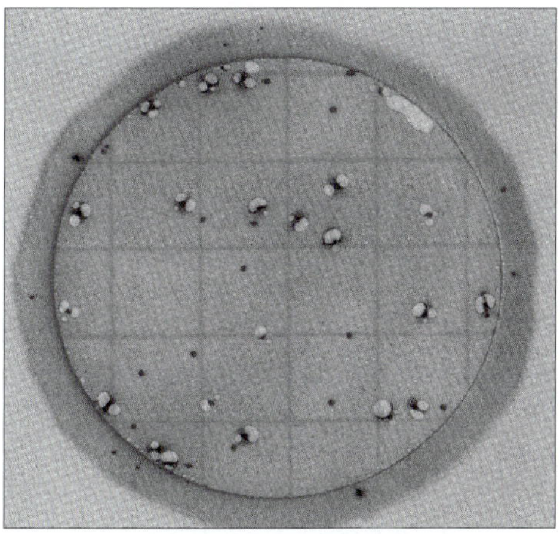

대장균용 배지

대장균은 파란색으로 염색되며 가스방울이 곧바로 붙어서 나타나게 된다.
붉은색으로 염색된 균: 일반세균
붉은색으로 염색된 균+가스: 대장균

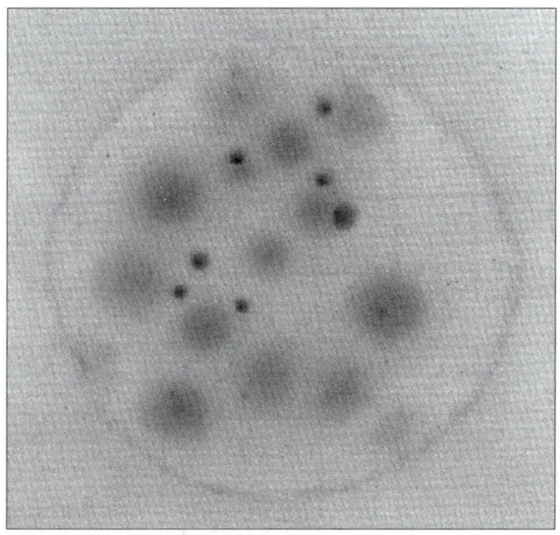

효모 및 곰팡이용 배지

효모는 핑크에서 녹색의 빛깔을 띠며 작고 가장자리 부분이 명확히 구분된다. 큰 공간을 차지하고 가장자리 부분이 명확히 구분되지 않는다.

그림 2-5-2 **페트리필름 배지의 종류 및 균수 판별법**

(3) 페트리필름 배지의 사용방법

페트리필름의 배지는 미생물 생육에 필요한 영양소, 수용성 겔(Gel) 및 세균(Colony) 지시약들을 종이에 특수 코팅한 필름배지로서, 희석된 시료 1mL를 필름배지에 접종·배양시키면 각각의 균들은 색소로 염색되므로 균의 유무 및 세균수 측정이 아주 용이하다.

더구나 준비된 상태의 배지이기 때문에 기존의 세균검사 시 배지준비에 필요한 작업과정 및 시간을 절약, 전체 세균검사의 효율을 높일 수 있도록 고안된 제품이다.

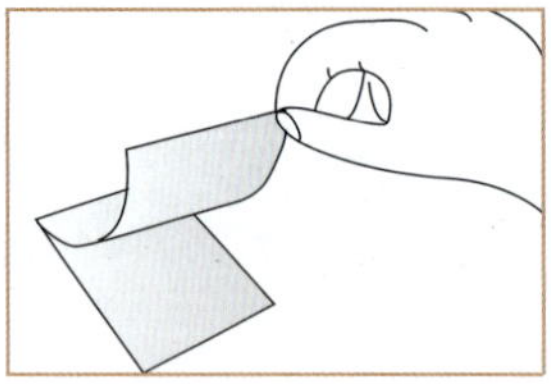

1. 상위 필름을 열어 올려 잡는다.

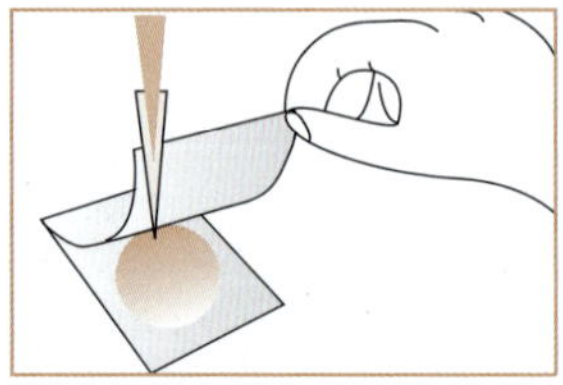

2. 1mL의 시료를 필름 정중앙에 접종한다.

3. 잡고 있던 상위 필름을 조심스럽게 놓는다.

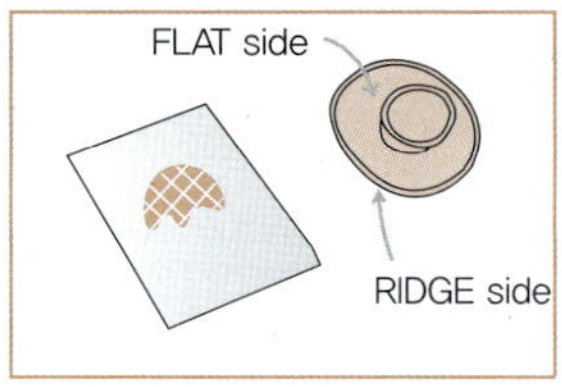

4. 누름판을 오목한 부위가 아래로 향하도록 하여 준비한다.

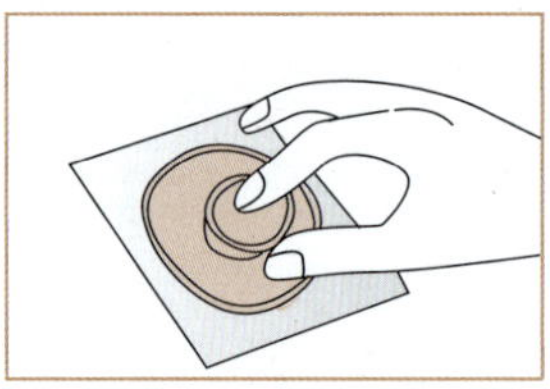

5. Gel이 생기기 전(1분 이내)에 누름판을 접종한 필름 중앙에 올려놓고 지그시 누른다.

6. 누름판을 위로 올려준다.

7. 필름을 배양기에 넣어 배양한다.

8. 집락을 확인한다.

그림 2-5-3 페트리필름 배지 사용방법

(4) 표면오염도 검사

Direct contact method를 위한 배지의 수화는 1주일 전에 수화시킨 것까지 사용할 수 있다. 미리 수화를 시켜 놓은 배지의 경우 냉장온도에서 보관한다. 이 방법으로 표면을 접촉할 때 너무 세게 누르게 되면 gel이 깨질 수 있으므로 주의가 요망된다.

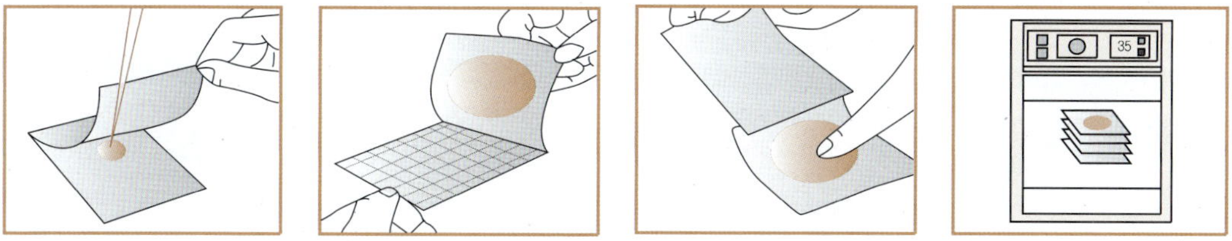

1. 최소한 1시간 전에 희석액 1mL를 접종해 상온에서 gel화 시킨다.
2. Gel이 굳은 후, 상부 필름을 조심스럽게 들어 올린다. 이때 gel이 상부 필름에 붙어 있게 된다.
3. 상부 필름으로 실험하고자 하는 표면에 접촉시킨 후, 다시 필름을 덮는다.
4. 필름을 배양기에 넣어 배양한다.

그림 2-5-4 Direct contact method 표면오염도 검사

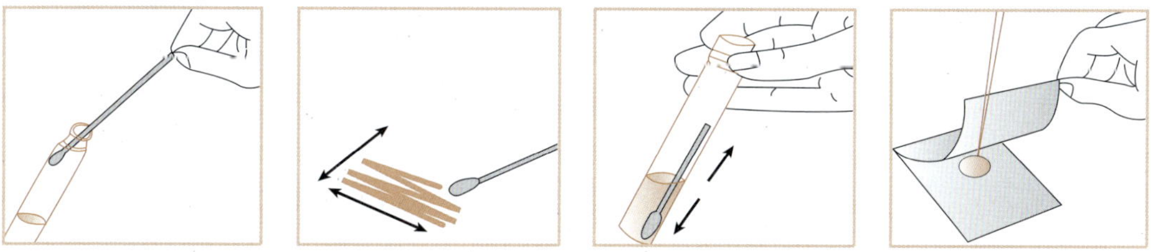

1. 일정량의 멸균증류수에 면봉을 적신 후, 시험관 안쪽에 눌러서 과다한 수분을 제거한다.
2. 표면과 30도 각도로 천천히 정해진 면적의 표면을 그림과 같이 문질러 준다.
3. Swab이 끝나면 면봉을 희석액에 넣은 후, 뚜껑을 닫고 10초간 흔들어 준다.
4. 흔들어 준 1mL의 시료 용액을 채취하여 필름에 접종한 후 배양기에서 배양한다.

그림 2-5-5 Swab contact method 표면오염도 검사

1-5. 이지스탬프와 체커 키트(Kit)배지를 이용한 오염균수 측정

여기에는 Easy stamp & Rodac plate Kit와 Easy Checker kit 배지가 이용된다.

Easy stamp & Rodac plate는 식당, 집단급식업체, 식품제조·가공업체 등에서 칼·도마 등의 조리기구나 식품원료, 제조설비 등에 대한 오염도 측정 및 식중독 원인균을 간편하고 신속하게 검사할 수 있도록 개발된 고감도의 키트이다. 이 키트는 총세균수(TPC), 대장균 및 대장균수(ECC), 살모넬라균(SAL), 리스테리아(LIS), *E.coli* O157, 비브리오균(VRO), 황색포도상구균(Staph) 등을 검출할 수 있다. 제품의 종류와 판독 예를 보면 그림 2-5-6과 같다.

Easy Checker는 식당 및 식품관련 업종에 종사하는 작업자의 손에 존재하는 미생물을 신속하고 간편하게 검사하여 사전에 식중독을 예방할 수 있도록 고안된 키트이다. 아래와 같이 총세균수, 황색포도상구균, 대장균 및 대장균군, 살모넬라균 및 이질균 검사용 키트 배지에 손이나 식품을 접종시켜 12~24시간 배양시켜 판독을 한다.

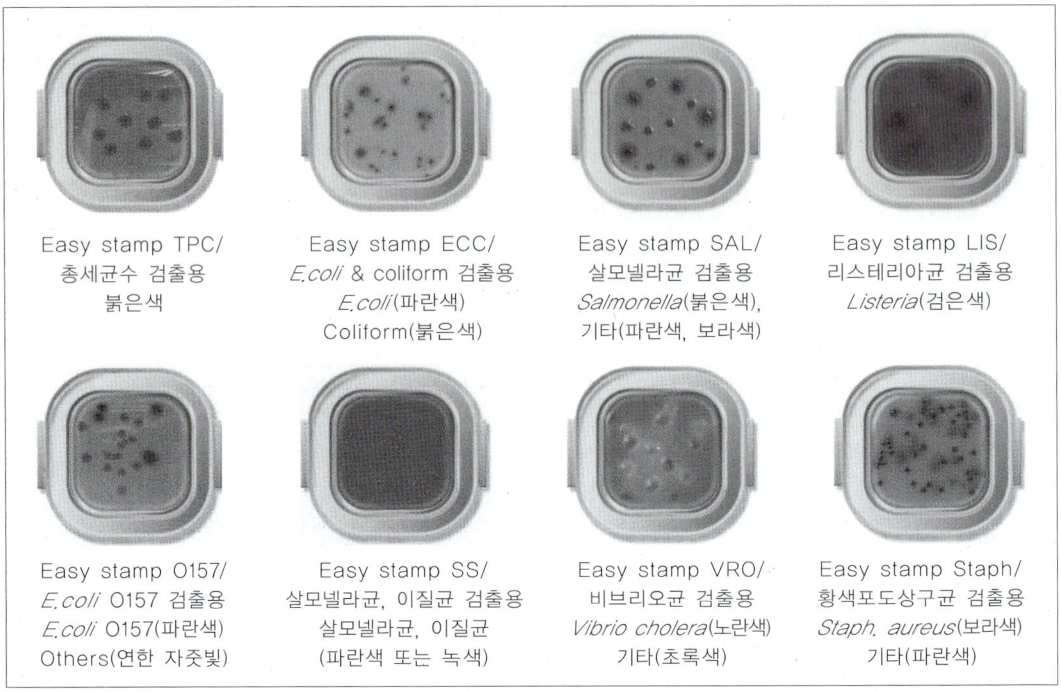

그림 2-5-6 Easy stamp & Rodac plate kit의 종류 및 판독 예

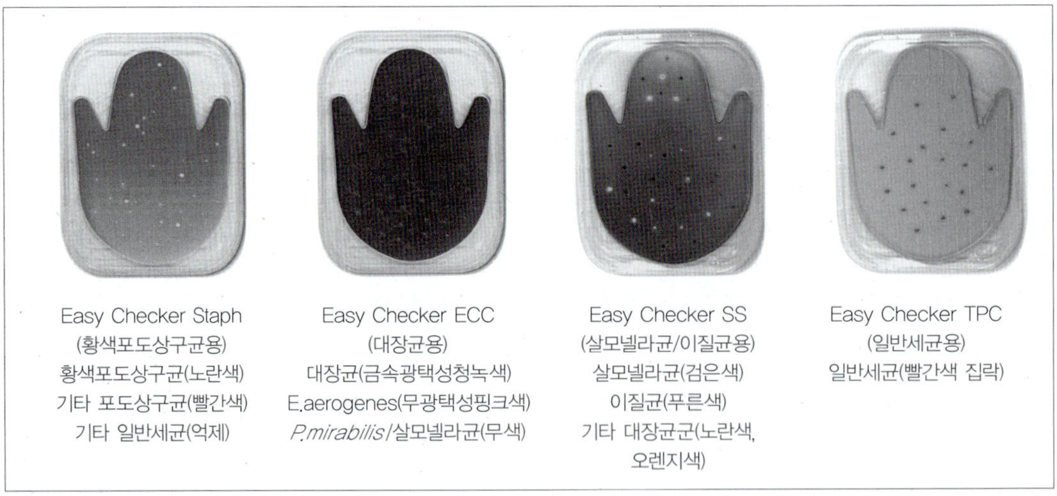

그림 2-5-7 Easy Checker kit의 판독 예

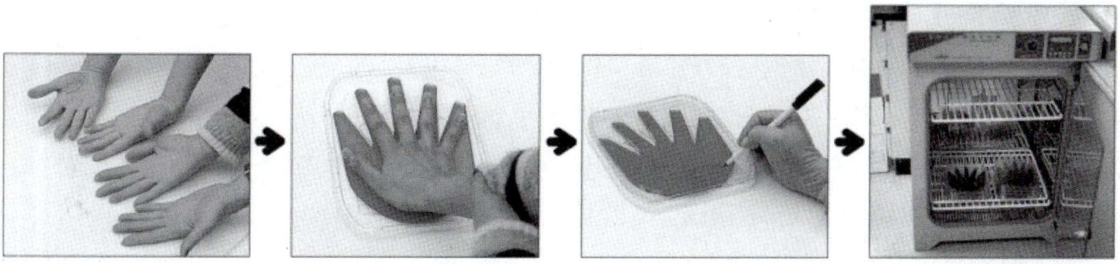

검사하고자 하는 작업장내 종사자를 선정한다. → Plate 뚜껑을 열고 손모양 그대로 손을 접촉한 후 약 5초간 가볍게 누른다. → 뚜껑을 덮고 윗면에 검사 일자와 장소, 이름 등을 기재한다. → 37℃에서 24시간 배양한 후 생성된 집락수를 세고, 검사결과를 판정표와 비교한다.

그림 2-5-8 **종사자 손의 간이검사 방법**

1-6. 세척·소독 효과 확인을 위한 ATP 측정

이 ATP(Adenosine triphosphate) 측정은 작업대 표면 등에 대해 세척·소독의 효과를 확인하기 위해 ATP 농도를 측정하여 오염 정도를 알려는 데 그 목적이 있다. 그러나 미생물검사에는 정확성이 떨어지는 흠이 있다.

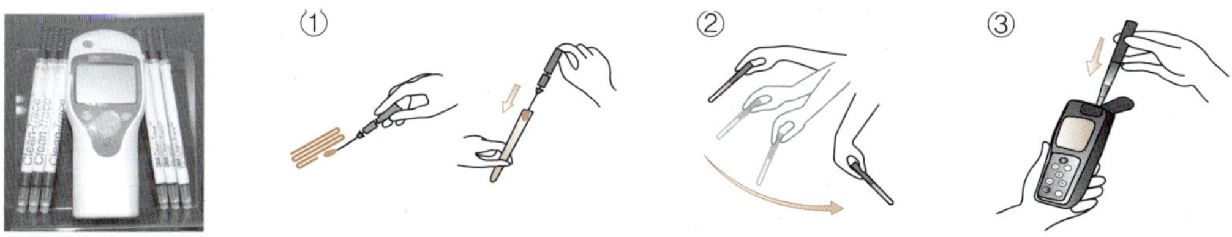

① Lucipac pen 시약에서 면봉(주황색 홀더)을 꺼내어 물에 적셔 검사표면을 swab 한 후, 본체에 밀어 넣는다.
② 시약 중간의 용액이 반응 튜브로 흘러내려 반응 튜브의 분말시약과 잘 용해되도록 흔들어 준다.
③ 반응된 시약을 기기의 측정구에 넣으면, 10초 만에 검사표면의 오염도를 수치로 확인할 수 있다.

그림 2-5-9 **작업대 표면 등의 ATP 측정**

2. 식품의 간이신선도검사

2-1. 식품의 pH 측정

모든 식품은 pH를 가지고 있다. 식품에 pH를 측정하는 목적은 신선하고 먹을 수 있는 식품에는 이미 많은 기록들이 나와 있으며 이 신선한 영역을 벗어났을 경우에는 그 식품에 변화 내지 변질이 있다는 것을 알 수 있어 신선도 판정이나 초기 부패 등의 판정에 용이하기 때문이다. 측정되는 식품 중 액상상태의 식품은 pH paper나 pH meter의 전극을 용액에 그대로 침지(담가)하여 검출하나 반고체나 고체상태의 식품은 분쇄하여 매우 적은 입자를 증류수로 녹여 액상상태에서 pH를 측정한다.

pH 측정법에는 pH paper를 사용하는 방법, 지시약 용액으로 비색하는 방법, pH meter에 의한 전기적 방법이 있다. 여기서는 가장 간단한 pH paper에 의한 방법과 정확성이 있는 pH meter에 의한 방법을 설명하고자 한다.

(1) pH 시험지(Lithmus paper)의 간이검사

1) 원리

이 방법은 지시약에 의한 측정법의 하나로서 지시약 용액을 건조한 pH 시험지에 배어들게 해서 측정하는 방법이다.

2) 시료

우유, 두유, 과즙, 식초 등의 시료가 착색 또는 흐려지는 정도가 심한 것이나 증류수와 같이 완충작용이 없는 것은 측정이 곤란하다.

3) pH 시험지와 변색표

pH 시험지에는 다음 표 2-5-5와 같은 것이 일반적으로 쓰이고 있다. 변색표는 시험지 변색 정도에 따라 pH를 측정하는 것이다.

표 2-5-5 pH 시험지의 주요 종류

pH 지시약 시험지	생략 명칭	변색 범위	산성 색 - 알칼리성 색
크레졸 레드 시험지	CR 시험지	0.2~2.0	red - yellow
티몰 블루 시험지	TB 시험지	1.4~3.0	red - orange
브롬 페놀 블루 시험지	BPB 시험지	2.8~4.4	yellow - violet
브롬 크레졸 그린 시험지	BCG 시험지	4.2~6.3	yellow·green - blue
메틸 레드 시험지	MR 시험지	5.4~7.0	red - yellow
브롬 티몰 블루 시험지	BTB 시험지	6.2~7.8	yellow - blue
크레졸 레드 시험지	CR 시험지	7.2~8.8	orange - red
티몰 블루 시험지	TB 시험지	8.0~9.6	yellow - blue·violet
알리자린 옐로우 시험지	ALY 시험지	10.0~12.0	yellow·green - red·orange
알칼리 블루 시험지	ALB 시험지	11.0~13.6	blue - red·violet

4) 조작방법

① 시료의 pH 측정에 적당하다고 생각되는 시험지를 선정한다.

② 시험지를 핀셋으로 들어 그 한쪽을 시료에 적시고 시료가 침투되면 즉시 들어 올린다.

③ 시험지 침투부의 색상과 같은 색상을 변색표에서 신속히 발견한다. 그 pH가 시료의 pH이다.

(2) pH meter(유리전극법)에 의한 측정

1) pH meter 장치

pH meter는 일명 유리전극법이라고도 하는데 유리전극 pH계를 사용한다. 이것은 본체인 지시부와 유리 전극 및 비교 전극으로 되는 검출부로 구성되고 형식에 따라서는 검출부에 온도보상용 감온부를 비치하고 있다. 유리 전극은 그림 2-5-10과 같이 유리막 내에 일정조성의 용액과 염화제이수은 또는 염화은 등의 전극을 삽입한 것이다. 비교 전극은 시료와 관계없이 일정한 기전력을 나타내고 유리 전극의 기전력을 내기 위해 사용되는 것으로, 내부 전극에는 주로 염화제이수은이 쓰이며 선단은 유리섬유 등으로 시료와 연락할 수 있도록 되어 있다. 온도보상용 감온부는 유리 전극의 온도차에 의한 기전력의 변화를 자동적으로 보상하기 위해 쓰이는 것이다.

2) 시료

식초, 과즙 등 모든 식품

3) 표준완충액의 조제

① 프탈산염(산성)

$C_6H_4(COOK)(COOH)$ 10.21g을 순수에 용해해서 1L로 한다.

② 중성인산염

KH_2PO_4 3.40g과 Na_2HPO_4 3.55g을 순수에 용해해서 1L로 한다.

③ 붕산염(알칼리성)

$Na_2B_4O_7\ 10H_2O$ 3.81g을 순수에 용해해서 1L로 한다.

이들의 시약은 pH 측정용의 특급품을 사용하고 조제된 표준액은 폴리에틸렌제 병에 밀폐해서 보존한다.

4) 조작방법

조작법은 이 pH계의 형식에 따라 다르지만 교류변환식의 직량식, 온도보상용 감온부가 붙어 있는 것(그림 2-5-10)의 조작법은 다음과 같다.

① 준비

a. 각 검출부를 증류수로 세척하고 부착된 물을 여지로 빨아들인다.

b. 전원코드, 아스선, 각 전극코드를 소정된 단자에 삽입한다.

② 영점의 조정

다음과 같은 증류수로 조작한다.

a. 전원단추를 눌러 전류를 통하게 하고 계기회로가 안정될 때까지 3~5분간 둔다.

b. 표준완충액의 중성인산염을 비이커에 채취한다. 먼저 이것에 각 검출부를 적는다. 다음에 온도를 측정하고 표 2-5-6에서 그 온도에서의 pH를 구한다.

c. 측정용 단추를 누르면 지시계의 바늘이 pH를 나타내므로 그 pH가 표에서 구한 pH를 지시하도록 보정집게를 돌려서 맞춘다.

d. 측정용 단추를 눌러서 원상태로 절환하고 각 검출부를 액에서 들어내어 증류수를 세척하고 물을 여지로 흡수한다.

e. 다음에 시료가 산성인 경우는 프탈산염, 알칼리성인 경우는 붕산염의 표준완충액을 써서 전과 같이 조작하고 그 온도에 있어서의 pH를 지시하도록 조정집게를 돌려서 조정한다.

f. d와 같이 조작을 해서 준비를 끝낸다.

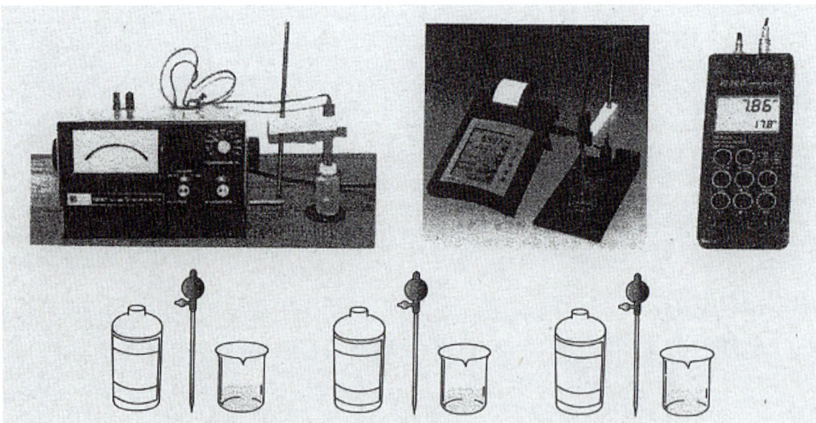

그림 2-5-10 pH meter의 장치와 구성

표 2-5-6 표준완충액의 온도와 pH

온도(℃)	프탈산염	중성인산염	붕산염
5	4.01	6.95	9.39
10	4.00	6.92	9.33
15	4.00	6.90	9.27
20	4.00	6.88	9.22
25	4.01	6.86	9.18
30	4.01	6.85	9.14
35	4.02	6.84	9.10

5) 측정

① 시료를 비이커에 채취하고 이것에 검출부를 적신다.

② 측정용 단추를 누르면 지시계의 바늘은 시료의 pH를 지시한다.

③ 0.5~1분 후에 지시침의 pH를 읽는다.

④ 이것을 3회 반복하고 그 측정치를 평균해서 시료의 pH로 한다. 일반적으로 측정치가 ±0.02의 범위에서 일치할 때까지 한다.

2-2. 식용유지의 신선도검사

식용유지의 신선도 및 변질시험에는 크게 관능검사에 의한 방법, 산소흡수속도를 측정하는 방법, acid value(AV), peroxide value(POV), carbonyl oxidation value(COV), thiobarbituric acid value(TBA) 및 kreist test 등과 같은 화학적 방법이 있는데, 여기서는 유지의 산패측정 시 주로 사용되는 화학적 방법에 대하여 살펴본다.

(1) 비색법을 이용한 튀긴 기름의 신속 산가측정지 검사

1) 시료

튀긴 기름, 신선한 기름 등

2) 기구

모니터링 산가측정지 스트립(Monitoring acid value paper strip), oil quality monitoring system 기기, 튀김 기구, 집게, 온도계(200℃), 타이머

3) 조작방법

① 모니터스트립이 있는 플라스틱 케이스에서 스트립을 꺼낸다. 청색밴드가 손에 닿지

않도록 한다.

② 사용 중인 기름(163~185℃)에 산가측정지를 집게를 이용해서 청색밴드가 잠길 때까지 2~5초간 담근다.

③ 끓는 기름에서 꺼낸 후 5~10초 기다린다. 측정지에 묻어 있는 기름을 페이퍼타올(휴지)로 깨끗하게 닦아낸다. 기름기가 많이 남아 있으면 결과 값의 오차가 발생한다.

④ 스트립의 아래부터 색상이 변한 밴드의 수를 확인한다. 부분적으로 변한 밴드는 0.5로 계산한다. 또는 평평한 표면에 모니터링 시스템(Monitoring system) 기구를 올려놓고 전원을 켠다. 원하는 메뉴로 세팅을 한다(전원 켜기-녹색버튼). 메뉴 세팅이 완료되었으면 별도 세팅 없이 4번 순서로 이동하면 된다.

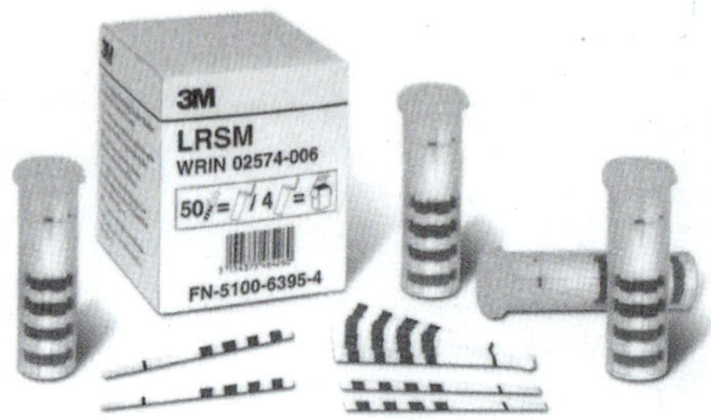

· 청색 → 노란색으로 변함
(산패시작의 의미)
0 → 1.5 이하(신선)
4 → 4(교체 권장)

· 30초~2분 이내에 색깔 확인 할 것
(2분 지나면 산화 시작)

Oil Quality Monitoring system 기구(산가측정지)

그림 2-5-11 튀긴 기름의 간이 신속 산가측정지

(2) 크라이스트 시험(Kreist test)

크라이스트 시험을 하는 목적은 지방의 신선도 및 산패 등을 판별하는 데 그 의의가 있다.

1) 시료, 시약 및 기구 등

① 시료: 신선한 콩기름, 오래된 튀김 폐유

② 시약: 1% 플로로글루신 에텔용액, 진한 HCl, 요오드화 칼륨(KI), 1% 전분용액

③ 기구: 시험관

2) 조작방법

① 두 개의 시험관을 준비하고 그 중 한 개에 신선한 기름 약 2mL, 다른 한 개에 부패한 기름 2mL를 취한다. 다음 각각에 1% 플로로글루신 에텔 용액을 2mL 가하고 여기에 진한 염산을 가하여 잘 흔들어 정치한다. 액이 2층으로 분리되면 하층(염산의 층)의

색을 비교한다. 부패유에서는 담홍색을 나타낸다.

② 두 개의 시험관을 준비하고 한 개에 신선한 기름 약 2mL, 다른 하나에 부패한 기름 2mL를 취한다. 다음 각각에 요오드화칼륨 포화용액 2mL씩을 가하고 다시 1% 전분용액을 2~3방울 가한 다음 잘 흔든다. 부패가 심한 것일수록 흑자색이 진하게 나타난다.

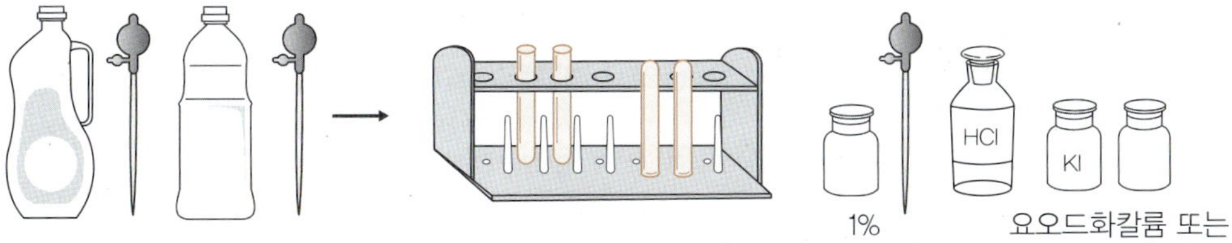

그림 2-5-12 지방의 Kreist test

2-3. 우유의 신선도검사

우유류의 신선도 판정 방법은 신속하고도 정확하며 객관성을 확보할 수 있는 것이 바람직하나 여기선 간이방법만을 소개한다. 그러나 식품의 신선도 및 변질 유무를 판정하기 위해서는 식품에 따른 가장 적합한 방법을 선정하되, 두 종류 이상의 방법을 병행하여 판정하는 것이 좋다.

(1) 알코올 검사(Alcohol test)

1) 시약 및 기구

70% 에탄올(Ethanol), 시험관 및 시험관꽂이, 피펫

2) 시험방법

70% 에탄올 1~2mL를 시험관에 넣은 뒤 같은 양의 우유를 가하여 시험관 입구를 막고, 거꾸로 수회 흔들어 혼합액의 응고 유무를 관찰한다. 신선한 우유인 경우에는 응집이나 침전물이 생기지 않으나 오래된 우유인 경우에는 응집이나 침전물이 생긴다.

(2) 자비검사(Boiling test)

정상우유는 응고물이 생기지 않지만, 만약 젖산균, 장내세균 등의 미생물이나 효소가 증식하거나 존재하면 산의 함량이 증가한다. 이때 산도가 0.25% 이상이면 우유중의 카세인(Casein)은 응고된다. 다만 초유 및 이상유는 산도와 관계없이 끓이면 응고된다.

이 조작방법은 간단해 시료 10~20mL을 비이커나 페트리접시(Petri dish) 등에 취해 서서히 1~2분간 끓인다. 그리고 동일한 양의 물을 가해 희석한 다음 응고물의 유무를 확인한다.

2-4. 달걀의 신선도검사

(1) 할란검사 중 난황계수(Yolk index)와 난백계수(Albumin index) 검사

할란(割卵)검사는 달걀을 유리평판 위에서 할란하였을 때의 난황계수, 난백계수 및 난황위치 등을 검사하는 방법이다. 그 중 난황계수는 난황(卵黃, 노른자위)의 높이가 높고 면적이 적은 원형을 유지하는 것이 신선란(新鮮卵)이다. 대개 0.442~0.361 정도가 신선란이며 0.3 이하는 노화되거나 오래된 것으로 보고, 0.25 이하가 되면 할란 시 난황막이 파열되기 쉽다. 그러나 때론 사료의 종류에 따라 신선란인데도 난황계수가 낮은 경우도 있다.

난백계수의 경우 신선란은 0.06mm 정도로, 넓은 범위로는 0.058~0.097mm이나 0.1mm 이상이면 오래된 달걀이거나 부패란이다. 보통 평판 상에서 난백(卵白, 흰자위)의 농후(濃厚)단백의 높이가 높고(4.3~7.6mm), 퍼져가는 넓이 면적(직경 74~3mm)이 좁은 것일수록 좋은 품질의 난백이다.

(2) 소금용액에 의한 비중검사(Specific gravity test)

소금용액에 의한 비중측정법을 달걀의 부침법(浮沈法)이라고도 한다. 신선도가 떨어질수록 달걀의 비중(比重)은 낮아지는데, 신선란의 비중은 대개 1.078~1.091 정도로, 시간이 경과함에 따라 감소되어 1.02 이하가 되면 부패된 것으로 판정한다. 달걀의 비중은 그림과 같이 6~11% 식염용액(비중 1.027~1.08 정도)에서의 침강정도에 따라 판단하는 방법이 이용된다. 8%의 식염수에 빨리 가라앉는 것은 신선란으로 보고 있으며, 떠오르는 것은 묵은 알 또는 부패란으로 판정하고 있다.

3. 식기·용기류의 잔류물 오염도 검사

식기류의 세척이 잘 되었는지의 여부를 현장에서 간단히 시험하는 방법에는 전분성 식품의 잔류물 검사와 지방성 식품의 잔류물 검사가 있다.

3-1. 전분성 식품의 잔류물 검사

희석한 요오드액(I액)이나 요오드팅크액을 식기류의 표면에 부어서 전면에 퍼지게 하거나 용액에 침지한 후 꺼내어 청색이 나타나는가를 관찰한다. 청색이 나타나는 부분이 있으면 전분성 식품의 잔류물이 남아 있다.

3-2. 지방성 식품의 잔류물 검사

Butter yellow나 yellow OB 등의 지용성 색소용액을 검사하려는 식기류의 표면에 부어 전면에 고루 퍼지게 하거나 용액에 침지하여 꺼낸 다음 색소용액을 제거하고 표면이 황색으로 염색된 부분이 있는지의 여부를 검사한다. 황색부분이 있으면 지방성 식품의 잔류물이 있는 것이다.

아울러 용기, 포장검사나 그 이외 식품과 관련된 모든 위생검사는 "식품공전"을 참조 바란다.

4. 냉장실 온도 체크카드 확인

냉장실의 냉장온도가 제대로 유지되고 있는지를 확인하는 카드로 인해 온도관리가 한결 편해졌다. 이 카드는 그림 2-2-19에서 보는 바와 같이 냉장실 온도가 5℃ 이하일 때 스티커 내부의 원형이 청색으로 변한다.

Chapter 06

집단급식 조리식품 등의 조리과정별 위생적 취급

1. 식재료 구매와 검수 및 선별

식재료의 구매 시 중요한 목적 중 하나는 가격 결정을 위해 식재료의 수급상황에 따른 시장가격동향을 정밀하게 파악하여 비용 절감이나 합리적인 가격 결정을 함으로써 구매예상가격을 정확하게 반영하고 급식업체의 경쟁에서 우위를 점하는 것이다.

1-1. 구매와 검수 및 선별의 준비

(1) 구매 전 납품업체[식품공급(협력)업체]의 선정 및 관리기준 작성

구매 전에 납품업체, 즉 식품공급(협력)업체의 선정기준을 작성하여 리스트를 가지고 여러 개의 관련공급업체를 방문해서 시설과 공급절차 과정을 통해 위생 관리 능력과 운영능력 등을 평가해 공급업체를 선정한다. 기존 업체도 연 1회 이상 선정기준을 평가해 신뢰도 여부를 결정한다. 입찰준비서류와 입찰절차에 따라 입찰 후 식품공급업체가 결정되면 업체와 계약을 체결하고 물품공급계약서, 계약이행 보증보험 등의 법적인 요건을 갖추어 집단급식 등의 실행에 들어간다(표 2-6-1).

표 2-6-1 식재료 납품업체 선정 및 관리기준(학교급식)

구분	납품업체 선정 및 관리기준	비고
업체의 위생 관리 능력	1. 납품업체는 체계적인 위생기준 및 품질기준을 구비하고 이를 준수하고 있는가?	
	2. 납품업체가 위치한 장소 및 보유시설, 설비의 위생상태는 양호한가?	
업체의 운영능력	3. 학교급식에서 요구하는 식재료 규격에 맞는 제품을 공급하는가?	
	4. 반품처리 및 각종 서비스를 신속하게 제공하는가?	
	5. 납품절차가 표준화되어 있고 관련문서가 구비되어 있는가?	
	6. 신선하고 양질의 식재료를 공급하고 있는가?	
	7. 학교에서 정한 시각에 식재료가 납품되는가?	
	8. 식재료의 포장상태가 완벽한 제품인가?	
운송위생	9. 운송 및 배달 담당자의 식품 취급방법이 위생적인가? 상태는 양호한가?	
	10. 냉장·냉동 배송차량을 이용하여 식재료를 운반하고, 냉장·냉동식품의 온도는 기준범위 이내인가?	냉장·냉동식품용 배송차량에 시간·온도 표시기(Time Temperature Indicator) 부착 권장

표 2-6-2의 식재료 납품업체의 점검표는 식약처의 "알기 쉬운 HACCP 관리"에서 개괄적으로 예시(약간 보충)된 것을 수록하지만 구체적으로 되어 있지 않아 주관업체에서는 납품업체의 특성에 따라 세부 선정기준(항목, 기준, 배점 등)을 별도로 마련하여 평가하여야 할 것이다.

(2) 구매 전 위험가능성 식재료나 메뉴 파악

구매 전에 가급적 식중독 등의 발생빈도가 높은 위험가능성 식재료나 여러 단계의 조리공정을 거쳐야 하는 위험 식재료 메뉴는 가급적 피하고 이들의 식재료 품목이나 메뉴를 미리 작성해두는 것도 도움이 될 것이다. 그러나 위생시설이나 작업인원의 충분한 공급 등 작업환경이 잘 되어 있을 경우에는 소비층에 따라 좋아하거나 선호하는 메뉴를 선택하여 공급하는 것도 좋을 것이다(표 2-6-3).

표 2-6-2 식재료 납품업체 점검표(학교급식)

<table>
<tr><td colspan="4" rowspan="2">납품업체 점검표</td><td>점검일자</td><td rowspan="2">결재</td><td>작성자</td><td>검토자</td><td>승인자</td></tr>
<tr><td></td><td></td><td></td><td></td></tr>
<tr><td>납품업체명</td><td></td><td></td><td></td><td colspan="2">점검자</td><td colspan="3">성명 : 인</td></tr>
<tr><td>구분</td><td>항목</td><td>기준</td><td>배점</td><td colspan="2">결과</td><td colspan="3">비고</td></tr>
<tr><td rowspan="3">기본 요건</td><td>영업신고(허가)</td><td></td><td></td><td colspan="2"></td><td colspan="3"></td></tr>
<tr><td>공장등록증</td><td></td><td></td><td colspan="2"></td><td colspan="3"></td></tr>
<tr><td>품목제조보고서</td><td></td><td></td><td colspan="2"></td><td colspan="3"></td></tr>
<tr><td rowspan="2">생산 능력</td><td>원료 수불서류</td><td></td><td></td><td colspan="2"></td><td colspan="3"></td></tr>
<tr><td>표시사항</td><td></td><td></td><td colspan="2"></td><td colspan="3"></td></tr>
<tr><td rowspan="5">위생</td><td>건강진단</td><td></td><td></td><td colspan="2"></td><td colspan="3"></td></tr>
<tr><td>위생교육</td><td></td><td></td><td colspan="2"></td><td colspan="3"></td></tr>
<tr><td>수질검사</td><td></td><td></td><td colspan="2"></td><td colspan="3"></td></tr>
<tr><td>공장위생상태</td><td></td><td></td><td colspan="2"></td><td colspan="3"></td></tr>
<tr><td>설비 관리상태</td><td></td><td></td><td colspan="2"></td><td colspan="3"></td></tr>
<tr><td rowspan="3">검사</td><td>제품검사</td><td></td><td></td><td colspan="2"></td><td colspan="3"></td></tr>
<tr><td>검사능력</td><td></td><td></td><td colspan="2"></td><td colspan="3"></td></tr>
<tr><td>검사원</td><td></td><td></td><td colspan="2"></td><td colspan="3"></td></tr>
<tr><td>운반</td><td>차량위생상태</td><td></td><td></td><td colspan="2"></td><td colspan="3"></td></tr>
<tr><td>기타</td><td></td><td></td><td></td><td colspan="2"></td><td colspan="3"></td></tr>
<tr><td>평가</td><td colspan="3">점수산출기준 :</td><td colspan="2">합계:</td><td colspan="3">총점 적부기준 :</td></tr>
</table>

표 2-6-3 위험가능성 식재료나 메뉴

구분	내용	비고
위험가능성 식재료	어패류 생식(횟감 등)과 죽은 어·패류, 유제품류(요구르트 제외), 육류[생식(육회 등)과 정육 및 내장육류 등], 난류(달걀) 등 단백질 함량이 높은 식품, 콩제품류(두부·두유 등)와 가열조리된 식품, pH 4.5~9.0 영역의 식품, 수분함량이 60% 이상(수분활성도 Aw 0.85 이상)인 식품	식재료로 사용 시 주의 요망
위험가능성 메뉴	양념한 메뉴(꼬막찜 등), 조리된 내장류(순대 등), 조리공정이 복잡한 메뉴(햄샌드위치 등)	메뉴로 사용 시 주의 요망

(3) 신선한 식품별 품질과 위생의 감별 및 작성

신선한 식품별 품질감별법(선별법, 즉 검수방법 해당)을 마련하고 식재료 위생관련규격을 준비한다.

모든 식품은 식품위생법의 기본 위에 설정되어 있으며 이 법 속에 기준과 규격 및 식품공전이 만들어져 있음을 사전에 알아야 할 것이다. '식품공전'에는 식품일반에 대한 공통기준 및 규격에서 "식품원료기준"이란 항목과 집단급식소(식품접객업소 포함)의 조리식품 등에 대한 기준 및 규격 중 "원료기준"과 "조리 및 관리기준" 등을 보면 품질과 위생 및 안전에 대해 규정되어 있으므로 참조 바란다. 그리고 다음 표의 식재료 위생관련 규격은 '학교급식 위생관리 지침서'에서 발췌한 내용이므로 참고한다.

표 2-6-4 식재료 위생관련 규격 설정

구분	식재료 규격	비고
곡류 및 과채류	1. 1차 농산물은 원산지를 표시한 제품	거래명세서에 표기
어·육류	2. 어·육류의 공급업체는 신뢰성 있는 인가된 업체 3. 육류는 도축검사증명서, 등급판정확인서가 있는 것 4. 냉장냉동상태로 유통되는 제품	도축검사증명서, 등급판정확인서 첨부
어·육류 가공품	5. 검사를 필한 제품 6. 유통기한이 표시된 제품 및 유통기한 이내의 제품 7. 냉장냉동상태로 유통되는 제품	거래명세서에 표기
난류	8. 위생란	
김치류	9. 인가된 생산업체의 제품 10. 포장상태가 완전한 제품	
양념류	11. 표시기준을 준수한 제품	
기타 가공품	12. 모든 가공품은 유통기한 표시된 것. 포장이 훼손되지 않은 것. 유통기한 이내의 제품	거래명세서에 표기

(4) 시장조사에 의한 구매명세서(Spacifiation)의 작성 및 리스트 준비

시장조사에 의한 구매명세서(Spacifiation)의 작성 및 리스트를 준비하고 식품공급업자들에게 입찰내용을 고지하며 입찰하여 납품 검수하게 한다. 그러나 중소기업 등 적은 인원수의 집단급식소는 수의계약에 의해 실행할 수도 있다. 다만 공정성의 신뢰도가 평가에 누가 되는 일이 없어야 할 것이다. 아래 서식도 회사의 특성에 따라 더 좋은 서식을 만들 수 있으므로 참고하기 바란다.

표 2-6-5 구매명세서 서식 예

식재료명	품질	등급	상표명	상품 형태	가격(원)	수량	총계

(5) 검사실, 검사기구 등의 준비와 청결유지

검사실은 항상 조도 540룩스(Lux) 이상을 유지하고, 청결한 검수대, 청결을 요하는 검수기구인 온도계(예비를 위한 충분한 적외선 등 온도계 포함) 준비, 위생장갑, 위생물티슈 등을 준비해두어야 한다. 더불어 전기에 이상은 없는지 등의 안전을 사전에 늘 확인·점검하고 검수일지에 기록해야 한다.

(6) 조리원이나 작업자들의 식품별 품질판별, 온도측정 등의 사전교육과 훈련

조리원 및 작업자들에게 식품의 품질판별법(검사법), 온도측정법, 유통기한 확인에 대한 사전교육과 훈련을 시킨다.

(7) 관능적 방법에 의한 식재료의 신선도 판정

식재료의 신선도를 검사하거나 판정하는 방법에는 관능적 방법, 생물학적 방법, 화학적 방법, 물리적 방법 등이 있으나, 사업장에서 입고된 식재료를 검수할 수 있는 간이방법으로는 통상 관능적 방법과 물리적인 방법이 이용된다.

1-2. 구매와 검수의 실행

1) 구매물품은 조리시간을 제외한 바쁘지 않은 시간대에 검수한다. 그리고 납품시점과 검수시점의 시차가 클 경우 위생사고의 우려가 있으므로 검수는 식품 도착 즉시 실시하여야 한다.

2) 검수자는 반드시 영양사(급식관리자 포함)외 1인이 실시하되, 위생장갑을 착용하고 검수하고 청결상태에 따라 자주 교체하면서 점검한다.

3) 운송차량 도착 즉시 차량의 청결상태, 냉장차량은 5℃ 이하, 냉동차량은 -18℃ 이하로 저온유통시스템 또는 콜드체인시스템(Cold chain system)의 온도관리가 되는지 자동온도측정장치의 온도기록스티커 출력지를 요구하여, 도착시점에 출력하여 확인·보관하고 일지에 기록한다. 더 나아가 즉시 식재료 품온을 적외선 온도계 등으로 한 번 더 확인한다.

그리고 특히 냉동식품은 언 상태를 면밀히 검토하여 해동되었다가 다시 얼린 표시가 있는지를 기록하고 반품하여야 한다. 온도측정은 우선적으로 냉장식품, 냉동식품을 체크하고 그 다음 채소·과일류, 공산품 순으로 검수한다.

4) 상품포장은 외적 손상이 없는지 확인하고 작업실에 반입할 때에는 외포장재, 즉 상자, 종이, 용기, 얼음 등을 제거한 후 반입한다.

5) 검수내용으로 공급업체명, 식재료명 등 "식재료 납품서" 규격과 일치하는지의 여부, 제조업체명, 제조연월일, 수량, 표시내용, 원산지, 식품의 관능검사(고유색 여부, 변색, 이취냄새, 이상한 맛, 조작감 등)의 이상 여부, 포장상태와 유통기한 등의 신선도, 위생상태 등을 검수하고 검수일지에 기록한다.

6) 검수일지의 기록이 끝나면 상위 책임자가 서명하도록 한다.

따라서 어떤 식재료든 검수 시 일반적인 품질과 위생 및 안전한 평가기준은 다음 몇 가지로 요약될 수 있다.

① 안전성: 위생적으로 안전하며 무해한 상태여야 한다.

② 청결성: 오염물이 묻어 있지 않고 위생적으로 처리되어야 한다.

③ 완전성: 형태가 완전하고 깨지거나 눌리거나 흠이 없어야 한다.

④ 균일성: 식품의 크기가 대체적으로 고른 것이어야 한다.

⑤ 보존성: 식품이 갖고 있는 색, 맛, 냄새, 질감 등의 고유한 특성이 보존되어야 한다.

여기서는 별도로 식재료를 그룹으로 나누어 신선도와 위생적인 검수내용을 농·축산물별로 요약하여야 하나 생략한다. 특히 식품의 감별법(검사법) 중 수산물은 복어 등 어패류독을 위시해 위험성이 크고 타 식품보다 면역성이 낮아 변질과 부패가 쉬우므로, 아래와 같이 별도로 수산물의 특징과 구매 및 검수 시 유의사항, 그리고 외관의 선도판정, 수산물별 선별을 자세하게 수록한다.

(1) 국내외산 수산물의 특징

1) 국내산 수산물의 특징

- 대부분 선어로 유통되고 있으나, 주 생산시기가 지난 경우에는 냉동상태로 유통되며, 건어물의 경우는 산지 가공업자를 통하여 건조 유통된다.
- 국내산은 대체로 가격이 비싼 편이다.
- 색택이 자연스럽고 고유의 색을 유지하고 있다.
- 표피는 부드러우며 육질은 탄력성이 강하다.
- 같은 어종이라도 크기는 대체로 작으나 맛은 월등하다.

2) 원양·수입산 수산물의 특징

- 대부분 원양산은 냉동상태로 유통되나, 수입산의 경우 대중어종은 생물과 냉동상태로 같이 유통된다.
- 같은 어종이라도 대체로 크기가 크고 값은 싼 편이다.
- 색택이 자연스럽지 못하고 진하며 화려한 편이다.
- 몸체가 크거나 입이 뾰족하고 등 표피가 거칠며, 지느러미가 크고 억세다.
- 머리가 없거나 꼬리가 절단되어 유통되며, 해동 후 육질의 탄력이 급격히 저하된다.

(2) 수산물의 구매 및 검수의 유의사항

1) 사용용도에 맞는 상품구매

일반적으로 검수는 수량만으로 검수를 다하였다고 생각하기 쉽다. 그러나 수산물의 경우는 어패류의 종류에 따라 사용 용도가 다르므로 무엇보다 용도에 맞는 품목을 선택하여 발주하여야 한다. 수산물은 손질하기가 어렵고 조리하기가 번거롭기 때문에 우선적으로 조리용도에 맞는 품목을 선택하는 것이 조리시간을 줄임은 물론 비용절감에도 유리하다.

2) 어패류 선도검수

어패류는 당연히 신선한 상태에서 검수가 필수적이다. 그러나 어패류의 종류가 많고 부패의 진행과정이 대단히 복잡하므로 어느 특정의 방법으로 일률적인 판정 및 검수는 곤란하다. 따라서 수산물의 선도와 규격 및 유통형태에 따른 가격을 비교하여 검수하여야 한다. 수산물의 선도를 판별하는 방법에는 관능적 방법, 세균학적 방법 및 화학적 방법 등이 있다. 일반적으로 간편하고 신속하게 선도를 판정할 수 있는 외관에 의한 관능적 방법을 이용하고 있으나 이 방법은 고도의 숙련을 요구하며 객관성이 적다는 결점이 있다. 그러므로 수산물의 올바른 검수를 위해서는 수산물의 생산부터 유통되는 과정까지의 수산물에 대한 전반적인 이해와 노력이 필요한 것이다. 최근에 육지나 바다에서 기르는 인공양식장의 경우 "수산물이력제도"가 법적으로 제도화되어 이 제도를 운영하는 업소는 소비자로부터 보다 신뢰를 얻을 것으로 생각된다.

3) 가격의 심사

수산물의 가격은 어획시기와 생산량, 선도에 따라 가격의 진폭이 크므로 사용하고자 하는 시기에 사전 견적서를 청구하여 우선적으로 가격을 심사하여야 한다. 하지만 용도에 맞는 정확한 수산물의 지식을 습득하지 않을 경우에는 가격의 심사가 불가능하다는 점을 상기하고 가격을 비교하여야 할 것이다. 좀 더 객관적인 가격을 비교하고자 할 때에는 전년도 가격을 우선적으로 비교하고 현재 시점에서 사용하고자 할 품목의 생산량을 감안함이 타당할 것이다.

또한, 요즈음은 반가공 상태에서 납품되는 경우가 대부분이므로 어패류의 원어상태에서 반가공 시 비가식부분을 제외한 작업 수율을 감안하여 적정가격으로 견적서를 제출하였는지 반드시 확인하는 지혜가 필요하다.

4) 수량 및 중량의 검수

모든 물품은 전수(全數)검수를 원칙으로 한다.

소량의 물품인 경우는 전수검수를 하지만 대량의 경우는 표본검수를 하는 경우가 일반적이다. 수산물의 수량은 대부분이 중량 단위의 기준으로 검수하지만, 장, 개, 마리, 속 등으로 통용되는 단위가 있으므로 반드시 규격을 표기하여 검수한다. 그러나 수산물의 경우는 자연적인 수분의 감량이나, 부패방지를 위하여 얼음으로 쇄빙을 하기도 하기 때문에 부득이 검수 시 수분을 감안하여야 하지만 검수자가 수분에 집착하면 생선의 부패를 가져올 우려가 있다는 점도 상기하여야 한다.

(3) 외관이 선도판정법

1) 어체의 사후 경직의 정도

사후 경직기에 있는 생선은 신선한 것이다.

어획방법에 의해 차이는 있지만 일반적으로 생선은 어획 후 30분~3시간 사이에 경직이 시작되고 온도의 영향도 있지만 대개 10~40시간 정도 계속된다. 온도가 낮으면 오래 가고 높으면 짧아진다. 그 정도는 어체를 반 정도 나무판자 밖으로 밀어내어 체중에 의해 축 처지는 정도, 손가락으로 눌러보아서 탄력과 본래대로 돌아오는 속도에 의해 판정한다.

어획 직후 어류는 탄력이 있어 머리부분을 위로 어체를 그대로 세워보면 형태가 산 어체로 보이며, 그 후 사후 경직이 진행되면 어체의 경도가 증가한다. 그러나 해경 후에는 어체의 경도가 약해지며 시간이 경과할수록 어육이 물려지고 어체를 수평으로 세워도 축 늘어진다.

2) 피부의 상태

신선한 어류의 피부는 윤기가 나고 광택이 있으며, 생선 특유의 색채를 지니고 있는 것은 신선한 것이다. 그러나 시간이 지나면 변색 또는 퇴색한다. 다시 말하면, 다랑어류 등은 강한 코발트색의 특색이 있고 사후 점차로 옅은 청색에서 회백색으로 변화하여 가기 때문에 그 선도를 알 수가 있다.

비늘이 완전하게 잘 붙어 있으면 신선한 것이다. 그러나 비늘이 잘 떨어지는 생선도 있으므로 일괄적으로 단정하기는 어렵지만 비늘이 있는 대부분의 생선은 비늘이 단단하면서 잘 붙어 있으면 신선한 것으로 볼 수 있다.

또한, 어체의 피부에 점액은 처음에는 투명하나 선도가 떨어짐에 따라서 진득진득해지고 황갈색으로 변한다. 어종에 의해서는 처음부터 특유의 점액을 지니고 있는 생선도 있으나 세척되어 있어도 어딘가에 점액이 남아 있을 수 있으므로 주의하지 않으면 안 된다.

한편 신선한 어육은 투명감이 있고 뼈를 발라내기 힘들지만 오래된 어육은 광택이 떨어지고 혼탁하여져서 불투명하게 되며 뼈를 발라내기가 쉽다. 마른 수산물이나 피부가 부분적으로 이상하게 건조되거나 변색된 형태가 보이면 1차 가공단계 또는 건조하는 과정에서 부패할 수가 있다는 점을 고려하여 육안으로 자세히 식별하여야 한다.

3) 눈(안구)의 상태

눈이 밖으로 튀어나와 있고 혈액 이외에 혼탁해 있지 않은 것이 신선한 어류이다.

선도가 저하되어 있는 것은 눈이 튀어나와 있지 않고, 혼탁해지고 내부로 침하하게 되며 심하면 탈락하게 된다.

4) 아가미의 상태

어체 중 더욱더 부패하기 쉬운 부분의 하나이다. 신선한 것은 적색이지만 점차로 회색을 띠고 최후에는 암록색으로 된다.

또 변색은 아가미의 주변부에서 시작된다. 그러나 가다랑어 등과 같이 얼음물에 침지시켜 둘 경우에는 아가미가 탈색되어 신선한 것이 변색되어 보이기도 한다.

5) 배 부분의 상태

손가락으로 눌러보아서 단단한 것은 내장도 잘 정리되어 있다는 증거이며 신선한 것이다. 선도가 저하되면 될수록 연화되고 잘려지기 쉽다. 배 부분이 흰 생선의 경우에는 선도 저하에 의해 이 부분에 오염과 착색의 현상이 많다. 내장은 아가미와 동일하게 변화가 빠르기 때문에 그 연화 변질의 정도에 의해 선도를 보다 쉽게 알아볼 수 있다.

6) 육질의 상태

피부의 상태에서 언급한 바와 같이 육질에 투명감이 있는 것이 신선한 것이다. 선도의 저하와 함께 광택이 없어지고 혼탁한 현상이 나타난다. 또 경직기, 또는 그 이전에 극히 신선한 것은 잘라서 토막을 쳤을 경우 껍질 쪽 부분이 많이 수축하여 활모양으로 된다.

신선한 것은 어육중의 모세관도 선명하지만 선도의 저하와 함께 불명료하게 되고 혈액이 육질에 침투하게 된다.

경직기가 오래되면 내장의 색이 그 주위의 육질에 옮겨가는 것도 많다. 어종에 따라 일괄적으로 말하기는 어렵지만 신선한 것일수록 조림이나 끓임 요리를 하였을 때에는 앞에서 설명한 것과 반대로 뼈가 육질에서 잘 떨어진다.

7) 냄새의 상태

생선은 많든 적든 소위 바다냄새를 지니고 있지만 사후 시간의 경과와 함께 비린내가 난다. 그리고 선도가 저하될수록 부패 냄새가 더욱 심하게 난다. 따라서 그 정도에 의해서도 어느 정도 선도를 판정할 수 있다. 이런 경우 전체의 냄새를 막연하게 보는 것이 아니고 피부, 아가미, 내장, 육질 등을 별도로 살펴 볼 필요가 있다. 수산물의 경우에는 전체의 부위 중 육질이 있는 몸통보다는 주변의 변화가 빠르고 부패 냄새도 빨리 발생한다.

육질이 나쁜지 어떤지를 보는 방법은 몸통 주위(배 부분)를 잘라서 입에 넣고 씹어서 뱉어 보는 방법이 있다. 그것에 의해 부패 냄새의 유무와 맛의 변화를 알아볼 수 있는데, 혀를 찌르는 듯한 자극적인 맛을 느끼면 부패성 산물이 나와 있는 것이다.

(4) 수산물별 선별방법

1) 어류

- 색채가 맑고(어류의 고유 색채) 눈알이 푸르고 맑으며 아가미가 선명하고 적홍색을 띠어야 한다.
- 비늘이 있는 어류는 비늘이 어체에 밀착되어 있어야 하고 불쾌한 냄새가 나지 않아야 하며, 표피에 상처가 없어야 한다.
- 우선 생물 상태로 보아 눈과 아가미 색깔을 본다. 생선의 눈이 팽팽하고 맑은 청백색으로 빛이 나며, 아가미는 붉은색을 띠고 근육질이 단단하게 보이는 것이 신선하다.
- 게는 발이 모두 붙어 있고 무거우며, 살이 있는 것이 좋으며 입과 배 사이에 검은 반점이 없어야 하고 악취가 없어야 한다. 또한 게는 살아 있다고 해도 산란기가 지나면 살이 없기 때문에 이때는 피하는 것이 좋다.
- 새우는 껍질이 단단하고 투명하며 윤기가 있고 머리가 달려 있는 것이 좋으며, 머리 부분이 검게 되었거나 전체가 흰색으로 투명한 것은 피하며 껍질이 잘 벗겨지지 않아야 한다.
- 문어, 오징어는 살이 두텁고 처지지 않으며 색채가 선명한 것이 좋고 색채가 하얗거나 붉은색을 띠거나 변한 것은 피한다.
- 생태는 눈이 맑으며, 아가미는 선홍색을 띠고, 손으로 눌렀을 때 단단하여야 한다. 특히 동태를 해동하여 판매하는 경우가 있는데, 우리나라의 명태는 소비량보다 생산량이 적어 동태를 구입하는 것이 좋다.

2) 패류

- 신선한 향기를 갖고 있어야 하며, 껍질에는 윤기가 있고 그 종류의 특유한 색깔과 광택 및 탄력성이 있으며, 반투명으로 활력을 갖고 있어야 한다.
- 패류는 부패가 강하며 심하면 고약한 악취가 난다.
- 조개류는 가능한 한 살아 있어야 한다.
- 대합은 표면의 무늬가 엷고 껍질이 두꺼운 것이 좋다.
- 바지락은 껍질에 구멍이 없고 작은 것이 상품이다.
- 굴은 몸집이 오돌오돌하고 통통하며 탄력성이 있고 색이 맑은 것이 좋으며, 손으로 눌렀을 때 미끈미끈하며 탄력성이 있고 바로 오그라드는 것이 좋은 것이다.

3) 해조류

- 우선 해조류는 녹조류, 홍조류, 갈조류 등으로 구분하여 신선한 원료의 색깔, 향미, 중량, 건조 상태를 보아야 한다.
- 종류에 따라 차이가 있지만 고유의 색태에 홍조를 띠는 게 특징이다.
- 상품화된 상태로 파지와 규격에 맞아야 하며, 중량은 수분의 감소를 감안하여 확인하되 수분이 감량된 마른 것의 경우는 2%를 초과해서는 안 된다.
- 건조도는 수분의 함량이 15% 이하의 것이어야 하며 특히 염분이 많을수록 건조도는 불량한 편이다.
- 향미는 양호한 상품일수록 좋으며 약간의 비린내가 나고 바다냄새가 많을수록 좋다.
- 협작물이 없어야 한다.
- 김은 빛깔이 검고 윤기가 있으며 두께가 얇고(돌김은 두께가 두껍고 구멍이 촘촘히 나 있는 것이 좋다) 일정한 것으로 이물이 없는 것이 최상품이며, 약간 비릿한 냄새가 나고 구웠을 때 파란빛으로 변하는 것이 좋다.
- 미역은 흑갈색으로 검푸른 빛을 띠고 잎이 넓고 줄기가 가는 것이 좋다.
- 다시마는 국물용으로는 두꺼운 것이 좋고, 쌈용으로는 얇은 것이 좋으며, 딱딱하게 건조되고 잡티가 없는 것이 좋다.

4) 건어류

- 해조류와 동일하게 선별한다.
- 마른 멸치는 용도에 따라 올바른 종류를 선택하여야 하며 맑은 은빛을 내고 기름이 피지 않은 것이 좋으며 수분량이 20%~30% 이하인 것이 좋다. 그러나 국물용 멸치는 생산시기에 따라 다소 차이는 있으나 봄 멸치를 건조한 경우 기름이 약간 띠는

것이 좋은데, 이러한 멸치가 국물이 많이 우러나온다.

- 북어채는 색깔이 연한 노란색을 띠고 육질이 부드러운 것이 좋으며 가루가 적고 수분이 적은 것이 좋다.
- 마른오징어는 선명하며 곰팡이 및 적분(積粉)이 피지 않고 다리부분이 검은색을 띠지 않은 것이 좋다.

2. 식재료의 저장 및 전·후처리

저장(보관)방법에는 실온창고 저장, 냉장 저장, 냉동 저장 등으로 구분할 수 있다. 냉장고와 냉동고는 가정과 같이 사용하는 소형의 별개의 냉장고와 냉동고가 있고, 대용량의 집단급식소에서는 대량의 식재료를 넣는 냉장실과 냉동실이 갖추어진 두 부류의 형태를 볼 수 있다.

2-1. 창고 저장

① 저장고의 위치는 검수구역과 조리구역 사이에 위치하는 것이 매우 좋다.

② 식품창고 내는 세척과 소독으로 청결하게 하고 건조한 상태로 유지하기 위하여 자동 온·습도 조절장치가 없으면 기급적 설치가 되도록 하는 것이 바람직하다.

③ 식품창고는 방충·방서, 적절한 통풍 시설, 잘 보이는 곳에 최소한 수준으로 온·습도계 조절관리, 즉 온도 15~21℃와 습도(RH) 50~60% 등이 제대로 작동되는지 늘 확인하여야 한다.

④ 식품과 식품 이외의 것을 각각 분리하여 보관한다. 창고에는 식품류와 비식품류(세척제, 살균·소독제, 방충·방서제 등)를 분리하여 철제함에 보관하되, 비식품류에는 반드시 열쇠의 잠금장치를 갖추고, 열리는 문에 "취급주의"란 적색 글자를 크고 진하게 스티커에 쓰고 부착한 후 보관·관리한다. 별도의 철제함이 없거나 협소 시에는 구획이 구분된 장소나 선반하단에 만들어 보관하고 "취급주의"를 반드시 붙여 관리한다.

⑤ 식품보관선반은 바닥과 벽으로부터 15cm 이상의 공간을 띄워 청소하기 용이하도록 하며 아울러 적제물품이 잘 정돈되어 있는지 확인한다.

⑥ 식품창고에 보관하는 식품은 곡류, 통조림, 건어물, 장류, 일부 가공식품 등의 장기저장식품과 서류, 일부 가공식품 등의 단기저장식품과 채소, 과일류 등의 일시저장식품으로 구분하여 보관한다. 그리고 재고관리를 위하여 식품의 종류와 수량, 사용량 등을 기록하고 관리하는 것이 바람직하다.

⑦ 선입선출(先入先出: First in First out, FIFO)에 따라 먼저 입고된 동일한 식재료와 유통기한이 짧은 식재료는 식품별로 앞쪽에 진열하고 후일에 구입한 식재료는 뒤

쪽에 두고 관리한다.

⑧ 잠재적 위험성이 있는 식재료는 위험온도범위인 5~60℃에서 절대로 보관하지 않는다. 보관은 식품에 따라 냉장냉동고에 즉시 넣어 보관한다.

⑨ 대용량의 제품을 나누어 보관할 때는 제품명과 유통기한을 반드시 표시한다.

⑩ 정해진 장소에 정해진 물품을 구분하여 보관한다.

2-2. 냉장고 저장

① 입고된 식재료를 넣기 전에 식재료의 특성과 급식인원수의 수량에 따라 식품 종류별로 각각 다른 냉장고(예비 냉장고도 비치)에 넣고 5℃ 이하로 작동이 잘 되는 지 매일 2회 이상 확인한다.

② 냉장고 내부의 청결상태, 내부공기 순환을 위해 용량의 70~80%만 보관, 빈 공간 상태의 예상 입고량을 파악하고 선입선출에 따라 사전에 정리정돈하여 준비하고 확인한다.

③ 냉장고에 보관할 때 조리되지 않은 식재료나 음식과 조리된 식품을 별도로 보관하도록 하되, 여의치 않을 시에는 조리되지 않은 식재료는 뚜껑을 덮고 냉장고 내 하단에 두고, 조리된 식품도 뚜껑을 덮어 상단에 보관하도록 한다.

④ 선입선출이 관리되기 위하여 식품종류별로 입고일과 유통기한을 스티커에 기록, 부착하여 관리한다. 유통기한의 경과 여부는 매일 점검하고 유통기한이 짧은 식품과 사용빈도가 낮은 식품부터 관리한다. 유통기한은 1주 단위로 장단기보관식품에 색 스티커를 부착, 구분하여 보관토록 한다.

⑤ 식품별 표시사항이 붙어 있는지 여부를 확인한다. 외포장 제거 후 보관할 경우는 원래 표시사항을 떼어 옮긴 곳에 부착한다. 또 남아 있는 캔제품이나 개봉한 빵가루 같은 식품은 다른 소독용기에 옮겨 담아 원래의 표시사항대로 보관하고 1주일 내로 사용토록 한다.

2-3. 냉동고 저장

냉동고 저장도 온도의 차이가 다를 뿐 냉장고 저장과 처리상태나 관리가 대부분 비슷하여 몇 가지 차이나는 점과 중요한 내용에 대하여만 열거한다.

① 냉동고는 항시 -18℃ 이하 온도로 잘 작동되는지 반드시 점검하고 기록하여야 한다. 검수 후 식재료별로 분리해 즉시 냉동고에 넣어 보관한다. 그리고 냉동실이 클 경우에는 실내의 크기에 따라 여러 개의 온도계를 잘 보이는 곳에 설치하여야 한다.

② 냉동고에는 냉동품이나 미리 식힌 음식물만을 보관하며 음식을 식히는 용도로 같이 사용하지 않는다. 식히는 용도로 사용할 경우에는 별도로 다른 냉동고를 비치해 사

용한다. 또 냉동고의 문은 가급적 자주 여닫지 말며 음식물을 한꺼번에 꺼내도록 하는 것이 온도변화에 따른 품질을 유지하는 길이다.

③ 냉동고도 중요한 공간비율에서 냉장고와 같이 찬 공기가 잘 순환할 수 있도록 적정량의 공간으로 보는 약 70% 정도로 보관하는 것이 바람직하다.

④ 건조식품의 보관은 제품의 종류에 따라 차이가 있지만 냉장고나 냉동고에 보관하는 것이 바람직하다. 그렇지 않을 경우 최소 15~21℃, 50~60%의 습도가 유지되는 방이나 건조함에 넣는 것이 좋다.

⑤ 가공식품인 우유, 콜라, 컵라면 등은 냉동실에 넣으면 터지므로 안전에 주의하여야 한다. 완포장형태로 제공되는 식품 중 부패·변질의 우려가 없어 냉동보관이 불필요한 식품, 즉 콜라, 컵라면, 통·병조림, 레토르트식품 등의 멸균제품 등의 경우 본래 제품의 보관기준에 따라 보관이 가능하다.

2-4. 전·후처리

전처리는 검수된 식재료를 조리하기에 앞서 식재료를 다듬기, 벗기기, 씻기, 불리기, 데치기, 절단하기, 해동하기 등의 과정으로서, 오염된 손이나 세척·소독 등이 제대로 처리되지 않은 용기 및 기구, 기계 등으로 잘못 처리하면 교차오염이 커질 수 있다. 그러므로 전·후처리과정은 위생적으로 처리하는 시발점이라고 할 수 있어 매우 중요하다.

① 식재료의 외포장 제거와 다듬기, 벗기기, 씻기 등은 일반구역에서 실시하되, 세척수는 반드시 먹는물을 사용하여야 하고, 불리기, 데치기, 절단하기는 가급적 다른 청결한 장소를 마련하여 식재료의 작업을 바닥에서 60cm 이상되는 작업대나 선반 등에서 처리하는 것이 좋고 바닥에서 식재료를 방치하거나 작업하는 일은 절대로 삼가야 할 것이다.

② 채소나 과일을 씻기 전에 싱크대나 작업대 등은 1차 소독한 후 씻고 작업과 작업 사이에서도 수시로 씻고 소독을 실시하여야 한다.

③ 손을 깨끗이 씻고 소독제나 소독기를 이용해 소독하며, 소독된 위생장갑을 다수 준비하여 두고 필요시 꺼내 전처리 작업에 대비한다.

④ 사용할 용기, 기구 및 기계, 즉 칼, 그릇 및 용기, 도마, 행주, 위생장갑 등을 소독조에서 세척, 소독하고 살균이나 멸균건조기에서 건조시켜 준비한다.

⑤ 청결하게 살균소독된 냉장고나 냉동고, 그리고 구분된 선반에 농산물, 축산물, 수산물 등의 특성에 따라 같은 식품군끼리 식재료별로 구분하여 보관 및 관리하도록 하는 것이 교차오염을 줄일 수 있는 아주 중요한 예방법이라고 할 수 있다.

특성이 같은 계열의 식재료를 작업한 후 다른 식품을 전처리할 때에 작업과 작업 사이에서도 수시로 손, 칼 및 도마 등을 수시로 씻고 소독을 실시하여야 한다.

⑥ 조리를 위한 냉동식품의 해동방법에는 식품의 특성에 따라 다음과 같은 방법을 선택하여 이용한다.

- 10℃ 이하의 냉장온도에서 해동시키는 방법
- 21℃ 이하의 흐르는 깨끗한 물에서 포장제품 상태로 녹이는 방법
- 전자레인지를 사용해서 녹이는 방법

식품 및 축산물 안전관리인증기준의 선행요건 중 전처리 항에서는 '해동은 냉장해동 10℃ 이하, 전자레인지 해동 또는 흐르는 물에 실시한다' 라고 되어 있다. 해동된 식품은 즉시 사용하고 즉시 사용하지 못한 경우 조리 시까지 냉장보관하여야 하며 사용 후 남는 부분을 재동결해서는 안 된다고 규정하고 있다.

그리고 해동 중일 경우에는 "해동 중임"을 스티커나 표식판으로 부착 또는 설치한 후 관리한다.

또한 1차 해동한 식품은 절대로 2차 재냉동하여 사용해서는 안 된다.

⑦ 칸별 보관 시 상단에는 공산품, 조리완제품, 전처리한 채소류 등을 구분하여 보관하고, 하단에는 혹시 육즙의 드립(Drip) 등의 혼입을 방지하기 위하여 육류, 어패류, 해동한 식품 등을 구분하여 보관한다.

⑧ 생채소, 과일의 소독은 흙, 이물 등을 흐르는 물로 3회 이상 깨끗이 씻어 낸 후 물기를 충분히 제거한다. 그리고 100ppm 농도의 염소소독액을 만들어 Chlorine test paper로 농도를 측정한 후 5분간 침지시킨다. 같은 용기 내에서 계속적으로 소독을 할 경우에는 반드시 소독액 농도를 보정해서 확인한 후 새로운 채소나 과일을 소독하여야 한다.

아울러 채소, 과일의 소독은 식품첨가물의 살균제로 표시된 소독제만을 사용하여야 한다.

2-5. 수산물의 선도유지와 전·후처리

(1) 어패류 저장의 선도유지 기본원칙

1) 철저한 청결상태를 유지하여야 한다

모든 어획물의 표피와 아가미 등은 해수나 펄 등에 상존하고 있는 세균 오염이 되어 있기 때문에 어획 후 또는 가공과정에서 충분한 양의 맑은 해수나 청수로 씻어주어야 한다. 특히 해저의 펄과 접촉이 많은 수산물은 각별히 청결유지에 신경을 써야 한다.

2) 신속히 어체의 온도를 내려주어야 한다

선도 저하 및 부패의 원인이 되는 모든 세균과 분해효소의 작용은 온도가 낮을수록

그 활성이 급격히 저하되기 때문에 가급적 어체의 온도를 낮출 수 있는 방법을 강구하여야 한다.

3) 위생적인 처리를 하여야 한다

어획물의 아가미, 내장은 각종 부패세균과 소화효소로 가득 차 있는 부패 원인 부위이다. 가급적 이들 기관을 제거하고 그 흔적이 남지 않을 만큼 제거 및 처리부위를 철저히 세척하여야 한다. 이때 제거부분(내장의 조각 등)이 조금이라도 남게 되면 차라리 제거하지 않는 것보다 못한 경우가 있다. 그리고 어떠한 경우도 신선한 어획물은 그것을 오염시킬 만한 오염원(예: 불결한 얼음, 부패한 어획물, 어획물의 처리 부산물, 불결한 취급, 처리기구 등)으로부터 분리·보관되도록 하여야 한다.

4) 취급에 주의하여야 한다

어획물이나 가공 또는 포장된 수산물을 던지는 등 함부로 취급하여 어체 표면에 상처가 생긴다든지 어체 근육이 물리적 손상을 받게 되면 상처부위부터 세균침입 및 각종 효소의 분해작용을 받게 되어 선도가 빨리 떨어지고, 결국은 다른 신선한 물품까지 오염시키는 원인이 되기 때문에 수산물뿐만 아니라 취급하는 모든 생물 등은 특별히 조심스럽고 청결하게 하여야 한다.

(2) 어류의 조리하기 전 사전처리

신선한 어패류라도 조리하기 전에 사전에 손질을 잘하지 않으면 요리가 엉망이 되어버리는 경우가 많다. 어떤 요리를 할 것인가에 따라 다듬기, 뜨기 등 충분한 사전처리가 필요하다. 이 때 식중독의 세균이 왕성하게 활동하는 시기인 만큼 위생적인 취급이 무엇보다도 중요하다.

1) 생선 다듬기

생선의 비늘과 아가미, 배를 갈라 내장을 제거하고, 충분히 물로 씻어서 지금 곧 조리가 될 수 있는 형태로 다듬는다. 다만, 요리를 하는 방법에 따라 생선의 다듬기를 하여 깨끗한 곳에 보관한다.

2) 비늘 제거

먼저 생선을 엷은 소금물로 가볍게 재빨리 씻고 물을 충분히 머금게 한 후 도마 위에 놓고 꼬리부터 머리로 향하여 비늘을 제거한다. 이때 너무 힘을 가하면 생선살이 상하기 쉽다.

3) 아가미 제거

머리를 오른쪽으로 하고 등을 밑으로 하여 위턱을 칼로 누르면 아가미 뚜껑이 벌어진다. 손을 좀 더 벌려 아가미 부분 살점의 두터운 아가미를 칼로 자른다. 칼을 돌려 아가미 뚜껑을 잘라낸다. 왼손으로 아가미를 눌러 당겨서 칼로 누르면서 잡아당긴다.

이때 신선한 생선의 경우는 내장이 붙어서 나온다.

4) 내장 및 머리 제거

턱 부분에서 항문 지느러미 부분까지 자른 다음 배 부분을 벌려서 내장을 긁어낸다. 여기서 충분히 다듬어서 피와 점액을 제거한다. 머리는 요리에 따라 선택하여 제거한다. 생선을 자주 물로 씻어내면 맛이 떨어지기 때문에 내장 및 머리제거 후에는 씻지 않으므로 이때 깨끗하게 마무리하여 위생적으로 관리하여야 한다.

5) 자르기

생선의 요리 형태에 맞도록 적당한 크기로 자르거나 포를 뜬다.

요즘은 생선을 구입할 때 대부분 손질하여 주기 때문에 신속히 생선의 온도를 낮추어(냉장보관) 선도를 유지하고 깨끗이 세척하여 잘 보관하면 위생적으로 아무런 문제가 없을 것이다. 또한 수산물을 오래두면 육질이 변화하여 맛이 떨어지므로 될 수 있으면 빠른 시일 내에 소비하는 것이 좋으며 그렇지 않으면 깨끗이 세척하고 랩 등으로 포장하여 냉동실에 보관한다.

(3) 패류의 손질

1) 모래를 뱉게 하는 방법

소금물에 식초를 한두 방울 넣고 그 속에 조개를 넣어서 조용하고 컴컴한 곳에 7~8시간 두면 모래를 뱉어낸다.

2) 패류 씻는 법

패류를 껍질이 붙은 그대로 사용하는 경우에는 가볍게 소금을 뿌려서 문질러 씻은 뒤 사용하며, 굴과 같은 것은 강판에 간 무즙 또는 소금을 첨가하여 살이 부스러지지않게 가볍게 주물러 씻어서 더러움과 이끼 같은 것을 제거하고 수분을 제거한 후 사용한다.

3) 새우내장 제거

새우는 구부려서 손에 쥐고 머리 부분에 가까운 쪽의 껍질과 껍질사이에 대나무 꼬챙이를 찔러 넣어서 내장을 떠올리듯이 하여 빼낸다.

3. 조리과정

3-1. 조리작업의 준비

① 식품 취급 등의 작업은 작업장 바닥으로부터 60cm 이상 높이에서 실시하여 바닥으로부터 오염을 방지하여야 한다고 규정하고 있어 식재료와 사용할 식품용기는 전처리에서와 같이 반드시 60cm 이상 설치된 조리대 위에 놓고 작업을 실시하여야 교차오염을 줄일 수 있다.

② 식재료가 실온저장이나 냉장 및 냉동상태에서 변질 등 이상이 없는지 확인한다.

③ 식재료 취급 시에는 비록 소독된 손이라도 맨손으로 만지지 말고 준비한 위생장갑이나 소독된 고무장갑을 사용하는 것이 바람직하다.

④ 조리 시 사용하는 모든 조리기구는 반드시 소독된 것을 사용하여야 한다. 그러므로 다음에 조리할 메뉴를 위해 전날 사용될 용기와 수량을 확인하고 퇴근해야 한다.

미닫이문 칼, 도마 전용소독기

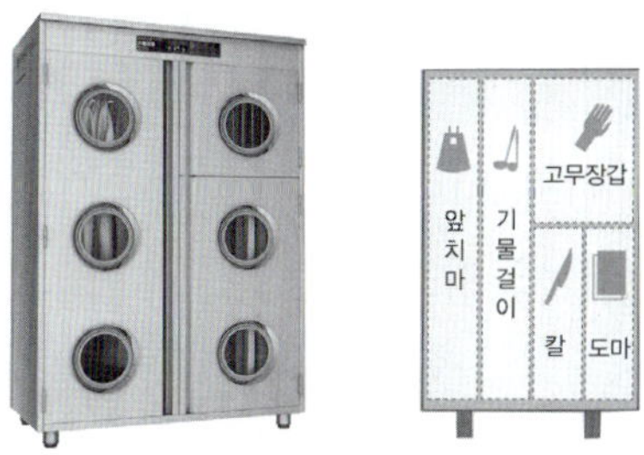

여닫이문 복합살균보관고

그림 2-6-1 **전처리실용 살균보관고**

미닫이문 의류소독기

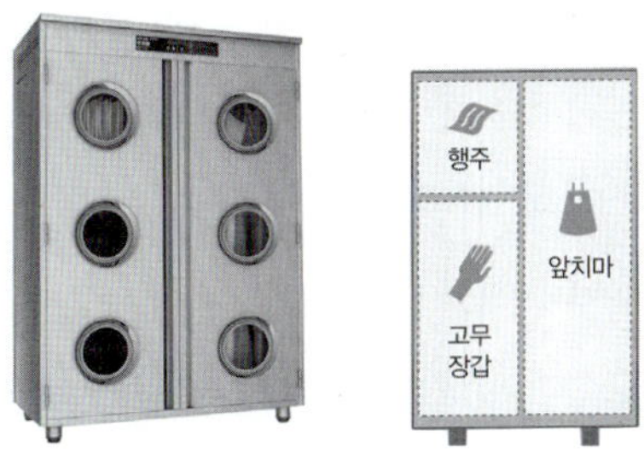

여닫이문 복합살균보관고

그림 2-6-2 **세척실용 살균보관고**

미닫이문 살균건조소독기

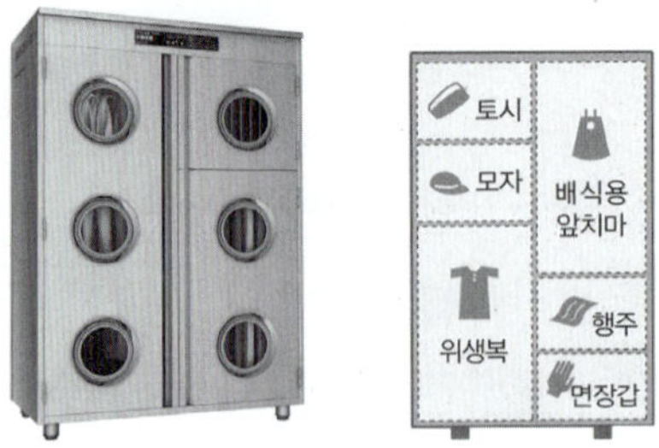

여닫이문 복합살균보관고

그림 2-6-3 조리실용 살균보관고

3-2. 조리작업의 실행

① 출근 후 작업장의 종업원은 일반구역에서 조리실인 청결구역으로 갈 때에는 위생복, 위생모, 위생화 등을 항시 착용하여야 하며 개인용 장신구를 착용하여서는 아니 된다고 규정하고 있으며, 더 나아가 소독된 휴대폰, 위생용 손수건도 준비한 후 손 세척, 알코올소독 등을 철저히 실시하여야 교차오염을 방지할 수 있다.

② 조리작업 중 인체의 머리카락, 코, 피부 등을 맨손으로 직접 만지거나 닦지 말아야 한다.

③ 조리작업 중 가급적 외부출입을 삼가고, 화장실을 다녀 올 경우 위생화, 위생복을 착용하고 손소독을 철저히 한 후 작업에 임해야 한다. 아울러 외부인은 특별한 목적이 아니면 조리실 출입을 삼가야 오염을 줄일 수 있다.

④ 동일한 작업의 종료 시마다 사용기구의 소독을 철저히 하여야 재오염을 방지할 수 있다.

⑤ 냉장식품을 절단 소분 등의 처리를 할 때에는 식품의 온도가 가능한 한 15℃를 넘지 아니하도록 한꺼번에 소량씩 취급하고 처리 후 냉장고에 보관하는 등의 온도관리를 하여야 한다고 법적으로 규정하고 있다.

⑥ 가열조리 후 냉각이 필요한 식품은 냉각 중 오염이 일어나지 아니하도록 신속히 냉각하여야 하며 냉각온도와 시간기준을 설정 관리하여야 한다고 규정하고 있다.

⑦ 비가열식품의 작업 시 무치기, 버무리기, 혼합작업 시에는 소독된 고무장갑이나 위생장갑을 착용하고 조리하여야 한다. 그리고 완료된 비가열조리식품은 덮개를 덮어 구분하여 보관한다.

⑧ 가열식품의 조리과정 중 가장 중요한 공정은 식품의 중심부온도의 확인(품온측정)이다. 육류, 가금류, 어패류 등을 가열조리할 때에는 특히 식품 내부까지 충분히 가열되어 세균이나 바이러스 등이 사멸되었는지 알아보는 것이 아주 중요하며 이것이 가열공정의 중요관리점(CCP)이다.

소독된 탐침온도계 등을 가지고 식품중심부온도 3군데 이상을 측정하여 75℃ 이상이 될 경우 최소 1분 이상 더 가열하는 것이 안전하다. 그리고 반드시 기록하여야 한다.

튀김류의 가열조리는 식재료와 기름종류의 특성에 따라 180℃ 이하로 유지되는지 확인하고, 여러 번 같은 작업을 반복하는 경우는 설정된 기름온도가 유지되는지 수시로 체크하며, 기름양이 감소되었을 경우에는 기름을 보충하고 조리 중 찌꺼기 같은 것은 건져 주어야 할 것이다.

그리고 튀김기름은 1회 사용을 권장하나 동일 식품이 아닌 경우 튀김기름을 재사용할 시는 비린내 나는 식품(어패류, 채소류 등)을 나중에 튀기도록 하는 것이 좋다.

그리고 가끔 튀김기름의 산화 및 산패도를 알기 위하여 간이검사용인 산패도측정지(스트립)로 확인 후 기름을 교체하여야 한다.

기름의 교체시기 상태는 거품이 많이 일고 연기가 나고, 색깔도 심한 흑갈색으로 변하고 점성도 강해지는 시점부터 수시로 점검하여 교체하여야 한다.

조림류, 찜류, 구이류, 볶음류의 가열조리에서도 육류, 가금류, 어패류 등의 고형재료가 크면 클수록 마찬가지로 중심부온도의 측정은 필히 실시하고 기록하여야 한다.

⑨ 양념은 소량씩 별도의 소독된 용기에 넣고 소독된 뚜껑을 덮어 사용하되 분할 시 원래의 표시사항을 라벨에 부착하여 관리하는 것이 바람직하다. 그리고 다소 오래된 양념을 첨가할 때는 충분히 가열했는지도 확인하는 것이 오염을 줄이는 길이다.

표 2-6-6 조리과정별 기준온도와 시간

항목		온도와 시간
전처리(해동)	냉장고	10℃ 이하, 72시간 이내
	흐르는 물	21℃ 이하
조리	냉장식품 소분	15℃ 이하
	조리/재가열	75℃ 이상
	튀김온도	180℃ 이하
완제품 관리	28℃ 이하	조리 후 2~3시간 이내
	60℃ 이상	조리 후 5시간 이내
	제품의 품온 5℃ 이하 유지 시	조리 후 24시간 이내
배식	냉장보관	10℃ 이하
	온장보관	60℃ 이상
보존식	냉동고	−18℃ 이하, 144시간
운송차량	냉장	−10℃ 이하
	냉동	−18℃ 이하
조리장비	냉장고	10℃ 이하
	냉동고	−18℃ 이하
조리장(10곳 평균)		28℃ 이하

그림 2-6-4 각 조리과정별 기준온도

참고 교차오염 방지 요령

- 일반구역과 청결구역으로 구역을 설정하여 전처리, 조리, 기구세척 등을 별도의 구역에서 한다.
- 칼, 도마 등의 기구나 용기는 용도별(생식품용, 조리된 식품용 또는 농산물용, 축산물용, 수산물용 등)로 구분하여 각각 전용으로 준비하여 사용한다.
- 세척용기(또는 싱크)는 어패류, 육류, 채소류로 구분 사용하고 사용 전·후에 충분히 세척·소독한 후 사용한다.
- 식품취급 등의 작업은 바닥으로부터 60cm 이상에서 실시하여 바닥의 오염된 물이 튀어 들어가지 않게 한다.
- 식품취급 작업은 반드시 손을 세척한 후에 하며, 고무장갑을 착용하고 작업을 하는 경우는 장갑을 손에 준하여 관리한다.
- 전처리하지 않은 식품과 전처리된 식품은 분리·보관한다.
- 전처리에 사용하는 용수는 반드시 먹는물로 사용한다.

3-3. 조리공정별 처리식품

(1) 가열조리공정식품

가열조리식품은 소독된 탐침온도계를 사용하여 중심부가 75℃ 이상으로 가열되고 있는지를 확인하고 온도와 시간을 기록한다.

1) 튀김류

식품별 적절한 튀김온도를 확인한다(냉동식품 160℃, 채소류 170℃, 어육류 180℃). 조리 도중 1배치(Batch) 당 식품의 중심온도를 적어도 3군데 이상(중간에 1개와 가장자리 2개 이상) 재어 모두 75℃ 이상이 되는지를 확인하고 기록한다.

기름의 양이 감소되었을 경우 양을 보충하여, 기름온도를 다시 확인한 후 작업한다.

튀김 중에는 찌꺼기를 자주 여과하거나 건져준다.

2) 구이 및 찜류

냉동재료를 사용할 경우, 완전해동 후 조리를 실시한다.

조리 도중 적당한 시간을 보면서 식품의 가장 두꺼운 부분의 중심온도를 3군데 이상 측정하고, 모든 곳에서 75℃ 이상인 경우는 가열조리를 종료한다.

여러 번 동일작업을 반복하는 경우에도 위에서 설정한 조건에 기초하여 가열처리를 확인하고 종료한다.

3) 조림 및 볶음류

조리순서는 육류의 가열을 우선으로 한다. 육류, 어패류, 채소류의 냉동품을 사용하는 경우는 완전히 해동한 후 조리한다.

조리 도중 적당한 시간을 보면서 가장 열이 통하기 어려운 재료를 선택하여 식품의 중심온도를 3군데 이상 측정하고, 모든 곳에서 75℃ 이상인 경우 가열을 종료한다.

여러 번 동일작업을 반복하는 경우에도 같은 식으로 점검·기록한다.

최종적으로 모든 재료를 혼합하여 양념첨가 시점부터 다시 가열하여야 하므로 일찍 첨가하는 것이 바람직하고, 그렇지 않으면 양념을 별도로 냉동저장 상태나 가열된 상태에서 첨가하는 것이 바람직할 것이다.

교차오염 방지를 위해 조리된 식품은 조리되지 않은 식품과 접촉을 금지한다.

4) 밥류, 국류

밥류, 국류 등과 같이 완전히 익히는 음식은 온도측정이 필요하지 않다.

검식 시 개인용 접시와 별도의 수저를 사용한다.

(2) 비가열조리공정식품

1) 생쌈, 샐러드, 과일

기본적으로 손 소독을 철저히 하고 소독된 장갑이나 소독된 용기 및 기구를 사용하되, 작업량이 많을 때에는 중간 중간에 손, 용기 및 기구를 소독한다.

채소류나 과일류만을 사용하는 용기, 장갑, 도마 등을 구분하여 사용한다.

전처리 후 100ppm의 염소소독액에 5분간 침지하여 소독한 다음 흐르는 물에 씻어 사용한다.

채소가 육·어류 등과 혼합되어 제공될 경우에는 전처리단계부터 조리까지 세심한 주의를 기울인다. 무치거나 버무려 혼합할 때는 배식 직전에 실시하는 것이 바람직하다.

배식 전 전용냉장고에 보관 시 냉장고 내 선반상단 쪽으로 놓아 다른 식품에 의한 교차오염을 방지하며 보관온도는 10℃ 이하로 철저히 관리를 한다.

2) 빵

생크림류의 빵은 반드시 검수할 때 유통기한과 10℃ 이하 온도를 확인한다. 빵은 덮개가 있는 소독된 용기에 보관 후 배식과 동시에 반출한다. 배식온도가 적절한지 확인하고, 온도가 부적절하거나 이상이 있을 경우 폐기처분한다.

(3) 가열조리 후 처리공정식품

1) 나물, 숙회류

데친 후 세척단계에서 흐르는 먹는물로 씻어 30분 이내에 중심온도를 20℃ 부근까지 급속냉각한다. 위생장갑을 사용하여 청결한 양념으로 버무린다. 가능한 배식 직전에 양념하는 것이 좋다. 마늘 등의 양념류는 조리 시까지 5℃ 이하에서 냉장보관한다.

2) 비빔밥, 냉면류

볶거나 구워야 하는 재료는 그 중심온도를 3군데 이상 측정한다. 차가운 것과 뜨거운 재료가 혼합되지 않도록 한다. 30분 이내 가열처리된 재료의 중심온도를 20℃ 부근까지 급속냉각 후 혼합한다. 조리완료 후 가능한 1시간 이내에 배식한다.

4. 제품의 검식 및 보관(보존식)

① 조리가 완료되고 배식 전에 반드시 검식을 하여야 한다. 영양사는 조리된 식품에 대하여 배식하기 직전에 음식의 맛, 온도, 이물, 이취, 조리상태 등을 확인하기 위한 검식을 실시하여야 된다. 다만 영양사가 없을 경우에는 조리사가 검식을 대신할 수 있다고 식품 및 축산물 안전관리인증기준에서 규정하고 있으며, 최종적으로 위생과 안전을 확인

함으로써 급식자의 보호는 물론 제품의 장단점을 파악할 수 있다.

② 뜨거운 음식은 60℃ 이상, 찬 음식은 5℃ 이하로, 조리에서 배식 전까지 유지되는지도 확인하여야 한다. 검식 시 문제가 발생했을 경우, 예로 가열이 불충분하면 가열 후 배식하도록 하고 검식일지에 적어 다음 메뉴 적용 시 반영한다.

그리고 많은 양의 국물을 냉각시킬 경우는 용기에 나누어 분산시켜 식히고, 또 얼음물이 있으면 얼음물에 담가 식히며, 냉각시키는 전용냉각 냉장고가 있으면 이 냉장고에서 식히면 좋을 것이다.

③ 보존식에서 조리한 식품은 소독된 보존식 전용용기 또는 멸균비닐봉지에 매회 1인분 분량[50g, (권장은 100g: 김, 다시마, 부각 등 부피에 비해 중량이 많이 나가는 식품에 한해)]을 −18℃ 이하에서 144시간 이상 보관한다. 그리고 보관기간 중 휴무일이 있을 경우 그 기간만큼 연장하여 보관하여야 한다고 규정하고 있다. 이것을 행하는 이유는 식중독사고가 발생할 시 그 원인을 신속하게 규명하고 그 적절한 대응책을 강구하기 위해서이다.

찬 음식의 보존용기는 소독, 건조, 냉각된 용기를 사용하면 좋고, 대개는 용기의 살균·소독이 잘되는 자외선살균소독기가 비치되어 있으므로 이를 보존용기 소독에 이용하면 좋을 것이다.

④ 식품 및 축산물 안전관리인증기준에서 완제품 관리 중 조리된 음식은 배식 전까지의 보관온도 및 조리 후 섭취 완료 시까지의 소요시간기준을 설정·관리하여야 하며, 유통제품의 경우에는 적정한 유통기한 및 보존조건을 설정·관리하여야 한다고 규정하고 아래와 같이 온도와 시간을 설정하고 있다.

- 28℃ 이하에서 2~3시간 이내 섭취완료
- 60℃ 이상에서 보온 유지 시 조리 후 5시간 이내 섭취 완료
- 제품의 품온을 5℃ 이하로 유지 시 조리 후 24시간 이내로 섭취완료

⑤ 조리가 완료된 음식을 부득이 당일 배식하지 않고 보관해야 할 경우 온도별로 음식을 신속하게 보관하여야 오염과 변질을 막을 수 있다. 보관할 모든 음식에는 필히 입고월일 등을 표시한 라벨을 부착하여야 한다. 가급적 조리된 음식은 당일로 처리하는 것이 원칙이다. 음식보관고는 사용 최소 30분 전에 적정온도(5℃ 또는 60℃, −18℃)가 유지될 수 있도록 미리 전원을 켜서 음식보관에 대비한다.

5. 운반 및 배식

① 배식과정은 급식대상자가 우선 위생적으로 깨끗하고 편안한 분위기 속에서 맛있는 식사를 하는 것이 요구될 것이므로 배식종사원은 단정한 복장, 청결한 위생모, 앞치마 등을 갖추어야 할 것이며 예의와 친절한 서비스도 중요하다.

② 조리실과 식당이 붙어 있는 경우 조리된 음식을 운반용 기구에 의해 이동하고 배식을 실시하는데 있어 가끔 안전사고가 일어난다. 대형용기의 뜨거운 국물을 용기에 담을 때 안전사고에 유의하여야 하고, 운반 시 바닥의 기름기 등에 의해 미끄러짐이 발생되므로 안전관리에 대비하여야 한다.

③ 냉장식품과 온장식품에 대한 배식온도 관리기준을 설정·관리하여야 한다.

- 냉장보관: 냉장식품 10℃ 이하 - 온장보관: 온장식품 60℃ 이상

④ 배식은 위생장갑 및 청결도구(집게·국자 등)를 사용하여야 하며 배식 중인 음식과 조리완료된 음식을 혼합해서 배식해서는 안 된다.

⑤ 자체조리실은 있지만 식당은 없는 경우 학교급식에서는 교실에서 급식할 경우가 있는데 이에 대한 배식운반기구, 즉 배식차, 승강기 등의 사용이 요구된다.

배식운반 차량이나 배식운반용 승강기는 우선 1일 1회 이상 내부를 깨끗하게 청소해 청결상태를 유지하도록 하여야 한다. 그리고 운반된 음식은 노출되지 않도록 밀폐된 용기를 이용하고 식기, 수저, 컵 등은 별도의 보관함으로 이동시키는 것이 좋을 것이다.

아울러 운전자도 가급적 깨끗한 복장 착용과 손 소독 등 개인위생에도 힘써야 할 것이다.

6. 세척 및 소독

6-1. 세척 및 소독의 일반사항

① 세척은 최초 식재료의 이물 등을 깨끗이 씻어 제거하는 데 주요 목적이 있지만, 조리 또는 급식 후 급식용기나 기구 및 기계 등의 음식물 찌거기나 때 등을 세척제를 이용해 제거하는 것은 매우 중요하다. 더 나아가 소독은 급식용기의 표면에 존재하는 미생물 등을 안전한 수준으로 감소 내지 사멸시켜 식중독 등을 예방하는데 그 목적이 있으므로 내일의 조리를 위하여 한치의 소홀함이 없이 청결한 마음으로 세척과 소독을 하여야 할 것이다.

② 배식이 완료되어 사용된 기구와 용기의 세척은 2가지 방법이 있다. 하나는 종업원의 수작업으로 세척과 소독을 할 경우로, 다음 4단계로 나누어 볼 수 있다.

- 1단계: 먹는물로 기구 및 용기에 붙은 음식물 찌꺼기를 씻어내고 애벌세척한다.
- 2단계: 수세미에 세척제를 묻혀 이물을 완전히 닦아낸다.
- 3단계: 흐르는 물에 세척제를 충분히 씻어낸다.
- 4단계: 열탕 또는 살균소독제 등으로 소독한다.

또 하나는 식기세척기를 사용할 경우로서 이 세척기는 음식물 찌꺼기를 제거한 후 급식기구 및 용기를 투입하여 자동적으로 세척·헹굼·소독과정을 거치기 때문에 마지막 단계에서 세척 및 불순물이 잔류하지 않는지 반드시 확인하여야 한다. 그리고 소독 후에

는 식품 접촉면을 공기(열풍)로 건조하거나 청결히 보관할 수 있는 찬장이나 보관고에 넣어 둔다(행주를 사용하여 건조시키지 않는다).

③ 세척제나 소독제를 사용할 때에는 세척제나 소독제의 종류가 다양하므로 정확한 용도나 목적에 맞게 안전성과 효율성을 고려하여 구입하고, 농도의 희석방법 등 사용방법을 정확히 익혀 사용하여야 세척제나 소독제의 남용을 막을 수 있을 것이고 환경오염도 줄일 것이다.

④ 앞서 언급한 바와 같이 세척제나 소독제는 반드시 식품과 구분하여 안전한 장소에 보관할 것을 다시 주문한다.

⑤ 특히 미생물의 증식을 억제하고 사멸시키기 위해서 소독제의 선택, 농도, 침지시간, 사용방법 등은 세척제보다 더 정확하여야 사멸 효과를 극대화할 수 있으므로 종업원은 교육과 훈련을 철저히 받아야 한다.

⑥ 소독제는 소독액을 만든 후 시간이 흐를수록 살균효과가 떨어지므로 당일로 제조해 사용해야 하고 희석소독용액의 사용 전에 크로린 시험지(Chlorine test paper)로 염소농도를 확인한 후 사용하는 것이 바람직하며 남은 소독액은 버린다.

⑦ 세척제 중 염소계와 산성계 약품을 함께 사용하거나 혼합해서 사용하면 유해가스가 발생할 수 있으므로 세척제를 다른 세적제와 임의로 섞어 사용하는 일이 없어야겠고 소독제를 다른 소독제와 사용할 경우도 마찬가지다.

⑧ 차아염소산나트륨은 식품첨가물이라고 표시된 제품만이 식품소독용으로 사용한다.

⑨ 소독 후에는 식품 접촉면을 식기, 행주의 열탕소독은 77℃에서 30초 이상 가열하면 되지만, 그릇을 포개어 소독하는 경우는 끓이는 시간을 연장하여야 하며, 식기의 건열살균은 식기소독고에 넣고 식기표면온도 71℃ 이상에서 가열하면 균은 대부분 사멸된다.

6-2. 세척제의 종류와 사용기준

① 1종 세척제: 사람이 그대로 먹을 수 있는 야채 또는 과일 등을 씻는 데 사용

② 2종 세척제: 식기류 등 식품용기를 씻는 데 사용

③ 3종 세척제: 식품의 가공, 조리기구 등(자동식기세척기 등)을 씻는 데 사용

식기세척기 사용 시 마지막 단계에서는 세척제가 잔류하지 않도록 반드시 먹는물로 헹군 다음 식기소독보관고에 넣어서 건조·보관하는 것이 바람직하다.

그리고 세척제의 사용기준을 보면 다음과 같다.

① 1종 세척제의 경우 야채, 과일은 세척제의 용액에 5분 이상 담가서는 안 된다.

② 1종 세척제의 경우 세척제의 용액으로 야채, 과일 또는 식기를 씻은 후에는 반드시 먹는물로 씻어야 한다. 이때 흐르는 물을 사용할 때에는 야채, 과일은 30초 이상, 식기류는 5초 이상 씻고, 흐르지 않는 물을 사용할 때에는 물을 교환하여 2회 이상 씻어야 한다.

③ 2종, 3종 세척제를 사용한 후에는 조리기구 등에 세척제가 잔류하지 않도록 먹는 물로 씻어야 한다.

④ 2종, 3종 세척제를 사용할 경우에는 용도 이외로 사용하거나 규정사용량 이상을 사용하여서는 안 된다.

⑤ 1종은 2종, 2종은 3종의 목적에 사용할 수 있으나, 3종으로는 2종과 1종, 2종으로는 1종의 목적으로 사용할 수는 없다.

6-3. 살균소독제의 종류와 세척·소독 등 기본 6단계

살균소독제의 종류는 그림 2-2-36, 살균소독제의 종류에서 그림으로 보여주었으나 그 내용의 유효성분은 표 2-6-7과 같다.

그리고 세척, 헹굼, 살균소독, 건조 등의 기본 6단계에 대한 순서와 기능을 종합적으로 열거하면 표 2-6-8과 같다.

표 2-6-7 살균소독제의 종류와 유효성분

구분	작용기 종류	유효성분	
할로겐계	염소	무기염소	차아염소산나트륨, 차아염소산칼슘 등
		유기염소	이염화이소시아눌산나트륨 등
		이산화염소	아염소산염(Chlorite), 이산화염소 등
	요오드	요오드, 요오드칼륨, 요오드화수소산, 일염화요오드 등	
	브롬	브롬화나트륨, 브롬화칼륨, 브롬화칼슘 등	
계면 활성제계	4급암모늄	염화-n-데실-n, n-디메틸-1-데칸암모늄, 염화알킬(C12-C14)디메틸에틸렌벤질암모늄, 염화알킬(C12-C16)벤질디메틸암모늄, 염화알킬(C12-C18)벤질디메틸암모늄 등	
	산-음이온	네오데칸산, 노나논산, 데칸산, 옥탄산, n-카르복실산, 나프탈렌설폰산나트륨, 도데실벤젠설폰산나트륨, 설포지방산 등	
과산화물계	무기계	과산화수소	
	유기계	과산화수소옥탄산, 과산화초산	
기타	알코올계	에탄올, 2-부톡시-에탄올, 2-프로파놀	
	페놀계	4-(1,1-디메틸프로필)페놀/페닐페놀	

표 2-6-8 세척, 헹굼, 살균소독, 건조 등의 기본 6단계

단계	기능	이유
전세척 (Pre-clean)	식품잔류물 또는 오염을 긁어내거나 진공 청소기 등을 사용하여 제거	다음 단계의 효율을 증가시키고, 고착된 잔류물에 계면활성제 접근이 가능하도록 함
본세척 (Main clean)	고착된 식품잔류물, 그리스, 먼지 등을 제거하고, 식품잔류물을 유화시키고 계면활성제를 사용하여 표면장력을 감소	다음 단계의 효율을 증가시키고, 먼지, 식품잔류물, 그리스가 있으면 살균소독효율이 감소됨
헹굼 (Rinse)	계면활성제와 유화용해된 오염물과 그리스를 제거	살균소독효율을 증가시키고, 세척에 사용되는 화학물질들 간의 상호작용을 최소화
살균소독 (Disinfect)	미생물 수를 사멸 내지 감소	교차오염의 위해(가능성)를 최소화하여 제품수명과 안전성을 증대
최종헹굼 (Final rinse)	살균소독제의 잔류 제거	살균소독제에 의한 식품의 오염을 최소화
건조 (Dry)	재오염을 최소화하기 위하여 air dry 또는 일회용 도구 사용	남아 있는 수분으로 미생물이 증식하여 교차오염의 가능성을 제공

7. 잔반 및 폐기물처리

① 음식물의 잔반 및 폐기물은 수분과 영양성분이 많은 유기물로서 미생물이 증식하기 매우 좋은 조건이므로 변질·부패가 되기 쉬워 악취 등이 발생할 우려가 많기 때문에 신속하게 잔반 수거통과 음식물 쓰레기통의 내용물을 제거한 후 깨끗이 씻고 소독한다.

최근 잔반 및 쓰레기의 운반처리를 원활하기 위해서는 내용물을 건조시키는 음식물 건조기, 음식물을 재활용시키는 다양한 종류의 기기나 기구들이 생산되고 있어 이들을 이용하면 편리하고 위생적으로 처리하는 것도 볼 수 있다. 만약 잔반 수거통이나 쓰레기통에 찌꺼기 등 폐기물을 보관할 경우는 가급적 환기가 잘 되는 곳에 두되, 가끔 중성세척제나 차아염소산나트륨 등으로 소독을 실시한 후 운반·처리하는 것이 바람직하다.

운반 시 실내나 통로에 내용물이 흘려 오염되지 않도록 조심스럽게 옮겨야 한다.

② 급식인원이 많고 업장이 큰 집단급식업소는 잔반 등 폐기물량이 많기 때문에 사료, 퇴비화 전문처리업자나 재활용 폐기물인 경우는 재활용 사업자와 정식으로 계약해 위탁처리하는 방법도 현명한 위생대책의 하나라고 볼 수 있다.

③ 조리 후 수산물 잔품은 어종별로 구분하고 랩 등으로 밀봉하여 냉장 및 냉동보관하여야 하며 타 물품과 혼합하여 보관하는 일이 없도록 한다. 어패류를 냉장고에 보관하는 경우에는 냄새가 나므로 냄새를 흡수하는 식품과는 함께 넣지 않도록 하고 24시간 이내가 안전하다. 5℃ 이하의 온도에서 1℃ 하강에 따라 보존일수는 1일이 연장된다. 하지만 여름철에는 될 수 있으면 잔품이 발생하지 않도록 하는 등 취급에 만전을 기하여야 한다.

Chapter 07

농·수산물 제품의 HACCP 제도의 적용 예와 사례

1. 농 · 수 · 축산물의 품질과 위생 등의 인증마크

HACCP의 적용에 있어서 주의해야 할 점은 HACCP는 식품의 안전성을 확보하기 위한 하나의 관리기법으로 획일화되고 정형화된 관리프로그램이 아니라 업체에 따라, 제품에 따라 그에 맞는 HACCP를 수립하여 적용해야 한다는 사실이다. HACCP의 도입 초기에만 하더라도 업체에서 실시하고자 해도 HACCP는 까다롭고 복잡하다는 인식이 팽배하여 있었다. 이는 HACCP를 하나의 정형화되고 획일화된 식품의 안전성을 확보해 주는 관리기법으로 알았기 때문일 것이다.

그러나 아무리 좋은 HACCP의 모델이 있다고 하더라도 그 업체에 맞지 않는다면 그 HACCP는 무용지물일 것이다. 즉 HACCP 실시에 있어서 식품의 안전성을 확보하기 위해서는 7가지 원칙을 준수하는 가운데 그 업체, 그 제품에 가장 적합한 HACCP 프로그램을 실시하였을 때 효과를 발휘할 수 있다.

따라서 HACCP의 적용에 있어서 먼저 경영자의 의지와 함께 HACCP팀을 구성하고 자신에게 맞는 HACCP 관리계획을 세울 수 있어야 한다. 그러므로 적용 예와 사례는 위에서 언급한 HACCP 적용단계에 맞게 적합한 HACCP 관리계획을 세워 실시하면 될 것이다. 따라서 여기서는 업체에서 실시하는 HACCP와 외식산업을 포함한 집단급식에 서의 HACCP 2가지로 나누어 간략하게 언급한다. HACCP 제도의 사례별 적용에 앞서 우리나라는 다음 그림과 같은 농산물의 우수한 여러 가지 품질인증제도, 즉 산업표준(KS)인증식품제, 친환경농산물인증제, 농산물우수관리제(GAP), 전통식품품질인증제, 유기가공식품인증제 등을 비롯하여 더 나아가 국제적인 지리적 표시등록제까지 신뢰되는 인증마크가 표시되며, 또 하나는 농·수·축산물의 이력제까지 도입되어 보다 높은 HACCP 제도를 성취하는 데 더욱 도움이 되고 있는 실정이다.

이 기회에 품질과 위생 및 안전을 위하여 인정된 각 인증제의 표시와 내용을 보면 그림 2-7-1과 같다.

친환경농산물인증제는 농약, 비료로 인한 환경오염을 줄이는 것은 물론, 친환경농법으로 안전하게 재배한 고품질 농식품임을 인증하는 제도입니다.

친환경인증관리정보시스템
www.enviagro.go.kr

농약, 제초제, 화학비료를 전혀 사용하지 않음

농약	제초제	화학비료
×	×	×

농약, 제초제를 전혀 사용하지 않으며 화학비료만 권장량의 1/3 이하 사용

농약	제초제	화학비료
×	×	○

무항생제축산물
www.enviagro.go.kr

유기축산물
www.enviagro.go.kr

유기가공식품
www.enviagro.go.kr

축산물이력제
www.mtrace.go.kr

안전관리인증식품
www.haccp.or.kr

안전관리인증축산물
www.haccp.or.kr

KS식품
www.naqs.go.kr

전통식품
www.naqs.go.kr

GAP농산물
www.gap.go.kr

우수식품인증제는 산업표준(KS)인증식품제, 전통식품품질인증제를 통해 합리적인 식품표준을 제정함으로써 식품산업의 경쟁력을 향상시키고 국민 경제 발전에 이바지하고자 하는 제도입니다. 농산물우수관리제(GAP)는 생산부터 포장단계까지 농약 · 중금속 · 유해생물 등 위해요소를 허용기준 이하로 관리한 위생적인 농식품임을 인증하는 제도입니다.

그림 2-7-1 식품의 품질과 위생 및 안전을 위한 인증마크와 내용

아울러 농·수·축산물 이력제 중 쇠고기 이력제의 절차 하나를 요약해서 소개하면 그림 2-7-2와 같다.

그림 2-7-2 쇠고기 이력제의 절차 4단계

2. 농 · 수산제조가공식품의 HACCP 적용 예와 사례

2-1. 의무적용식품의 HACCP 제조공정도와 CCP 및 pilot 예시

(1) 어육가공품 중 어묵류의 제조공정과 작업장 평면도의 동선 및 pilot안

① 어육연제품(魚肉練製品)은 어육에 부재료 및 소금을 넣고 갈아서 찌거나, 굽거나, 튀기는 등의 방법으로 가열한 제품을 일컫는다. 연제품 중 어묵류는 제법과 형태에 따라 그 종류도 다양하다. 가장 대표인 것으로는 판붙이어묵(Kamaboko), 부들어묵(Chikuwa), 튀김어묵(Fried fish meat paste), 마어묵(Hanpen: 마 첨가), 어육소시지 등이 있다. 그리고 제조 원료로 사용되는 어종은 약 100여 종에 이른다고 한다.

따라서 어묵은 "식품공전"에서 어육가공품의 식품유형 중의 하나로 어육 중 염(鹽)에 녹는 단백질을 용출시킨 고기풀에 식품 등을 가하여 제조가공한 것을 일컫는다고 정의하고 있다.

어묵류의 제조가공방법에 대하여 공정도를 보면 그림 2-7-3과 같다. 그리고 어묵류의 제조공장의 평면도, 작업구역과 각 동선, 그리고 어묵류의 T자 모형의 pilot안을 보면 그림 2-7-4, 그림 2-7-5, 그림 2-7-6과 같다.

○ 찐어묵

입고/보관 → 해동 → 계량 → 배합/성형 → 찜 → 방냉 → 세절/결속 → 색소배합/도포 → 절단/선별 → 내포장(진공) → 금속검출(CCP2) → 살균(CCP1) → 냉각 → 외포장 → 보관/출하

○ 튀김어묵, 구운어묵

입고/보관 → 해동 → 전처리/세척 → 계량/절단 → 배합/성형 → 가열(CCP1) → 탈유(튀김) → 냉각 → 선별 → 내포장 → 금속검출(CCP2) → 외포장 → 보관/출하

○ 중요관리점(CCP) – CCP1: 가열(튀김, 굽기, 살균)공정 – 품목별 한계기준 준수 철저

찐어묵	튀긴어묵	구운어묵
살균온도 92±2℃ 살균시간 75±5분	튀김온도 165±2℃ 튀김시간 3분±20초 튀김 후 제품품온 85℃ 이상	굽기온도 250±2℃ 굽기시간 1분 40초±20초 굽기 후 제품품온 85℃ 이상

구분	구분	주기	책임자
살균, 튀김, 굽기	가열기 통과 후 제품의 중심온도 확인 가열기 표시 온도 확인 가열기 통과시간 확인	작업시간 전, 매 2시간 마다	팀원 최OO

그림 2-7-3 어묵류의 제조공정도

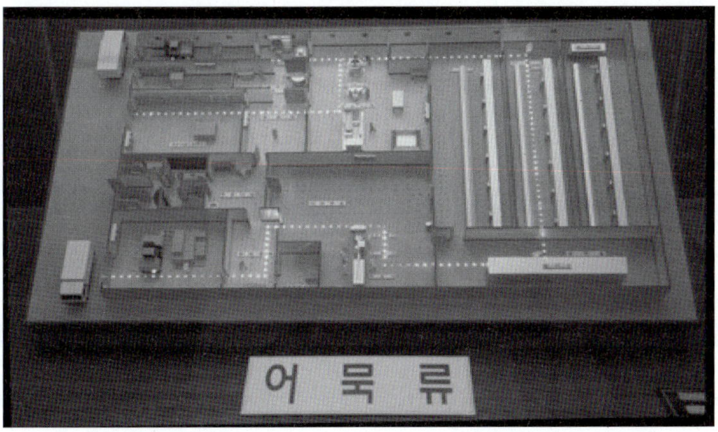

그림 2-7-4 어묵류 제조공장의 평면도 대(大)모형

<table>
<tr><th>어묵류</th><th>어묵류 모형</th><th>작업자 이동동선</th></tr>
<tr><td>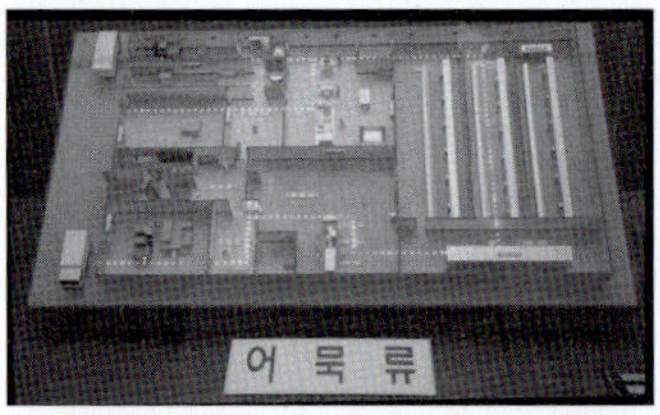</td><td>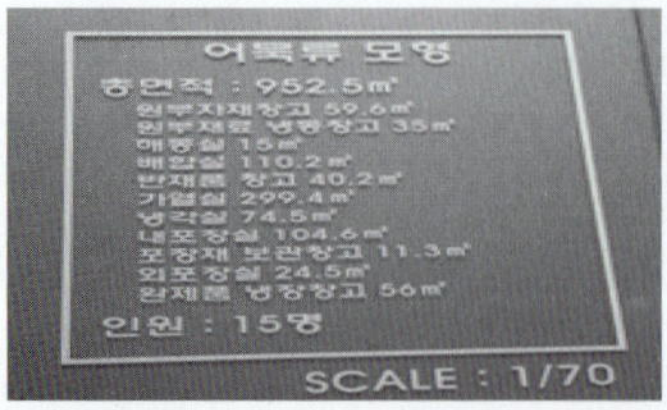</td><td>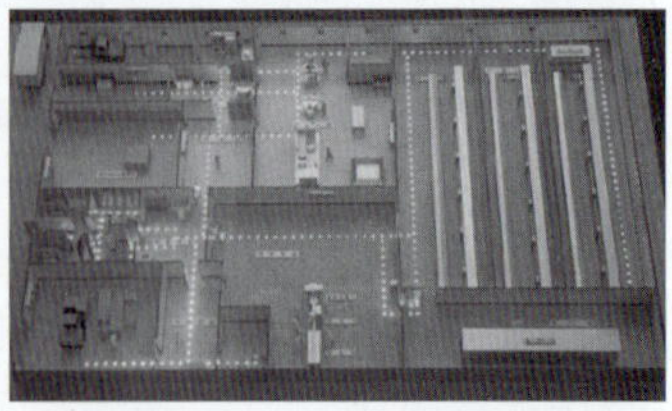</td></tr>
<tr><th>물류 이동동선</th><th>환기 이동동선</th><th>배수 이동동선</th></tr>
<tr><td>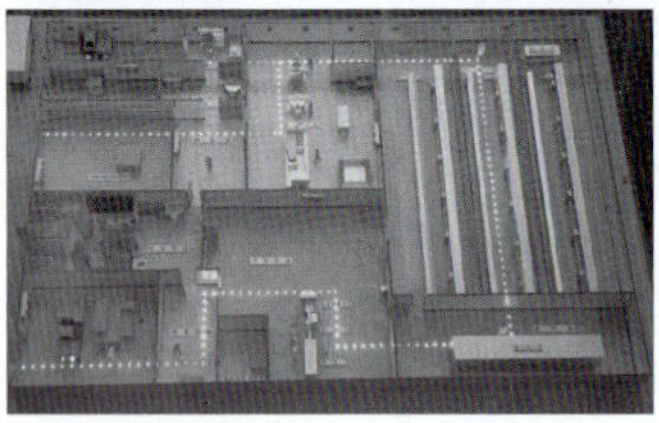</td><td>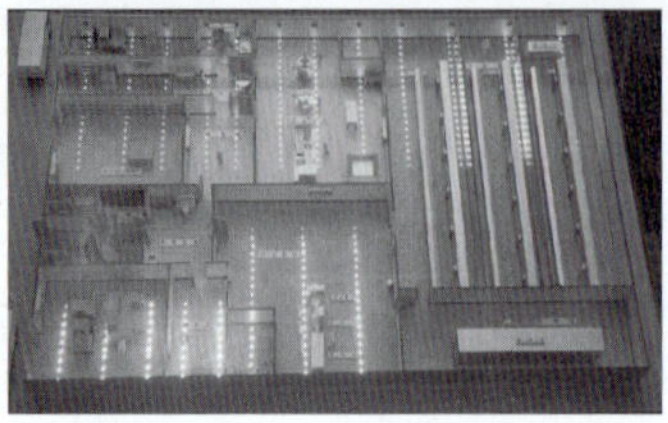</td><td>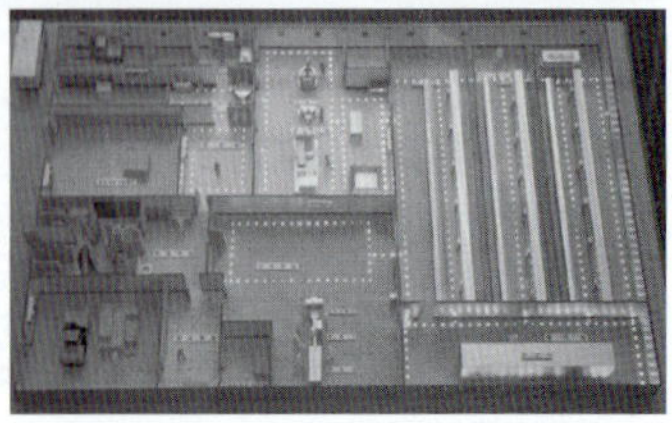</td></tr>
<tr><td colspan="3">배수로는 U자형 구조가 많이 사용되고 있다.
해동실은 물기가 생길 수 있는 작업장이므로 배수로를 만들고 온도관리가 중요하므로 온도계를 설치한다.
배합실은 공정과정에서 잔류물이 발생할 수 있기 때문에 잔류물을 세척관리하여야 하고 배수로가 필요하다.
세척·소독기구도 넣어야 한다.
성형/증자/유탕/배소/냉각실은 환기시설을 만들어야 한다.
유탕공정일 경우 바닥에 기름이 많이 튀므로 기름에 부식되지 않는 시설로 하여야 한다.
냉각실은 증자, 유탕, 배소와 구별되어야 한다.
내포장실은 가장 깨끗하여야 하는 곳이다. 작업자들은 꼭 손소독을 하여야 한다.
외포장실은 분진이 생길 수 있으므로 진공청소기를 구비해 놓는다.</td></tr>
</table>

그림 2-7-5 어묵류의 작업구역과 각 동선

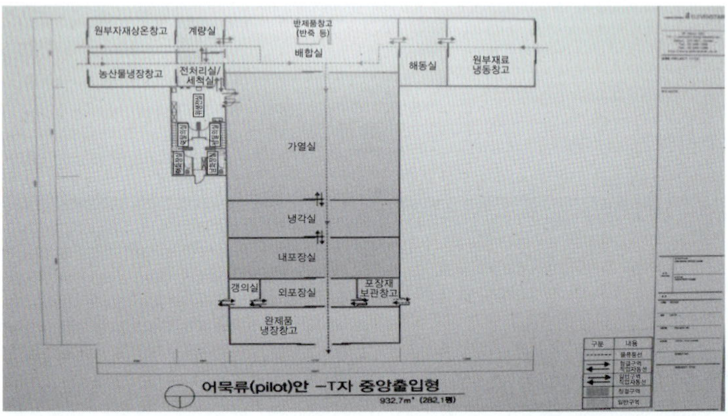

그림 2-7-6 어묵류 pilot안 - T자 중앙출입형 모형도

(2) 냉동수산식품 중 어류, 연체류, 조미가공식품의 제조공정과 작업장 평면도의 동선 및 pilot안

냉동수산식품은 신선한 수산물을 전처리를 하여 급속동결을 하고 포장한 제품으로 간단한 조리로 식탁에 제공할 수 있으며 소비자에게 인도될 때까지 냉동고 안에서 -18℃ 이하로 보관된 것을 말한다.

냉동수산식품은 냉동식품의 일종으로 냉동식품에는 생선·어패가공품, 가공냉동품, 조리냉동품 등으로 구분한다. 생선·어패가공품은 어패류의 머리 부분을 절단하고 내장을 제거하는 단순한 처리를 한 후 곧바로 동결시킨 것을 말한다. 가공냉동품은 어묵류 등을 오래 저장하려고 냉동고에 넣고 동결시킨 것을 말한다. 조리냉동식품은 조리와 간단한 조미를 하고 동결시켜 그대로 먹거나 쪄서 먹을 수 있는 식품으로 동결시는 -18℃ 이하의 저온에서 냉동저장한다.

조미가공품(調味加工品)은 머리와 내장 등을 제거한 어패육이나 그 말린 건조육에 설탕이나 물엿 같은 감미료, 글루탐산나트륨이나 이노신산 등의 아미노산계과 핵산계 조미료, 생강이나 고추 등과 같은 향신료, 식염, 된장, 간장 등과 같은 조미액을 가하여 조미한 후 저장성을 높이기 위해 자숙(煮熟)하든지 건조한 가공품을 말한다.

조미가공품의 종류로는 조미사숙품(오징이자숙품 등), 조미건제품(조미쥐치포 등), 조미배건품(調味焙乾品, 가자미조미배건품 등) 등을 들 수 있다.

- 냉동어류, 냉동연체류

입고/보관 → 개포/해동 → 전처리 → 절단/포뜨기 → 세척(CCP1) → 나열 → 급랭 → 덜펜 → 그레이징(어류) → 계량/내포장 → 금속검출(CCP3) → 외포장 → 보관/출하

- 중요관리점(CCP) – CCP1: 세척(냉동어류, 냉동연체류)공정 – 품목별 한계기준 준수 철저

냉동어류[자동세척(분무, 분사 세척)]	냉동연체류[수동세척(폭기, 침지, 세척)]
세척시간: 5분 이상 세척수량: 분당 20ℓ 이상 원물량량: 분당 8kg 이하	세척시간: 5분 이상 세척수량: 원물 40kg당 100ℓ 이상 세척수 교체주기: 40kg 세척 후 교체

구분	모니터링방법	주기	책임자
세척공정	세척시간 확인 세척수량 및 원물량 확인 세척수 교체주기 확인	작업시간 전, 매 2시간 마다	팀원 박OO

- 냉동조미가공품(냉동장어)

입고/보관 → 개포/해동 → 전처리 → 정렬 → 굽기(CCP2) → 탈팬(탈석) → 소스바르기 → 계량/내포장 → 금속검출(CCP3) → 외포장 → 급랭 → 보관/출하

그림 2-7-7 수산물가공품의 냉동어류, 냉동연체류, 냉동조미가공품의 제조공정도

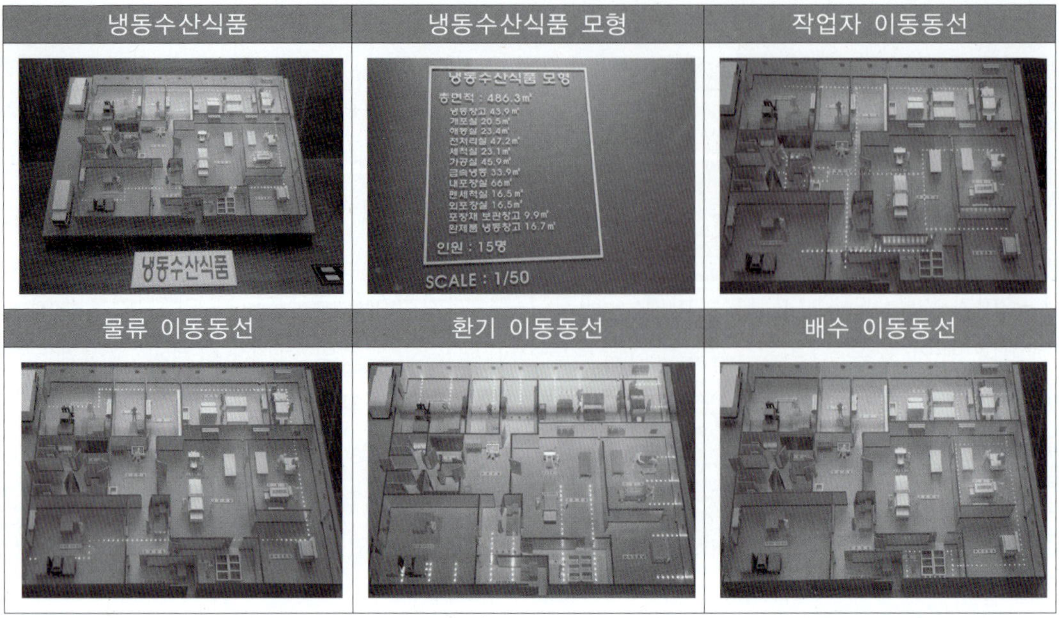

그림 2-7-8 냉동수산식품의 작업구역과 동선

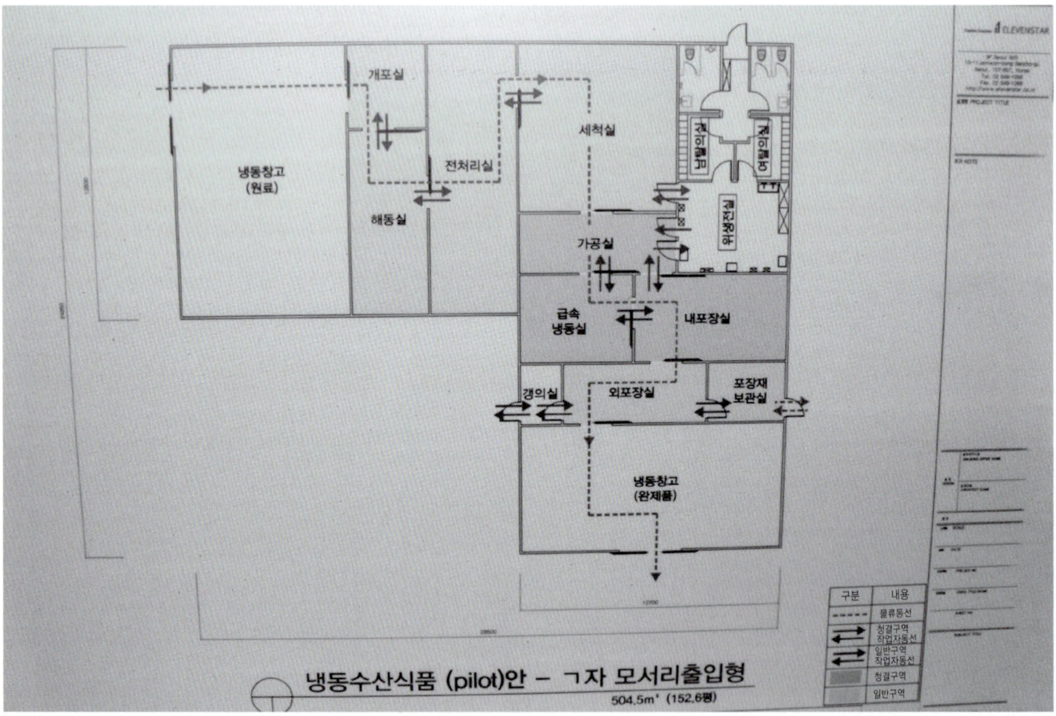

그림 2-7-9 냉동수산식품 pilot안 – ㄱ자 모서리출입형 모형도

(3) 냉동식품 중 피자류, 만두류, 면류의 제조공정과 작업장 평면도의 동선 및 pilot안

냉동식품이라 함은 제조·가공 또는 조리한 식품을 장기 보존할 목적으로 냉동처리, 냉동 보관하는 것으로서 용기포장에 넣은 식품을 말한다. 냉동식품을 나누면 가열하지 않고 섭취하는 냉동식품으로 별도의 가열과정 없이 그대로 섭취할 수 있는 냉동식품이 있고, 또 하나는 가열하여 섭취하는 냉동식품 즉 섭취 시 별도의 가열과정을 거쳐야만 하는 냉동식품이 있다. 특히 냉동하기 전에 살균하는 제품은 그 중심부의 온도를 63℃ 이상에서 30분간 가열하거나 이와 동등 이상의 효력이 있는 방법으로 가열살균하여야 한다.

한편 만두류는 즉석식품류의 식품종으로서 식육, 채소류 등의 혼합물을 만두피 등으로 성형한 것을 말한다. 이것을 냉동고에 넣고 저장한다.

면류라 함은 곡분 또는 전분 등을 주원료로 하여 성형, 열처리, 건조 등을 한 것으로 생면, 숙면, 건면, 유탕면을 말한다고 규정하고 있다. 이 면류도 냉동고에 넣고 저장한다. 피자(Pizza)는 이탈리아 파이로서 고기, 치즈, 토마토, 양념 등을 혼합해서 이스트 반죽에 넣어 오븐에 구운 것을 말한다. 이것은 제조공장에서 냉동상태로 공급된 생피자를 각 지역 판매점에서 구워서 판매하는 경우, 소형 피자음식점에서 직접 조리하여 판매하는 경우 등이 있다. 여기서는 제조공장에서의 HACCP 공정의 이용을 예로 든다.

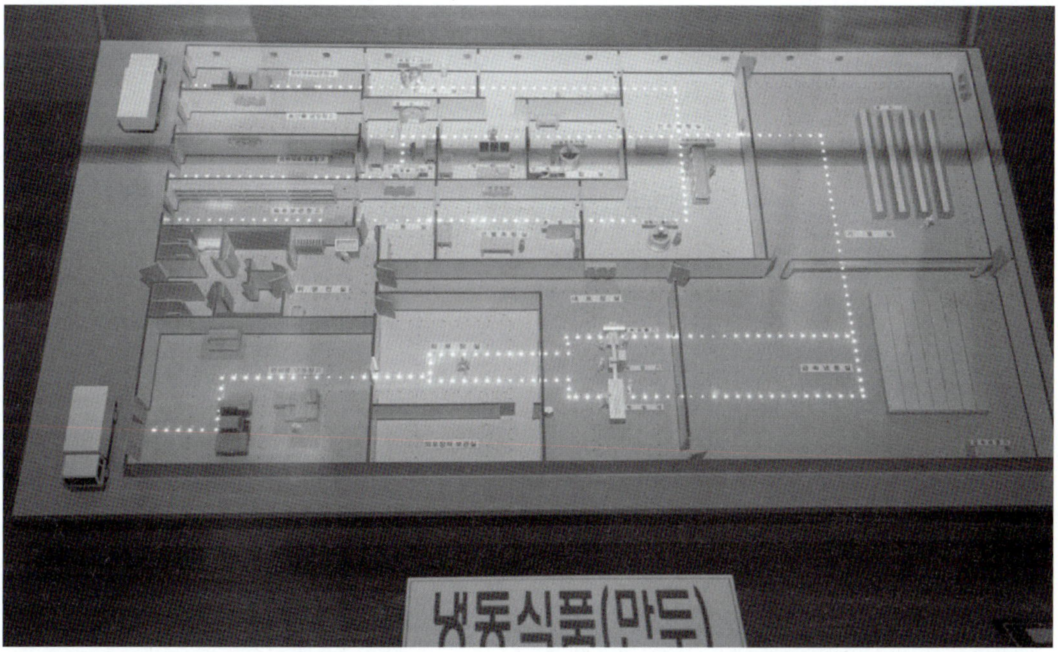

그림 2-7-10 냉동식품 제조공장의 평면도 대(大)모형도

- 냉동만두류

입고/보관 → 해동 → 선별 → 세척 → 세절 → 초핑 → 계량 → 만두피 제조 → 면대숙성 → 배합 → 성형 → 증숙(CCP1) → 급속동결 → 내포장 → 금속검출(CCP3) → 외포장 → 보관/출하

- 냉동면류

입고/보관 → 계량 → 배합 → 면대형성/복합 → 숙성 → 압연 → 절출 → 탕숙(CCP1) → 냉각 → 동결 → 내포장 → 금속검출(CCP3) → 외포장 → 보관/출하

- 냉동피자

입고/보관 → 계량 → 세척(CCP2) → 해동 → 분쇄 → 배합 → 소스가열(CCP1) → 냉각 → 반죽 → 1차 숙성 → 분할 → 성형 → 2차 숙성 → 구멍내기 → 소스바르기 → 굽기(CCP1) → 나열 → 토핑 → 절단 → 내포장 → 금속검출(CCP3) → 동결 → 외포장 → 보관/출하

- 중요관리점(CCP) – CCP1: 가열(증숙, 탕숙, 가열, 굽기)공정 – 품목별 한계기준 준수 철저

냉동만두류(증숙)	냉동면류(탕숙)	냉동피자(가열, 소스)	냉동피자(굽기)
증숙온도 92±2℃ 증숙시간 2분 이상 제품품온 85℃ 이상	탕숙온도 98±2℃ 탕숙시간 1분 이상 제품품온 85℃ 이상	가열온도 92±2℃ 가열시간 6분 이상 제품품온 85℃ 이상	굽기온도 250±2℃ 굽기시간 20분±2분 제품품온 85℃ 이상

구분	모니터링방법	주기	책임자
가열(증숙, 탕숙, 가열, 굽기)공정	가열기 표시 온도 확인 가열기 통과 시간 확인 가열기 통과 후 제품의 중심온도 확인	작업시간 전, 매 2시간 마다	팀원 김OO

그림 2-7-11 냉동식품의 냉동만두류, 냉동면류, 냉동피자의 제조공정도

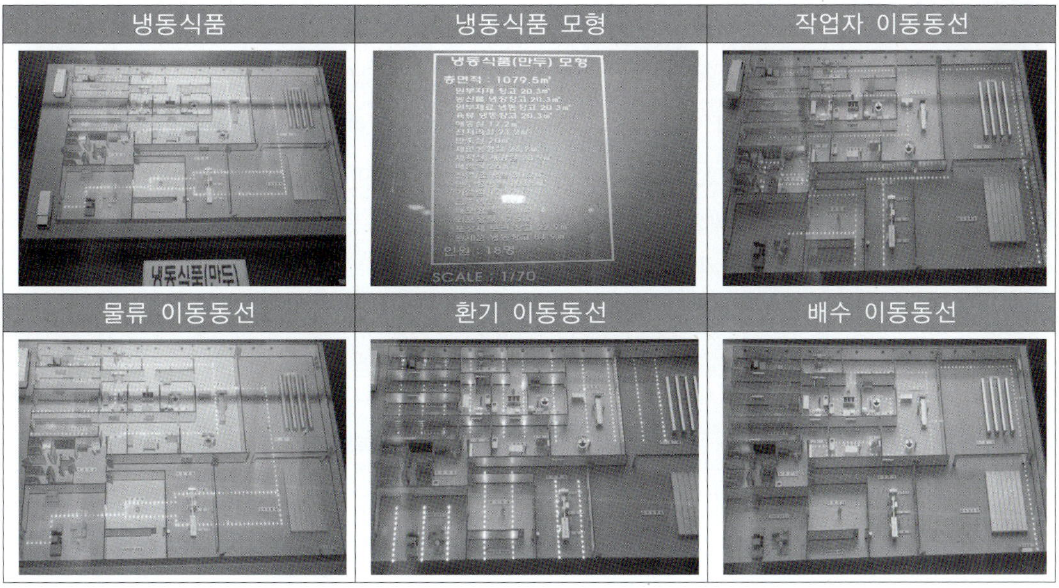

그림 2-7-12 냉동식품의 작업구역과 각 동선

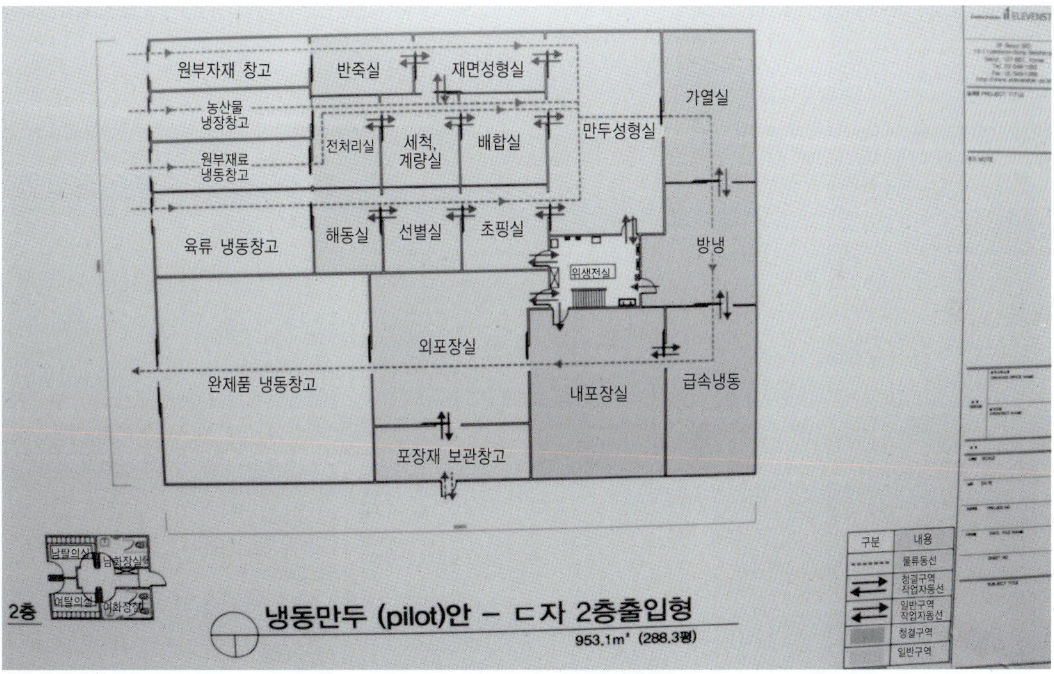

그림 2-7-13 냉동식품 pilot안 - ㄷ자 2층 출입형 모형도

(4) 빙과의 제조공정과 공장 평면도의 동선

과자류의 일종인 빙과는 먹는물에 식품 또는 식품첨가물을 혼합하여 냉동한 것으로, 유지방 함유 아이스크림류에 해당되지 아니하는 것을 말한다. 빙과의 세균수는 검체를 녹인 액체 1mL당 n=5, c=2, m=10,000, M=50,000 이하이어야 하는데, 다만 발효 또는 유산균 함유 빙과는 제외한다. 빙과는 중심부 온도를 63℃ 이상에서 30분 또는 이와 동등 이상의 효력을 가지는 방법으로 살균하여야 한다.

입고/보관 → 계량/용해 → 여과(CCP1) → 균질 → 살균(CCP2)
→ 냉각 → 숙성 → 충진 → 스틱투입 → 경화
→ 추출 → 내포장 → 금속검출(CCP3) → 외포장 → 보관/출고

- 중요관리점(CCP) – CCP1: 여과공정 – 여과망 30mesh(0.8mm이상) 불검출

구분	모니터링방법	주기	책임자
여과 공정	여과망 크기(mesh) 확인(설치 시) 여과망 파손유무 및 이물검출여부 확인	작업시간 전, 매 2시간 마다	팀원A

그림 2-7-14 빙과의 제조공정도

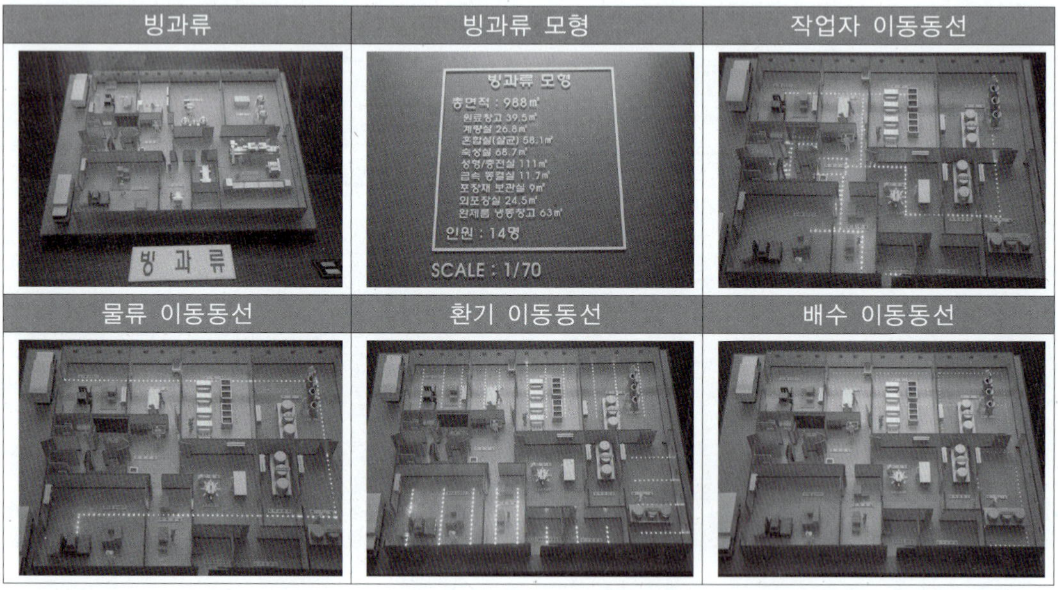

그림 2-7-15 빙과의 작업구역과 각 동선

(5) 비가열음료의 제조공정과 작업장 평면도의 동선

비가열음료는 신선한 과일이나 채소 등을 가열하지 않고 만든 음료로 과즙 내지 주스 등을 말한다. 그러나 이들 식품은 자체 내에 비타민 C 등 유기산을 많이 함유하고 있어 보통 pH가 4.0~2.0의 범위로 중·강산성을 띤다. 따라서 대부분의 미생물에 강한 저항성을 갖고 있어 가열을 하지 않아도 냉장상태, 진공상태로 상당기간 저장을 유지할 수가 있다.

입고/보관 → 해동(냉동원료) → 정선 → 세척(수동) → 절단 → 소독(CCP1) → 세척(폭기) → 분쇄 → 착즙/여과(CCP2) → 냉각 → 혼합 → 내포장 → 외포장 → 보관 → 출하

○ 중요관리점(CCP) – CCP1: 소독공정 – 한계기준 준수

관리내용			
원물량	소독농도	소독시간	소독수 교체 주기
40kg 이하	150±10ppm (차아염소산나트륨)	11±1분	1시간 마다

구분	모니터링방법	주기	책임자
소독공정	원물량 확인 소독농도(차아염소산나트륨) 확인 소독시간 확인 소독수 교체 여부 확인	작업시간 전, 매 2시간 마다	팀원 박OO

그림 2-7-16 **비가열음료의 제조공정도**

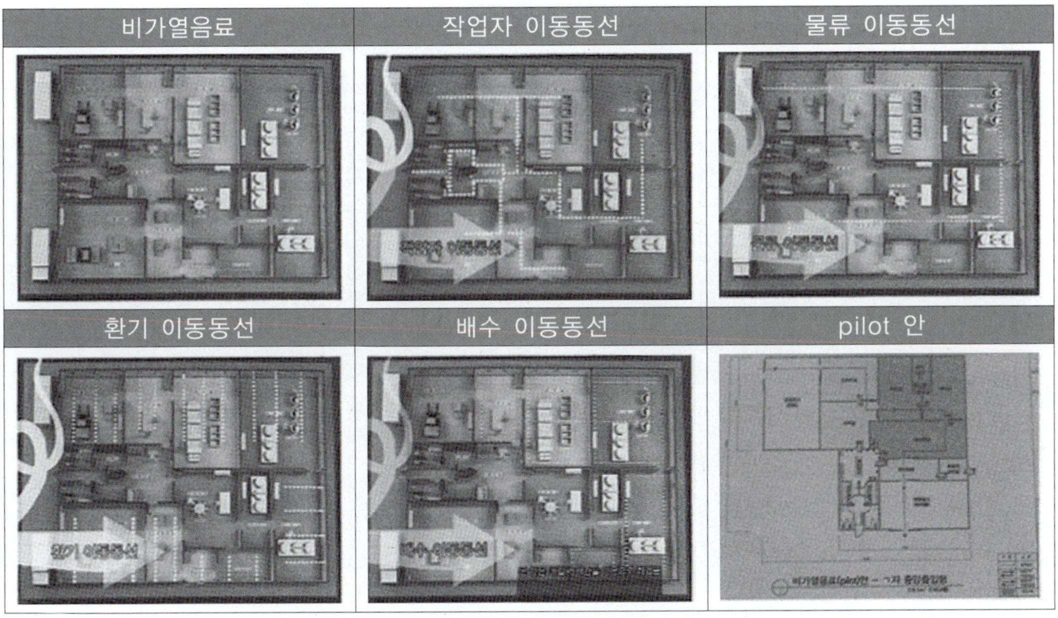

그림 2-7-17 **비가열음료의 작업구역과 각 동선**

(6) 레토르트식품의 제조공정과 작업장 평면도의 동선

레토르트(Retort)식품이라 함은 단층 플라스틱필름이나 금속박 또는 이를 여러 층으로 접착하여, 파우치와 기타 모양으로 성형한 용기에 제조가공 또는 조리한 식품을 충전하고 밀봉하여 가열살균 또는 멸균한 것을 말한다.

밀봉이 끝나면 제품의 저장성을 확보할 수 있도록 그 특성에 맞는 적절한 방법으로 살균하여야 한다. 다만 pH가 4.5 이상이고 수분활성도(Aw)가 0.94 이상인 제품은 중심부 온도를 120℃에서 4분 또는 이와 동등 이상의 효력이 있는 방법으로 멸균하여야 한다.

'멸균 후 제품은 내용물의 변색이 방지되고 호열성 세균의 증식이 억제될 수 있도록 적절한 방법으로 냉각시켜야 한다. 그리고 보존료는 일절 사용하여서는 아니 된다' 고 규정되어 있다.

입고/보관 → 전처리[1] → 혼합/가열 → 충진/내포장 → 멸균(CCP1) → 냉각 → 핀홀검사 → 물기제거 → 금속검출(CCP2) → 외포장 → 보관/출하

[1]전처리: 농산물(정선→세척→절단→데침→냉각)
축산물(해동→절단/정선→핏물제거→탈수)

- 중요관리점(CPP) – CCP1: 멸균공정-멸균온도(121±2℃), 멸균시간(15분 이상), 멸균 압력(2.0kgf/cm2)

구분	모니터링방법	주기	책임자
멸균공정	멸균기 표기 온도 확인 멸균 시간 확인 멸균 압력 확인	작업시간 전, 매 2시간 마다	팀원 0OO

그림 2-7-18 레토르트식품의 제조공정도

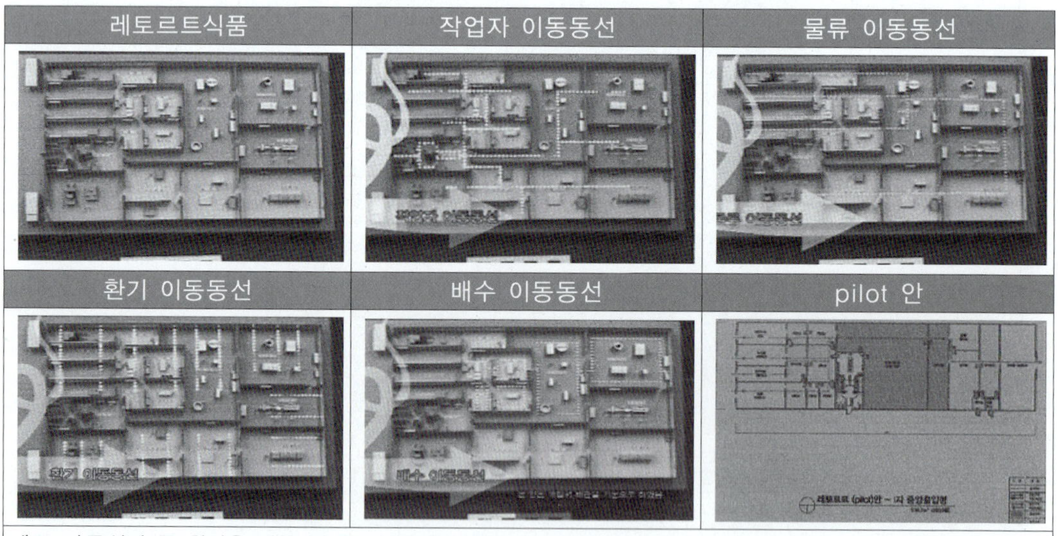

제조·가공설비 중 휘핑을 하는 설비를 이용하는 경우 금속이 들어갈 수 있으므로 주기적인 점검이 필요하다.

그림 2-7-19 레토르트식품의 작업구역과 각 동선

(7) 김치류 중 김치의 제조공정과 작업장 평면도의 동선 및 pilot안

김치류라 함은 배추 등 채소류를 주원료로 하여 절임, 양념혼합공정을 거쳐 그대로 또는 발효시켜 가공한 것으로 김칫소, 김치 등을 말한다. 그 중 배추를 주원료로 하여 절임, 양념혼합과정을 거쳐 그대로 또는 발효시킨 것이거나 이를 가공한 것을 김치라고 정의하고 있다.

입고/보관 → 정선 → 이절/염수제조/절임[1] → 세척/계량[2] → 세척(CCP1,2) → 탈수[1] → 이물선별[1] → 풀 제조 → 절단/계량/혼합[3] → 속넣기 → 계량/내포장 → 금속검출(CCP2) → 외포장 → 숙성 → 보관/출하

[1]배추만 해당, [2]새우젓 등 기타 부재료만 해당 [3]기타 농산물(파, 대파 등) 및 기타 부재료만 해당

- 중요관리점(CCP) – CCP1: 세척공정 – 한계기준 준수

배추(자동세척)
원물량: 30포기 이하/분, 세척시간: 2분 이상, 세척수량: 40ℓ 이상

구분	모니터링방법	주기	책임자
세척공정	원물량, 세척시간, 세척수량 확인	작업시간 전, 매 2시간 마다	팀원 남OO

그림 2-7-20 김치의 제조공정도

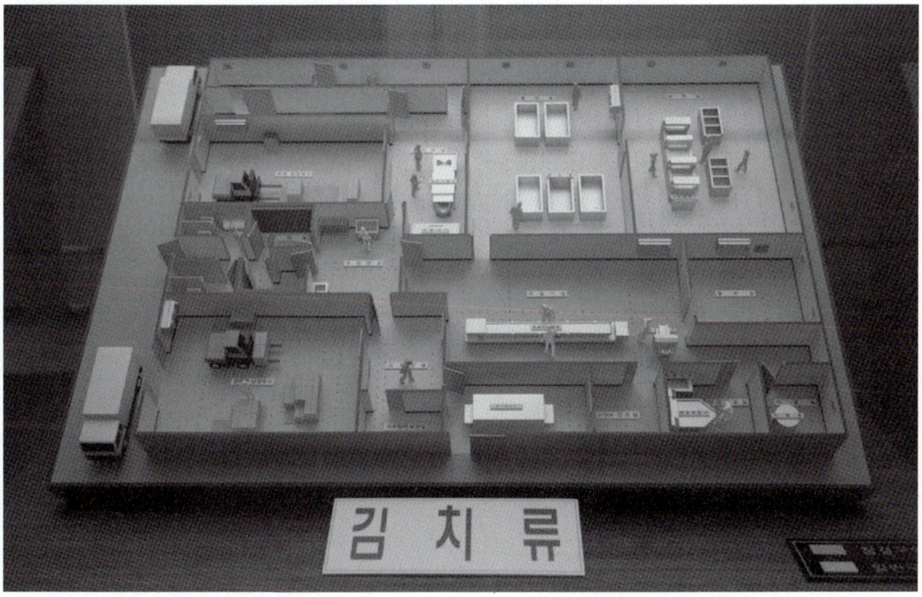

그림 2-7-21 김치 제조공장의 평면도 대(大)모형

김치류	김치류 모형	작업자 이동동선
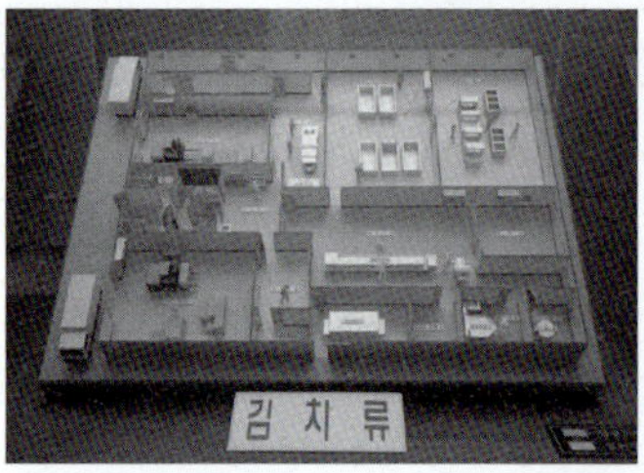	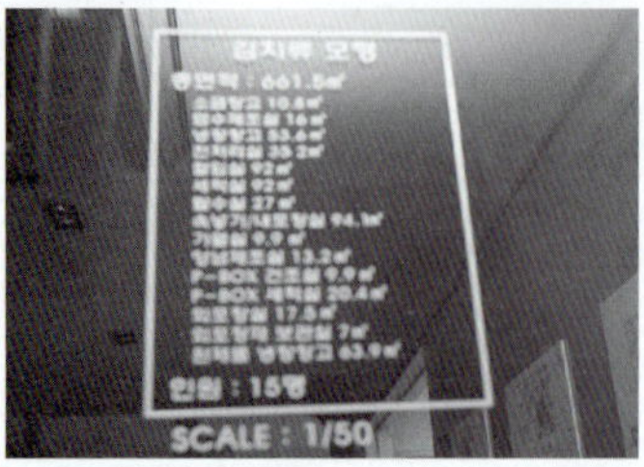	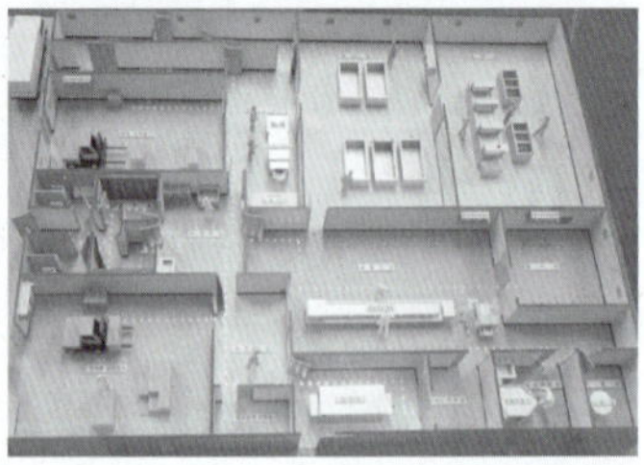
물류 이동동선	환기 이동동선	배수 이동동선
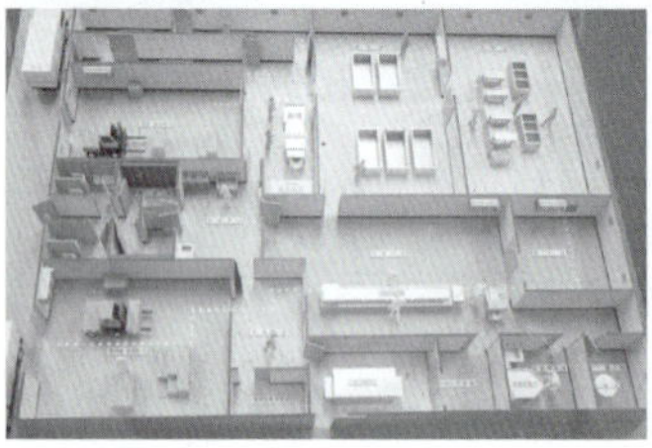	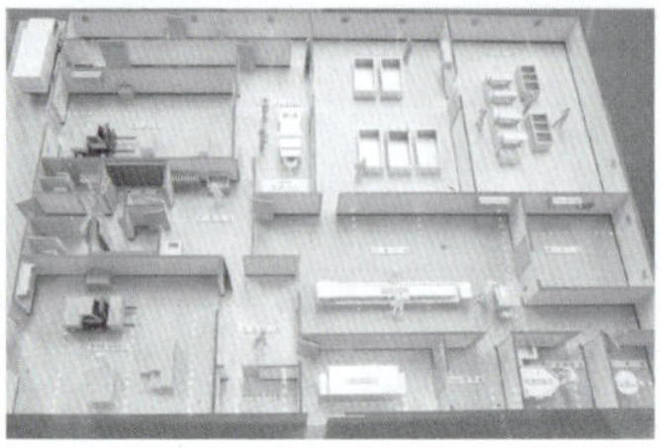	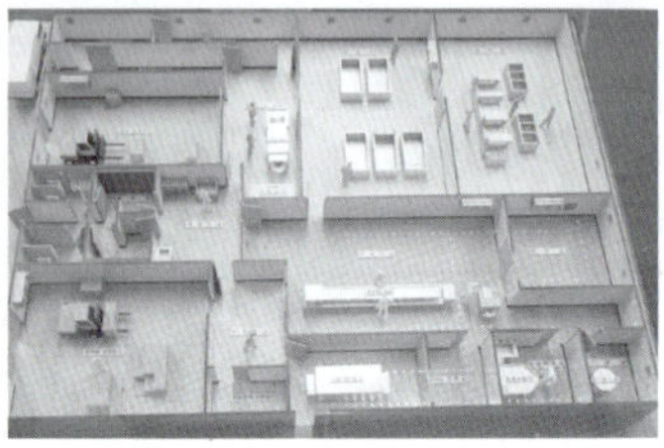

그림 2-7-22 김치의 작업구역과 각 동선

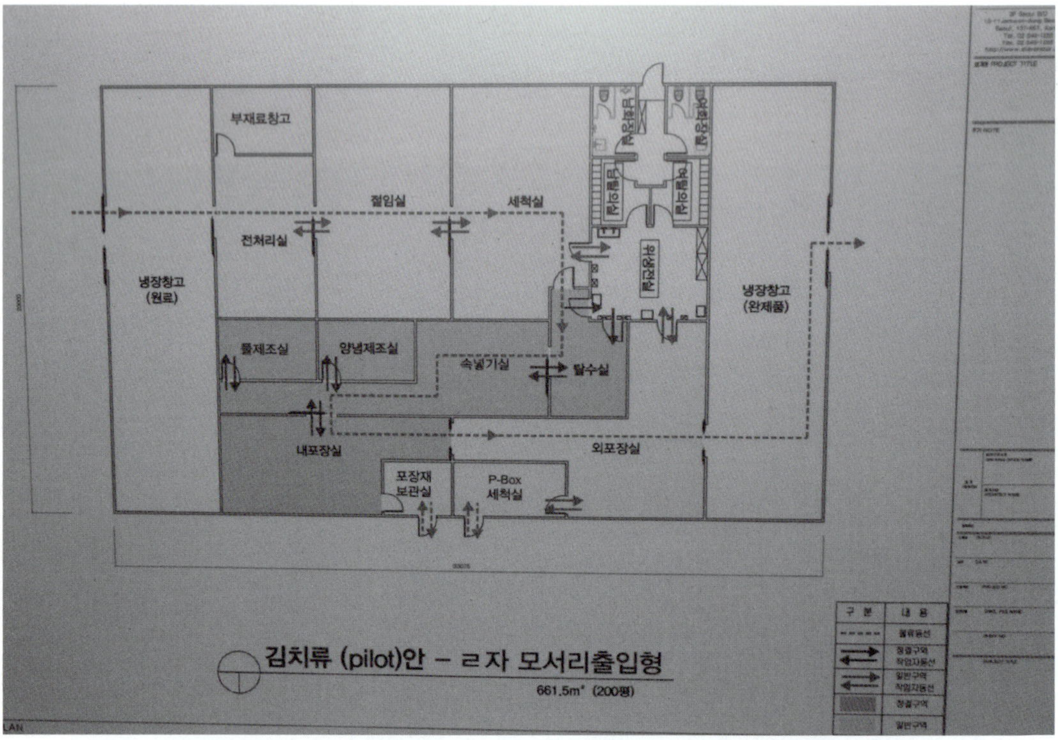

그림 2-7-23 김치 pilot안- ㄹ자 모서리출입형 모형도

(8) HACCP 의무적용식품과 그 외 몇 식품의 중요관리점(CCP) 종류들

앞서 몇 식품에 대해 CCP를 보았지만 2009년 한국보건산업진흥원(KHIDI) HACCP 지원사업단의 정보영 등이 HACCP 기술세미나에서 발표한 "각 식품의 CCP 설정 현황"을 살펴보면 그림 2-7-24와 같이 다양한 CCP들을 볼 수 있다.

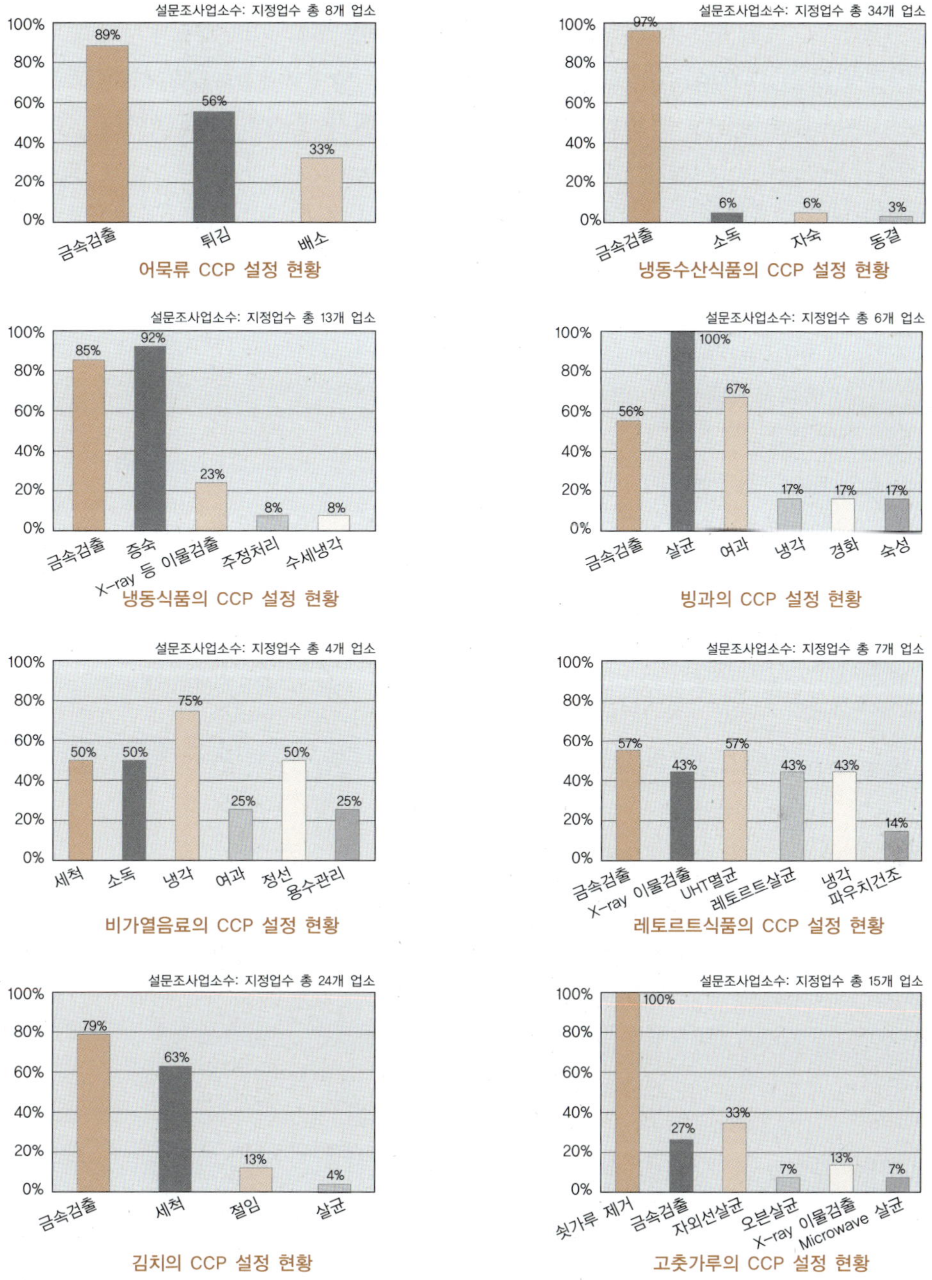

그림 2-7-24 각 식품의 CCP 설정 현황

HACCP 의무적용식품인 경우 어묵류는 금속검출 89%, 튀김 56%, 배소 33%의 점유율을 볼 수 있고, 냉동수산식품은 금속검출 97%, 소독 6%, 자숙 6%, 동결 3%로, 냉동식품은 증숙 92%, 금속검출 85%, X-ray 등 이물 23%, 주정처리 8%, 수세냉각 8%로, 빙과는 살균 100%, 여과 67%, 금속검출 50%, 냉각·경화·숙성 각각 17%로, 비가열음료는 냉각 75%, 세척·소독·정선 각각 50%, 여과 및 용수 관리 각각 25%로, 레토르트식품은 금속검출·UHT멸균 각각 57%, X-ray 등 이물·레토르트살균·냉각 각각 43%, 파우치건조 14%로, 김치류는 금속검출 79%, 세척 63%, 절임 13%, 살균 4%로, 그리고 비의무적용식품인 고춧가루의 경우 쇳가루제거 100%, 자외선살균 33%, 금속검출 27%, X-ray 등 이물 13%, 오존살균·Microwave 살균 각각 7%로 점유율을 보이고 있다.

아울러 의무적용식품 7품목의 중요 CCP와 고춧가루의 중요 CCP를 열거하면 표 2-7-1~표 2-7-8과 같다.

표 2-7-1 어육가공품 중 어묵류의 CCP

유형	제조 공정	CCP-위해요소유형	위해종류의 내용	한계기준
찐어묵	성형	CCP-P	이물 거름망 기능 저하 및 파손으로 인한 이물 혼입	이물 불검출
	금속검출	CCP-P	금속성 이물 혼입	금속성 이물 불검출 Fe: Ø1.5mm 이상 SUS: Ø2.0mm 이상
	살균	CCP-B	불충분한 튀김온도와 시간에 따른 병원성 미생물 잔존	살균온도: 95±5℃ 또는 92±2℃ 살균시간: 25분±5분, 75±5분 제품온도: 85±5℃
	냉각	CCP-B	냉각불량으로 인한 잔존 미생물의 증식	제품품온: 10℃ 이하
튀김어묵	튀김	CCP-B	불충분한 튀김온도와 시간에 따른 병원성 미생물 잔존	튀김온도: 130℃ 이상 또는 165±2℃ 튀김시간: 2분(○○○rpm) 이상, 3분±20초 제품품온: 85℃ 이상
	냉각	CCP-B	냉각 불량으로 인한 잔존 미생물의 증식	제품품온: 85℃ 이상
	금속검출	CCP-P	금속검출 감도 저하 및 고장으로 인한 금속성 이물 혼입	금속성 이물 불검출 Fe: Ø1.5mm 이상 SUS: Ø2.0mm 이상

표 2-7-2 냉동수산식품 중 어류, 연체류, 조미가공품의 CCP

유형	제조 공정	CCP-위해요소유형	위해종류의 내용	한계기준
냉동 어류, 냉동 연체류	금속검출	CCP-P	금속검출 감도 저하 및 고장으로 금속성 이물 혼입	금속성 이물 불검출 Fe: Ø1.5mm 이상 SUS: Ø2.0mm 이상
	세척	CCP-BP	병원성 미생물 감소 세척 불충분에 의한 이물 잔류	냉동어류: 자동세척(분무·분사 세척) 세척시간: 5분 이상 세척수량: 분당 20L 이상 원물량: 분당 8kg 이하 냉동연체류: 수동세척(폭기·침지 세척) 세척시간: 5분 이상 세척수량: 원물 40kg당 100L 이상 세척수 교체주기: 40kg 세척 후
냉동 조미 가공품	굽기	CCP-B	불충분한 가열온도와 시간으로 병원성 미생물의 잔존	굽기온도: 125±5℃ 이상 굽기시간: 50±10초
	금속검출	CCP-B	금속검출 감도 저하 및 고장으로 금속성 이물 혼입	금속성 이물 불검출 Fe: Ø1.5mm 이상 SUS: Ø2.0mm 이상

표 2-7-3 냉동식품 중 만두류, 면류, 피자류의 CCP

유형	제조 공정	CCP-위해요소유형	위해종류의 내용	한계기준
냉동만두	증숙	CCP-B	증숙온도와 시간관리 미흡으로 인한 병원성 미생물 잔존	증숙온도: 92℃ 이상 증숙시간: 2분 이상 제품품온: 85℃ 이상
	금속검출	CCP-P	금속검출 감도 저하 및 고장으로 금속성 이물 혼입	금속성 이물 불검출 Fe: Ø1.5mm 이상 SUS: Ø2.0mm 이상
냉동면	탕숙	CCP-B	탕숙온도와 시간의 부적절에 의한 병원성 및 부패세균의 오염	가열온도와 시간의 준수 (탕숙 관리기준 철저)
	수세, 냉각	CCP-B	품온 상승에 의한 미생물의 증식	세척시간: 2분 이상 세척수량: 100L 이상 원물량: 40kg 이하 세척수 교체주기: 40kg 마다
	금속검출기 통과	CCP-P	금속검출기의 작동 불량 기기류의 관리 불량으로 인한 금속성 이물의 혼입	금속 불검출: Ø2.0mm 이상 Test piece에 의한 작동 체크

냉동피자	세척(토핑채소, 수동세척)	CCP-BP	병원성 미생물의 잔존 세척 불충분에 의한 이물 잔류	세척시간과 횟수: 2분 이상, 2회 이상 세척 세척수량: 100L 이상 원물량: 40kg 이하 세척수 교체주기: 40kg 세척 후
	굽기	CCP-B	굽는 온도와 시간의 부적절에 의한 병원성 미생물의 잔존	굽기온도: 250±2℃ 굽기시간: 20±2분 이상
	가열(소스)	CCP-B	불충분한 가열온도와 시간으로 병원성 미생물의 잔존	가열온도: 92±2℃ 가열시간: 6분 이상

표 2-7-4 빙과의 CCP

유형	제조공정	CCP-위해요소유형	위해종류의 내용	한계기준
빙과	여과	CCP-P	여과망 파손 및 막힘 등으로 인한 이물 혼입, 여과망 크기 확인 불량	여과망: 30mesh(0.84mm) 이상 이물 불검출
	살균	CCP-B	불충분한 살균온도와 시간에 따른 병원성 미생물 잔존(생존)	살균온도: 88±2℃ 이상 살균시간: 22±5초 이상
	냉각	CCP-B	냉각 불량으로 인한 잔존 미생물의 증식	냉각온도: -5℃ 이하 냉각시간: 10~15분
	금속검출	CCP-P	금속검출 감도 저하 및 고장으로 금속성 이물 혼입	금속성 이물 불검출 Fe: Ø1.5mm 이상 SUS: Ø2.0mm 이상

표 2-7-5 비가열음료의 CCP

유형	제조공정	CCP-위해요소유형	위해종류의 내용	한계기준
비가열음료	세척·소독	CCP-B	병원성 미생물, 부패세균의 소독농도 미준수로 인한 잔존	소독농도: 염소농도(차아염소산나트륨) : 150±10ppm 소독시간: 11±1분, 1시간마다 교체
	착즙·여과	CCP-P	여과망 파손 유무 및 이물 검출 여부 확인 불량, 여과망 크기 확인 불량	여과망: 60mesh(0.42mm) 이상 불검출
	저장(보관)	CCP-B	저장 병원성 미생물, 부패세균의 온도관리 미준수로 인한 증식	냉각탱크: 4℃ 이하 온도관리

표 2-7-6 레토르트식품의 CCP

유형	제조 공정	CCP-위해요소 유형	위해종류의 내용	한계기준
레토르트식품	금속 검출	CCP-P	자석감도 저하 및 파손으로 인한 금속이물 혼입	금속성 이물: Ø2.0mm 이상 불검출
	멸균	CCP-B	멸균온도와 시간관리 미흡으로 인한 병원성, 내열성 세균 잔존	멸균온도: 121±2℃ 이상 멸균시간: 15분 이상 멸균압력: 2.0kg/cm^3 이상
	냉각	CCP-B	냉각불량으로 인한 잔존 미생물의 증식	냉각온도: 5℃ 이하 냉각시간: 30분 이상

표 2-7-7 김치의 CCP

유형	제조 공정	CCP-위해요소 유형	위해종류의 내용	한계기준
김치	기타 농산물 정선	CCP-B	부패·변질 부위의 제거 불충분에 의한 부패 및 병원성 미생물 잔존	부패·변질부위: 없을 것
	배추 정선	CCP-B	부패·변질 부위의 제거 불충분에 의한 부패 및 병원성 미생물 잔존	부패·변질부위: 없을 것
	배추 세척 (자동세척)	CCP-CP	세척 불충분에 의한 농약 잔류 세척 불충분에 의한 이물 잔류	세척시간: 2분 이상 세척량: 40L 이상 원물량: 30포기 이하/분
	기타 농산물 세척(수동)	CCP-CP	세척 불충분에 의한 농약 잔류 세척 불충분에 의한 이물 잔류	세척시간: 2분 이상 세척수량 : 100L 이상 원물량 : 40kg 이하 세척회수: 2회 이상 교체주기: 40kg 시 마다
	금속검출	CCP-P	금속검출기 감도 저하 및 고장으로 금속 이물 혼입	금속이물: Ø2.0mm 이상 불검출

표 2-7-8 고춧가루의 CCP

유형	제조 공정	CCP-위해요소 유형	위해종류의 내용	한계기준
고춧가루	혼합 분쇄	CCP-B	일반세균, 곰팡이 분쇄기에서 열 발생 혼합기 및 주위 환경으로부터 오염	호퍼 내부온도: 40℃ 이하
	금속 제거	CCP-P	금속성 이물 생성공정 중 고춧가루에 쇳가루(철분) 증가 생산된 고춧가루의 누적으로 인해 금속 제거기의 감도 저하	금속성 이물: 불검출 (10,000gauss 자석)
	금속 검출	CCP-P	금속성 이물 금속검출기 감도 저하 및 고장으로 금속류 이물 함유 제품 통과	금속성 이물 불검출 Fe: Ø1.5mm 이상 SUS: Ø2.0mm 이상

2-2. 냉동만두의 HACCP 적용 D사의 사례

(1) 냉동만두의 제조공정

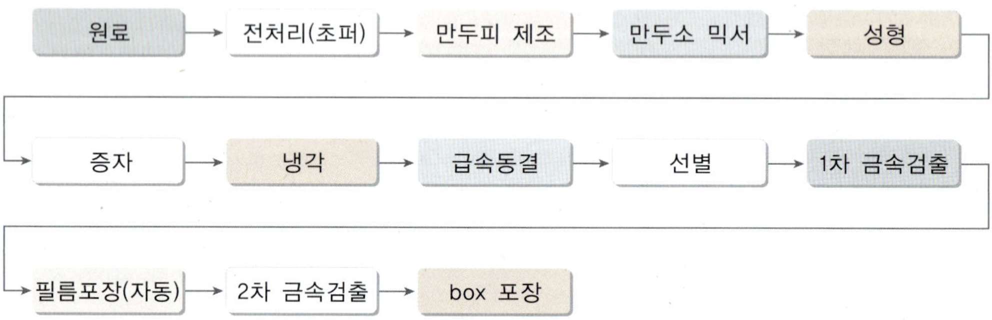

그림 2-7-25 냉동만두의 제조공정도

(2) 냉동만두의 생산공정

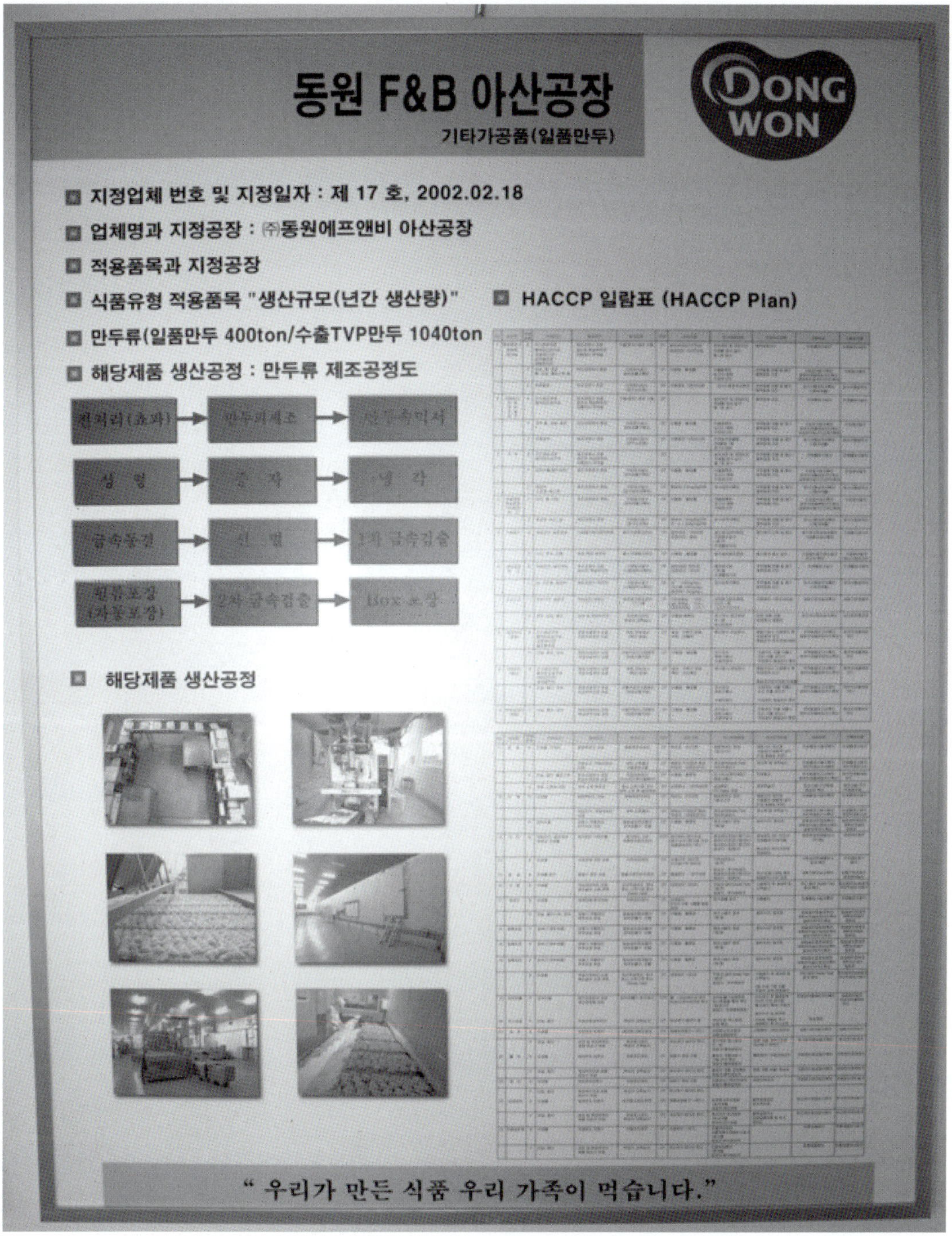

그림 2-7-26 냉동만두의 작업구역과 각 동선

(3) 냉동만두의 HACCP 일람표(HACCP plan)

표 2-7-9 냉동만두의 HACCP 일람표

No.	공정명	위해요소분류	위해요소	발생요인	예방조치	CCP
1	원료육 입고 돈정육 돈지방	B	리스테리아균, 황색포도상구균, 대장균 O157, 살모넬라균, 캠필로박터균	제조과정에서 오염, 생산자 취급 부주의, 유통관리 부적절	가열(증자)공정 사멸	CP
		P	금속, 돌, 돈모, 뼈, 비닐, 플라스틱 등	제조과정에서 혼입	수입검사 실시, 금속검출기 확인	CP
		C	항생물질	제조과정에서 오염	수입검사 실시 (연구소 의뢰)	CP
2	채소 입고 대파 양파 마늘 당근	B	리스테리아균, 황색포도상구균	제조과정에서 오염, 생산자 취급 부주의, 유통관리 부적절	가열(증자)공정 사멸	CP
		P	금속, 돌, 비닐, 종이	제조과정에서 혼입	수입검사 실시, 금속검출기 확인	CP
		C	잔류농약	제조과정에서 오염	수입검사 실시 (연구소 의뢰)	CP
3	두부	B	리스테리아균, 황색포도상구균	제조과정에서 오염, 생산자 취급 부주의, 유통관리 부적절	가열(증자)공정 사멸	CP
		P	금속이물(철수세미)	제조과정에서 혼입	수입검사 실시, 금속검출기 확인	CP
		C	중금속 소포제, 응고제	제조과정에서 오염	수입검사 실시 (검사성적서 확인)	CP
4	분말원료, 액상원료, 기타원료 입고	P	금속, 돌, 비닐	제조과정에서 혼입	수입검사 실시, 금속검출기 확인	CP
		C	중금속, 비소, 납	제조과정에서 오염	수입검사 실시 (연구소 의뢰)	CP
5	가공용수	B	대장균군, 일반세균	가공용수탱크 관리부족	용수저장탱크 관리	CP
		P	누수, 우수, 곤충	보관·취급 부주의	용수저장탱크 관리	CP

한계기준	모니터링방법	개선조치방법	검증방법	기록문서명
일반세균: 5×10^6 이하 대장균군: 1×10^4 이하	일반세균 및 대장균군 미생물검사 실시 (1회/월)	협력업체 지도	미생물검사 실시	미생물검사 일지
이물: 불검출	이물 확인, 입고시 매회 수입검사자	부적합품 반품 및 폐기, 협력업체 지도	수입검사일지 확인, 원부자재 클레임카드 확인, 공정관리일지 (CCP2) 확인	수입검사 일지
식품공전 기준치 이하	검사시험, 성적서 확인	부적합품 반품 및 폐기, 협력업체 지도	검사시험성적서 확인 (1회/6개월)	검사시험 성적서
	일반세균 및 대장균군 미생물검사 실시 (1회/월)	협력업체 지도	미생물검사 실시	미생물검사 일지
이물: 불검출	이물 확인, 입고시 매회 수입검사자	부적합품 반품 및 폐기, 협력업체 지도	수입검사일지 확인, 원부자재 클레임카드 확인, 공정관리일지 (CCP2) 확인	수입검사 일지
식품공전 기준치 이하	잔류농약검출법 연구소 의뢰(1회/6개월)	부적합품 반품 및 폐기, 협력업체 지도	검사시험성적서 확인 (1회/6개월)	검사시험 성적서
일반세균: 5×10^6 이하 대장균군: 1×10^4 이하	일반세균 및 대장균군 미생물검사 실시 (1회/월)	부적합품 반품 및 폐기, 협력업체 지도	미생물검사 실시	미생물검사 일지
이물: 불검출	이물 확인, 입고시 매회 수입검사자	부적합품 반품 및 폐기, 협력업체 지도	수입검사일지 확인, 원부자재 클레임카드 확인, 공정관리일지 (CCP2) 확인	수입검사 일지
중금속: 3.0mg/kg 이하	검사성적서 확인	부적합품 반품 및 폐기, 협력업체 지도	검사시험성적서 확인 (1회/6개월)	검사시험 성적서
이물: 불검출	이물 확인, 입고시 매회 수입검사자	부적합품 반품 및 폐기, 협력업체 지도	수입검사일지 확인, 원부자재 클레임카드 확인, 공정관리일지 (CCP2) 확인	수입검사 일지
중금속: 10mg/kg 이하 비소: 1.5mg/kg 이하	검사성적서 확인	부적합품 반품 및 폐기, 협력업체 지도	검사시험성적서 확인 (1회/6개월)	검사시험 성적서
일반세균: 100 이하, 대장균군: 음성	용수탱크관리·점검, 가공용수검사(1회/주), 미생물검사자	용수탱크 소독 및 청소	용수탱크점검결과 확인, 가공용수검사 확인	가공용수 검사서
이물: 불검출	용수탱크관리·점검	용수탱크 청소 실시	용수탱크 청소실시 보고서 확인	용수탱크 청소 실시, 보고서

No.	공정명	위해요소분류	위해요소	발생요인	예방조치	CCP
6	내포장재 입고	B	대장균군, 일반세균	제조과정에서 오염, 생산자 취급 부주의	수입검사 실시(시험성적서 확인)	CP
		C	납, 카드뮴, 중금속	제조과정에서 부주의	수입검사 실시(시험성적서 확인)	CP
7	원료보관	B	일반세균, 대장균	보관온도 미준수로 증식	보관창고 온도관리, 선입선출	CP
		P	먼지, 비닐, 종이	보관 및 취급 부주의로 혼입	보관창고 관리, 취급자교육 실시	CP
8	육전처리 (초핑)	B	리스테리아균, 황색포도상구균, 대장균 O157, 살모넬라균	원료 자체에서 오염, 작업자로부터 오염	매회 관능검사 (육안, 냄새)	CP
		P	비닐, 종이, 금속	원료 자체에서 혼입, 작업자로부터 혼입	선별작업자 고정배치(전량선별작업)	CP
9	채소처리 (절단)	B	리스테리아균, 황색포도상구균, 대장균 O157, 살모넬라균	원료 자체에서 오염, 작업자로부터 오염	매회 관능검사 (육안, 냄새)	CP
		P	비닐, 종이, 금속	원료 자체에서 혼입, 취급 부주의로 혼입	선별작업자 고정배치(전량선별작업)	CP
10	부원료 처리(계량)	P	비닐, 종이, 금속	원료 자체에서 혼입, 취급 부주의로 혼입	선별작업자 고정배치(전량선별작업)	CP
11	배합	B	미생물, 부패균	배합육 온도상승	배합육 온도관리	CP
				작업도구, 작업자에서 오염	세척, 소독 철저, 가열공정 사멸	CP
		P	비닐, 종이, 플라스틱	원료 자체에서 혼입, 취급 부주의로 혼입	작업표준 준수 (믹서 정지 후 이물 확인)	CP
		C	세척제, 소독제	세척, 소독 부주의로 오염	청소·소독기준 준수, 세척·소독 후 설비점검	CP

한계기준	모니터링방법	개선조치방법	검증방법	기록문서명
일반세균: 50 이하 대장균군: 10 이하	평판배지법 (1회/1월) 미생물검사자	부적합품 반품 및 폐기, 협력업체 지도	미생물검사 실시	미생물검사 일지
납: 100mg/kg 이하 카드뮴: 100mg/kg 이하 중금속: 1.0mg/kg 이하	검사성적서 확인	부적합품 반품 및 폐기, 협력업체 지도	검사시험성적서 확인 (1회/6개월)	검사시험 성적서
F급 냉동실: -18℃ 이하 AB 냉장실: 10℃ 이하 채소보관실: 10℃ 이하	보관창고 온도 점검 (1회/3시간) 냉동·냉장담당자	사용중단, 온도 재조정	냉동기운전일지 확인	냉동기운전 일지
이물: 불혼입	정기적인 창고점검 (1회/주) 창고담당자	당해제품 선별, 보관창고 재정리	창고관리점검일지 확인	창고관리 점검표
냄새: 이취가 없음 색택: 선홍색	매사용 시 관능검사	품질이상 시 사용중지 후 직장에 보고, 품질관리분석 의뢰(VBN)	부적합품보고서 확인, 원부자재클레임 카드 확인	원부자재클레임 카드
이물: 불검출	전수검사 매회 사용 시 선별작업자	치명적인 이물색출 시 또는 이물 과다 시 작업 중단, 품질관리 통보	부적합품보고서 확인, 원부자재클레임 카드 확인	원부자재클레임 카드
냄새: 이취가 없음 육안: 선도 확인	매사용 시 관능검사	품질이상 시 사용중지 후 직장에 보고, 품질관리분석 의뢰(미생물)	부적합품보고서 확인, 원부자재클레임 카드 확인	원부자재클레임 카드
이물: 불검출	전수검사 매회 사용 시 선별작업자	치명적인 이물색출 시 또는 이물 과다 시 작업 중단, 품질관리 통보	부적합품보고서 확인, 원부자재클레임 카드 확인	원부자재클레임 카드
이물: 불검출	전수검사 매회 사용 시 선별작업자	치명적인 이물색출 시 또는 이물 과다 시 작업 중단, 품질관리 통보	부적합품보고서 확인, 원부자재클레임 카드 확인	원부자재클레임 카드
육온도: 5℃ 이하	배합육 온도점검 (1회/3시간)	배합시간 재조정, 사용중인 배합육냉각(F급 동결실 보관)	미생물검사일지 확인	미생물검사 일지
배합도구: 대장균 음성 작업자: 대장균군 10 이하	제조설비 Swab test, 개인위생검사	재소독 및 세척 실시	미생물검사일지 확인, 개인위생검사서 확인	미생물검사 일지, 개인위생검사서
이물: 불검출	전수검사(육안 확인) (매회/사용 시)	전량 폐기	부적합품보고서 확인, 원부자재클레임카드 확인	원부자재클레임 카드
잔류염소: 10cpm 이하	냄새 확인 pH paper 점검	재세척 실시	제조시설·기구위생 점검표 확인	제조시설·기구 위생점검표

No.	공정명	위해요소분류	위해요소	발생요인	예방조치	CCP
12	성형	B	미생물	배합육 온도상승	배합육 온도관리	CP
			미생물	작업도구, 작업자에서 오염	세척, 소독 철저	CP
		P	금속이물	성형기 부품관리 부주의로 혼입	일일설비 철저, 금속검출기 선별	CP
13	증자	B	대장균군, 일반세균, 병원성 미생물	증자온도 기준이탈	증자온도, 시간, 제품중심온도관리	CCP
14	냉각	B	미생물	낙하균에 의한 오염	낙하세균관리	CP
15	급속동결	B	미생물	동결기 온도 상승	동결기 온도 유지 관리	CP
16	선별	B	미생물	작업자로부터 오염 제조, 설비소독 부족	개인위생관리 준수, 청소소독기준 준수 (Swab test)	CP
17	재제조	B	미생물	제제조품, 온도상승	보관온도 관리	CP
		P	비닐, 플라스틱 금속	성형기 부품관리 부주의로 혼입	일일설비 철저, 금속검출기 선별	CP
18	필름포장	P	금속(기계부속품)	성형기 부품관리 부주의로 혼입	일일설비 철저, 금속검출기 선별	CP
		B	미생물	작업자로부터 오염, 제조설비소독 부족	개인위생관리 준수, 청소소독기준 준수 (Swab test)	CP
19	금속검출	P	금속이물	원부자재 혼입, 제조공정 중 혼입	금속검출기 정도관리	CCP

한계기준	모니터링방법	개선조치방법	검증방법	기록문서명
육온도: 5℃ 이하	배합육 온도점검 (1회/3시간)	배합시간 재조정, 사용 중인 배합육 냉각 (F급 동결실 보관)	미생물검사일지 확인	미생물검사 일지
배합도구: 대장균 음성 작업자: 대장균군: 10 이하	제조설비 Swab test, 개인위생검사	재소독 및 세척 실시	미생물 검사일지 확인, 개인위생검사서 확인	미생물검사 일지, 개인위생검 사서
이물: 불혼합	제조시설의 점검 (1회/일)	설비수리/재조정	일일설비점검표 확인, 계획보전설비점검표 확인, 설비이력카드 확인	일일설비점검 표, 계획보전 설비 점검표
증자온도: 95℃ 이상 증자시간: 2분 10초 이상 제품중심온도: 75℃	증자온도 점검(1회/1hr) 증자시간 점검(1회/3hr) 중심온도 점검(1회/2hr) 점검자: 동행OP	중심온도 65~95℃ 미생물검사/재가열 중심온도 65℃ 미만은 재생처리	증자 후 공정제품 검사 (1회/주)	공정관리일지
일반구역: 100 이하 청결구역: 50 이하	낙하세균검사 (1회/주)		낙하세균 미생물검사 결과 확인	낙하세균검사 일지 확인
동결온도: -30℃ 이하	점검자: 분석담당자 동결온도 점검 (1회/2hr) 점검자: 동행 OP	즉시 냉동 기계실 통보 동결온도/시간조정	냉동기운전일지 확인	냉동기운전 일지, 공정관 리 일지
대장균군: 10 이하	작업자/설비 Swab test(1회/주) 점검자: 분석	사용중지 후 재세척 및 소독 실시	개인/설비 Swab test 결과 확인	제조설비 Swab test 일지, 개인위생검사 일지
보관온도 2시간 후 사용품 냉동보관	재가공품 관리	사용중지	미생물검사일지 확인	미생물검사 일지
이물: 불혼입	제조시설의 점검 (1회/일)	설비수리/재조정	일일설비점검표 확인 계획보전설비점검표 확인 설비이력카드 확인	일일설비점검 표, 계획보전 설비 점검표
이물: 불혼입	제조시설의 점검 (1회/일)	설비수리/재조정	일일설비점검표 확인 계획보전설비점검표 확인 설비이력카드 확인	일일설비점검 표, 계획보전 설비 점검표
대장균군: 10 이하	작업자/설비 Swab test(1회/주) 점검자: 분석담당자	사용중지 후 재세척 및 소독 실시(2회 이상), 기준이탈 작업자교육/전환배치	개인/설비 Swab test 결과 확인	제조설비 Swab 일지, 개인위생검사 일지
철: Ø1.5mm 이상 제거 SUS: Ø2.0mm 이상 제거	금속검출기상태 점검, 테스트칩을 통과확인 (1회/2시간) 점검자: 포장담당자	라인정지 후 물류팀에 2시간 이전 검사품출고 금지(통보/재검사)	포장금속플레임카드 확인	공정관리 일지, 포장금속플 레임카드

No.	공정명	위해 요소 분류	위해요소	발생요인	예방조치	CCP
20	박스포장	P	비닐, 종이	작업자 취급 부주의	취급자교육 실시	CP
21	보관	B	미생물	보관온도 미준수	보관창고 온도관리	CP
22	출하	P	비닐, 종이	보관 및 취급 부주의 제품 파손 시 혼입	보관창고 관리, 취급자교육 실시	CP
		B	미생물	운반온도 미준수	차량온도 관리	CP
		P	비닐, 종이	취급 부주의로 제품 파손 시 혼입	취급자교육 실시	CP
23	운반	B	미생물	운반온도 미준수	차량온도 관리	CP
24	업체보관	P	비닐, 종이	취급 부주의로 제품 파손 시 혼입	취급자교육 실시	CP
		B	미생물	보관온도 미준수	보관창고 온도관리	CP
		P	비닐, 종이	보관 및 취급 부주의, 제품 파손 시 혼입	보관창고 관리, 취급자교육 실시	CP
25	진열 및 판매	B	미생물	진열온도 미준수	진열온도 관리	CP
		P	비닐, 종이	보관 및 취급 부주의, 제품 파손 시 혼입	취급자교육 실시	CP

한계기준	모니터링방법	개선조치방법	검증방법	기록문서명
파손부가 없어야 함	육안으로 박스 포장 상태 확인	파손된 제품은 즉시 제품 확인 후 박스 교체 설비수리 및 재조정	파손 점검	공정관리일지
제품보관 창고: −18℃ 이하	보관창고 온도 점검: 냉동·냉장담당자	사용중단, 온도재조정	냉동기운전일지 확인	냉동기운전일지
파손부가 없어야 함	정기적인 창고 점검 (1회/주) 점검자: 출하담당자	당해제품 재박스 포장 및 보관창고 재정리	창고관리점검일지 확인	창고관리 점검표
냉동기 정상 가동	출하 전 제품상태 확인 점검자: 출하담당자	출하정지, 차량교체 조치	차량관리점검일지 확인	차량관리 점검표
파손부가 없어야 함	출하 전 제품상태 확인 점검자: 출하담당자	당해제품 선별, 재포장	창고관리점검일지 확인	창고관리 점검표
냉동기 정상가동	자동온도기록장치 확인 점검자: 출하담당자	차량교체 조치	차량온도관리일지 확인	차량온도관리 일지
파손부가 없어야 함	출하 전 제품상태 확인 점검자: 출하담당자	당해제품 선별, 재포장	창고관리점검일지 확인	창고관리점검 일지
제품보관 창고: −18℃ 이하	보관창고온도 점검 (1회/6개월) 점검자: 관리과장	협력업체 지도, 당해제품 선별 및 창고 재정리	창고관리점검일지 확인	창고관리점검 일지
파손부가 없어야 함	정기적인 창고 점검 (1회/6개월) 점검자: 관리과장	협력업체 지도, 당해 제품 선별 및 창고 재정리	창고관리점검일지 확인	창고관리점검 일지
진열온도: −18℃ 이하	진열온도 점검 유통제품미생물검사 실시 (1회/2월) 점검자: 분석담당자		유통제품 확인	유통제품검사 일지
파손부가 없어야 함	진열상태 확인 (1회/2월) 점검자: 분석담당자		유통제품 확인	유통제품검사 일지

3. 집단급식소 조리식품의 HACCP 적용 사례

외식산업을 포함한 학교, 병원, 산업체 및 기내급식과 같은 집단급식에서의 HACCP는 기본적으로는 HACCP의 7가지 원칙에 의하여 실시되나, 식품을 생산, 제조하는 산업체에서 적용되는 HACCP와는 그 적용방법에 있어서 달리할 필요가 있다. 왜냐하면 집단급식에서의 HACCP는 산업체에서의 HACCP와는 그 적용에 있어 약간의 차이를 가지는데, 그 하나가 식품을 제공하는 형태에 따라 다르지만 화학적, 물리적 위해요소를 관리하는 공정이 없다는 것이다.

즉 일부 업소에서는 농수축산물 원료시장에 가서 직접 구매하여 조리, 급식하기도 하지만, 대다수의 집단급식에서는 승인된 공급업자로부터 식품을 수령하여 주방이라는 제한된 공간 내에서 보관, 해동, 조리, 배식 등의 공정을 거치게 되기 때문에 확인된 공급자로부터 구매를 통하여 시간적으로 화학적, 물리적으로 위해요소가 없는 식재료나 식품 등을 구매하여야 한다. 따라서 이는 HACCP 실시를 위한 기반이 되는 SSOP(표준위생관리절차) 등에 의하여 구매 또는 수령 시 이러한 위해요소를 관리할 수 있는 절차가 선행되어야 할 것이다.

3-1. 집단급식소 조리식품의 HACCP 적용 C사의 사례

(1) 준비(예비)단계(1~5단계)

집단급식소에서의 HACCP 실시를 위한 예비단계로는 먼저 HACCP팀의 구성, 제공되는 음식에 대한 레시피 작성과 검토를 통하여 위해요소가 있는 음식을 식별한 다음 그에 대한 정확한 공정도를 작성하여 비슷한 음식군을 분류하는 것이다. 이는 집단급식소나 업체에서 제공되는 음식마다 HACCP를 따로 실시한다는 것은 어렵기 때문이며 보다 효과적이고 효율적인 HACCP 실시를 위함이다.

집단급식에서의 일반적인 공정의 흐름은 다음과 같이 나타낼 수 있으나, 이는 집단급식에 있어서 공정의 일반적인 흐름을 도식화하였을 뿐 제공되는 음식의 종류나 집단급식의 유형에 모두 적용될 수 있는 공정도가 아니기 때문에 급식의 형태와 제공되는 음식의 종류에 따라 공정도는 달라질 수 있으며, 이에 따른 상세한 공정도를 작성할 필요가 있다. 다음의 여러 유형을 열거하면 다음과 같다.

예1) 중식 1끼만 제공하는 집단급식의 공정흐름도

수령(반입) → 보관 → 해동 → 준비 → 조리(CCP1) → 배식(CCP2) → 기구 · 용기세척, 소독(CCP3)

예2) 중식 때 만든 식품을 석식 때 사용하는 집단급식의 공정흐름도

수령 → 보관 → 해동 → 준비 → 조리(CCP1) → 냉각(CCP2) → 냉각유지 → 재가열 → 배식(CCP3) → 기구 · 용기 세척, 소독(CCP4)

예3) 중앙식 주방에서 조리한 식품을 제공받아 사용하는 외식업체의 공정흐름도

수령 → 보관 → 해동 → 준비 → 조리(CCP1) → 냉각(CCP2) → 보관 → 재가열 → 유지(Holding) → 배식(CCP3) → 기구 · 용기 세척, 소독(CCP4)

(2) HACCP 원칙 적용단계(6~12단계)

이 단계에서는 HACCP의 7가지 원칙에 따른 단계가 적용이 되지만 중요한 것은 집단급식에서의 경우 산업체에서와는 달리 생물학적 위해요소의 관리가 핵심이기 때문에, 미생물의 생장온도범위인 5~60℃의 범위를 갖는 공정단계를 이 온도대에서 미생물이 번식할 수 있는 최소한의 시간인 4시간 이하로 관리할 수 있다면 안전성을 확보할 수 있다는 점이다. 따라서 위해요소 분석에 따른 CCP는 조리공정이나 조리 후 냉각 및 재가열 등과 같은 5~60℃의 범위를 갖는 공정단계가 CCP가 되며, 이때 온도와 시간이 한계기준(CL)으로 관리되어야 한다. 다음은 유명 C집단급식소에서 이용되고 있는 CCP1 ~ CCP5의 서식의 일례이다.

표 2-7-10 채소·과일의 세척소독일지 예 - CCP1

연월일(요일)	시간(분)	식재료명	소독 시간(분)	세척상태 (O,×)	염소수농도 (O,×)	잔류염소		개선조치	확인(서명)
						확인 (O,×)	결과 (O,×)		

한계기준	· 세척기준: 흐르는 물에 2회 이상 세척 · 소독기준: 염소수 100ppm에 10분 침지 후 흐르는 물로 헹군다. · 소독제의 염소농도 적합 여부: chlorine test paper로 확인(부착된 염소측정표 참조) · 세척/소독 후 잔류세척제 확인: 과·채류 헹굼 작업 시 chlorine test paper로 확인
검색빈도	· 생식용 채소·과일 세척 시 소독시간, 세척상태, 염소수농도 확인 · 세척/소독 후 잔류세척제 확인
개선조치	· 이물 발견 시 → 재세척 및 소독 · 세척제 잔존 시 → 재세척 및 소독 · 농도 부적합 시 → 적정 비율도 희석 후 chlorine test paper로 재확인
확인자	성명: ____________ (서명): ____________ 확인일자: ____________

표 2-7-11 가열조리일지 예 - CCP2

연월일	시기	식재료명	가열시간	가열종료	중심온도(℃)	튀김유온도(℃)	개선조치	확인(서명)

구분	한계기준	개선조치
중심온도 및 시간	· 육류, 가금류, 어패류에만 적용 –가금류: 75℃ 이상 –육류, 어패류: 69℃ 이상 –달걀 및 달걀제품: 75℃ 이상 · 분할 메뉴 온도 확인방법: 각 batch별 확인	· 중심온도가 기준에 부적합할 경우 → 재가열 · 분할 메뉴온도 및 시간이 부적합할 시 또는 비가열 시 → 재가열
기름온도	· 튀김작업 시 기름온도: 160~180℃	· 가열온도는 180℃ 이하로 낮춘다.
확인자	성명: ____________ (서명): ____________	확인일자: ____________

표 2-7-12 냉각공정일지 예 - CCP3

연월일	시기	메뉴명	냉각시간		냉각종료		개선조치	확인(서명)
			시간(분)	중심온도(℃)	시간(분)	중심온도(℃)		

구분	한계기준	개선조치
냉각 시간 및 온도	· 60℃에서 5℃ 이하로 4시간 이내에 온도를 떨어뜨림 → 냉각온도 측정은 냉각을 시작하는 시점과 끝난 시점을 중심온도로 측정하여 기록	· 냉각 시 4시간을 초과할 경우 → 폐기
확인자	성명: ________ (서명): ________ 확인일자: ________	

표 2-7-13 ( )월 조리공정 및 검식일지 - CCP4

	식단	조리평가★			적온배식		실온배식		개선조치	검식평가●						검식자 확인
		위생장갑	이미	이취	보냉온도	보온온도	조리종료시간	배식종료시간		맛	온도	분량	형태	조화	비고	
아침																
점심																
저녁																

구분	검식 시	적온배식 시	실온배식 시
한계기준	이미, 이취가 없어야 함	보온: 60℃ 이상 보냉: 5℃ 이하	장시간 실온방치로 미생물증식 예방
개선조치	이미, 이취발생 시 → 폐기	조리 후 4시간 이내 배식완료	조리 후 3시간 이내 배식완료

★조리평가(양호: ○, 불량: ×) 조리종사자(손에 의한 2차 오염 방지, 위생장갑 사용)
●검식평가(양호: ○, 보통: △, 불량: ×) 배식온도기준(보온 60℃ 이상, 보냉 5℃ 이하)

확인자	성명: ________ (서명): ________ 확인일자: ________

표 2-7-14 (　)월 식기세척기 온도기록일지 예 - CCP5

일자(요일)	점심(중식)			저녁(석식)			잔류세척제 확인(○,×)		개선조치	확인(서명)
	세척(℃)	헹굼(℃)	건조(℃)	세척(℃)	헹굼(℃)	건조(℃)	점심	저녁		
1( )										
2( )										
3( )										
4( )										
5( )										
6( )										
⋮										
25( )										
26( )										
27( )										
28( )										
29( )										
30( )										
31( )										

구분	세척기 기준온도			개선조치
	세척온도	헹굼온도	건조온도	
온도	68~77℃ 모니터링 시	82~90℃ 세척기 가동하고 30분 후 실시(1회)	90~110℃ 세척기 가동하고 30분 후 실시 (1회)	·온도 이탈 시 → 온도 보정 ·색깔 변화 시 → 재세척 및 수리 의뢰
잔류세척제 확인	모니터링 방법	물기가 완전히 제거되지 않은 식기에 chlorine test paper를 접촉 후 확인		
확인자	성명: ________ (서명): ________ 확인일자: ________			

그런 다음 모니터링과 개선조치 등의 HACCP 원칙을 따라 HACCP를 실시하게 된다.

제3편

식품 및 축산물 안전관리인증기준의 HACCP 실시상황평가

Chapter 01

HACCP 실시상황평가의 관계법규

회사가 원하는 식품이나 공장에 대해 HACCP 적용업소의 인증을 받고자 할 경우에는 식품 및 축산물 안전관리인증기준의 제10조(안전관리인증기준 적용업소 인증신청)과 제11조(안전관리인증기준 적용업소의 인증)에 의거 한국식품안전관리인증원장은 HACCP 적용업소 인증신청을 받은 때에는 신청인이 제출한 서류를 심사한 후 HACCP 실시상황평가표에 의한 현지조사를 실시하여 평가한 후 인증 여부를 받을 수 있다고 규정하고 있다. 그 법적인 근거 내용을 보면 다음과 같다.

제10조【안전관리인증기준 적용업소 인증신청】

① 「식품위생법」 제48조 제3항에 따라 안전관리인증기준(HACCP) 적용업소로 인증받고자 하는 자와 같은 법 제48조의2 제2항에 따라 인증유효기간의 연장을 신청하려는 자는 「식품위생법 시행규칙」 제63조 제1항에 따라 동 규칙 별지 제52서식의 안전관리인증기준(HACCP) 적용업소 인증(연장) 신청서(전자문서로 된 신청서를 포함한다)에 업소별 또는 적용대상 식품별 식품안전관리인증계획서를 첨부하여 한국식품안전관리인증원장에게 제출하여야 한다.

② 「축산물 위생관리법」 제9조 제3항에 따라 안전관리인증작업장·안전관리인증업소·안전관리인증농장의 인증을 받으려는 자는 「축산물 위생관리법 시행규칙」 제7조의3 제1항에 따라 동 규칙 별지 제1호의3서식의 안전관리인증작업장·업소·농장(HACCP) 인증신청서(전자문서로 된 신청서를 포함한다)에 작업장·업소·농장(축종)별로 자체안전관리인증기준을 첨부하여 한국식품안전관리인증원장에게 제출하여야 한다. 다만, 축산물가공업의 경우에는 축산물가공품의 유형별 기준이 포함되어야 한다.

③ 「축산물 위생관리법」 제9조 제4항에 따라 안전관리통합인증업체로 인증을 받으려는 자는 「축산물 위생관리법 시행규칙」별지 제1호의4서식의 안전관리통합인증업체(HACCP) 인증신청서(전자문서로 된 신청서를 포함한다)에 동 규칙 제7조의3 제4항 제1호부터 제5호까지의 서류를 첨부하여 한국식품안전관리인증원장에게 제출하여야 한다.

④ 한국식품안전관리인증원장은 「축산물 위생관리법 시행규칙」 제7조의3 제6항 또는 제7항에 따라 인증을 신청한 자에 대한 안전관리인증기준(HACCP)의 준수여부를 심사할 경우 안전관리인증기준(HACCP) 운영능력이 있는지를 확인하기 위하여 작업장·업소·농장(축종)별로 자체안전관리인증기준에 따른 1개월 이상의 운영실적을 확인할 수 있다.

⑤ 「축산물 위생관리법」 제9조의2 제2항에 따라 안전관리인증작업장·안전관리인증업소·안전관리인증농장 또는 안전관리통합인증업체의 인증 유효기간을 연장받으려는 자는 「축산물 위생관리법 시행규칙」 별지 제1호의3서식의 안전관리인증작업장·업소·농장(HACCP) 인증연장신청서(전자문서로 된 신청서를 포함한다) 또는 별지 제1호의4서식의 안전관리통합인증업체(HACCP) 인증연장신청서를 한국식품안전관리인증원장에게 제출하여야 한다.

⑥ 제1항 및 제2항의 식품·축산물 안전관리인증계획서란 다음 각 호의 자료를 말한다.

1. 중요관리점 및 한계기준 2. 모니터링 체계 3. 개선조치 및 검증 절차 및 방법

⑦ 제1항 또는 제2항, 제3항에 따라 안전관리인증기준(HACCP) 인증신청서를 제출하는 영업자·농업인은 작업장·업소·농장(축종)별로 신청하여야 한다.

⑧ 한국식품안전관리인증원장은 제1항 또는 제2항, 제3항에 따라 제출한 서류가 기준에 미흡한 경우 일정기간을 정하여(특별한 경우를 제외하고는 15일 이내에) 보완할 것을 요구할 수 있다.

제11조【안전관리인증기준 적용업소의 인증】

① 한국식품안전관리인증원장은 안전관리인증기준(HACCP) 적용업소의 인증 또는 연장 신청을 받은 때에는 신청인이 제출한 서류를 심사한 후 별표 4의 안전관리인증기준(HACCP) 실시상황평가표에 따라 현장조사를 실시하여 평가하며, 평가당시 신청인이 제출한 자료 등의 신뢰성이 의심되는 경우 수거 및 검사 등을 통해 확인하여 그 결과를 반영할 수 있다. 이 경우 「식품위생법」 제49조 제1항 또는 「축산물 위생관리법」 제31조의3 제1항에 따라 이력추적관리를 등록한 자에 대하여는 선행요건 중 회수프로그램 관리를 운영한 것으로 평가할 수 있다.

② 한국식품안전관리인증원장은 현장조사 결과 보완이 필요한 경우에는 3개월 이내에 보완하도록 요구할 수 있으며, 보완을 요구한 기한 내에 해당사항이 보완되지 아니한 경우에는 안전관리인증기준(HACCP) 적용업소의 인증 또는 연장 절차를 종결 처리할 수 있다.

③ 한국식품안전관리인증원장은 제1항에 따른 평가 결과 이 기준에 적합한 경우에는 해당 식품의 제조·가공·조리·소분·유통·판매업소 또는 해당 축산물의 가축사육 농장, 축산물의 처리·가공·포장·유통 및 판매시설이나 영업장·업소를 안전관리인증기준(HACCP) 적용업소로 인증하고, 「식품위생법 시행규칙」 별지 제53호서식 또는 「축산물 위생관리법 시행규칙」 별지 제1호의5 또는 별지 제1호의6 서식의 인증서를 발급한다.

④ 한국식품안전관리인증원장은 별표 4의 안전관리인증기준(HACCP) 실시상황평가표에 따라 현장조사를 실시하고 평가하기 위하여 제19조 안전관리인증기준(HACCP) 지도관에 준하거나 관련교육을 이수한 관계공무원, 관련협회 등으로 안전관리인증기준(HACCP) 평가단을 구성·운영할 수 있다.

⑤ 영업자·농업인이 평가기준이 마련되지 않은 품목에 대해 안전관리인증기준(HACCP) 적용작업장 등으로 인증을 받고자 하는 경우에는 「축산물 위생관리법 시행규칙」 제7조의3 제1항에 따른 인증 신청 전 한국식품안전관리인증원장과 협의하여야 하며, 이 경우 한국식품안전관리인증원장은 식품의약품안전처장과 사전협의를 거쳐 이 고시에 따른 유사기준을 적용하여 인증할 수 있다.

Chapter 02

HACCP 실시상황평가표 (제11조 관련) 공통사항

공통사항은 식품 및 축산물 안전관리인증기준 제11조(안전관리인증기준 적용업소의 인증) [별표 4] HACCP 실시상황평가표에 의하여 이루어진다. 평가는 업종, 경영자(대표자) 인터뷰, 사업장 현황을 공통으로 평가하고, 각 영업별로 선행요건 관리(인증평가용 및 사후관리용)와 HACCP 관리(인증평가 및 사후관리용)로 나누어 평가하고 있다. 회사(사업장)현황은 표 3-2-1~표 3-2-4와 같다.

1. 회사(사업장) 현황

표 3-2-1 안전관리인증기준 실시상황평가표(제11조, 제15조, 제16조 관련) -업종-

평가 일자	20 . . .
적용식품(축산물)	
전년도 매출	

평가업소

구분	업소명	소재지	대표자	연락처	
				전화번호	Fax/E-mail
본사					
적용사업장					

평가결과

평가결과			주요안전조항* 위반여부	교육훈련 이수여부
판정 (적합/부적합)	선행요건 관리기준	HACCP 관리기준		

*식품위생법 시행규칙[별표 20], 축산물 위생관리법 시행규칙[별표 14의2] 관련

검토사항

행정처분 이력	이물검출 이력	수거검사 부적합이력	위탁생산 여부	학교납품 여부	기타

*전회 조사·평가 이후 행정처분, 이물검출, 수거검사 부적합이력 등 확인

확 인 자

직위 또는 직급	성 명	서 명
대표자		
HACCP 팀장(관리책임자)		

평 가 자

소 속	성 명	서 명

표 3-2-2 경영자(대표자) 인터뷰

번호	질문	답변
1	HACCP가 무엇입니까?	
2	HACCP 도입시 장점과 단점은 무엇이라고 생각하십니까?	
3	HACCP 적용사 중요하다고 생각하는 점은 무엇입니까?	
4	건전한 원료의 확보와 관련하여 특별한 대책이나 계획은 무엇입니까?	
5	관리자 및 종사자의 교육·훈련과 관련하여 향후계획은 무엇입니까?	
6	HACCP 인증을 받게 될 경우 사후관리 방안은 무엇입니까?	

인터뷰 응답자

소 속	직위 또는 직급	성 명	서 명

표 3-2-3 현황표(식품(식품첨가물 포함)제조·가공업, 건강기능식품제조업, 집단급식소식품판매업, 축산물가공업, 집단급식소, 식품접객업(위탁급식영업), 도시락제조·가공업(운반급식포함), 기타식품판매업)

<table>
<tr><td rowspan="6">신청인</td><td colspan="2">(1)영업허가
(신고)번호</td><td></td><td>(2)영업허가
(신고)연월일</td><td></td></tr>
<tr><td colspan="2">(3)회사명</td><td></td><td>(4)전화번호</td><td></td></tr>
<tr><td rowspan="2">(5)소재지</td><td>본 사</td><td colspan="3"></td></tr>
<tr><td>공 장
(사업장)</td><td colspan="3">※집단급식소 중 위탁운영의 경우 그 이름과 소재지, 신고번호를 기재</td></tr>
<tr><td colspan="2">(6)대표자 성명</td><td></td><td>(7)생년월일</td><td></td></tr>
<tr><td colspan="2">(8)HACCP적용
식품·축산물(유형)</td><td></td><td>(9)지하수 사용
(O/×)</td><td></td></tr>
</table>

<table>
<tr><td>HACCP
팀장
(관리책임자)</td><td>(10)직위</td><td></td><td>(11)성명</td><td></td></tr>
<tr><td rowspan="3">면적
(m^2)</td><td>(12)작업장
(조리장)</td><td></td><td>(13)보관소</td><td></td></tr>
<tr><td>(14)검사실</td><td></td><td>(15)기타</td><td></td></tr>
<tr><td>(16)합계</td><td colspan="3"></td></tr>
</table>

<table>
<tr><td>작업장
(조리장)의
종류</td><td>(17)
원료
처리실</td><td>(18)
제조가공실
(조리실)</td><td>(19)
충전실</td><td>(20)
포장실</td><td>(21)
검사실</td><td>(22)
보관소</td><td>(23)
일반·청결
구역 구분</td><td>(24)
기 타</td></tr>
<tr><td>평가
(O/×)</td><td></td><td></td><td></td><td></td><td></td><td></td><td></td><td></td></tr>
</table>

<table>
<tr><td rowspan="2">작업인원
(명)</td><td>(25)제조(조리)
관리부서</td><td></td><td>(26)검 사
관리부서</td><td></td></tr>
<tr><td>(27)기타 작업원</td><td></td><td>(28)합 계</td><td></td></tr>
</table>

표 3-2-4 현황표(식육즉석판매가공업)

<table>
<tr><td rowspan="5">식육즉석판매
가공업소</td><td>①영업허가 번호</td><td></td><td>②영업허가
연월일</td><td></td></tr>
<tr><td>③업소명</td><td></td><td>④전화번호</td><td></td></tr>
<tr><td>⑤소재지</td><td colspan="3"></td></tr>
<tr><td>⑥대표자 성명</td><td></td><td>⑦생년월일</td><td></td></tr>
<tr><td>⑧HACCP
적용축산물</td><td colspan="3"></td></tr>
</table>

관리책임자	⑨직 위		⑩성 명	
시설의 종류 및 면적(㎡)	⑪작업실	⑫냉장 · 냉동시설	⑬진열대	⑭판매장
	⑮합계			
종업원(명)				

2. 선행요건 관리

2-1. 선행요건의 법적 근거와 필요성

HACCP 관리계획은 안전하고 위생적인 식품의 생산에 필요한 기본적인 환경 및 작업 활동을 보장하는 선행요건프로그램의 단단한 기초 위에서 수립·시행되어야 한다.

따라서, HACCP를 적용하고자 하는 업소의 영업자는 식품위생법 등 관련 법적 요구 사항을 준수하면서 위생적으로 식품을 제조·가공·조리하기 위한 기본시스템을 갖추기 위하여 작업장 등의 기준 및 위생 관리기준을 포함하는 선행요건프로그램을 먼저 개발하여 시행하여야 한다.

이미 식품 및 축산물 안전관리인증기준 제5조(선행요건 관리)는 법적으로 아래와 같이 규정되어 있지만 각 회사마다 품목이나 공장 등의 여건이 다르기 때문에 그에 상응하는 선행요건을 개발하여야 한다.

제5조【선행요건 관리】

① 「식품위생법」 및 「건강기능식품에 관한 법률」, 「축산물 위생관리법」에 따른 안전관리인증기준(HACCP) 적용업소(도축장, 농장은 제외한다)는 다음 각 호와 관련된 별표 1의 선행요건을 준수하여야 한다.

1. 식품(식품첨가물 포함)제조·가공업소, 건강기능식품제조업소, 집단급식소식품판매업소, 축산물작업장·업소
   - 가. 영업장 관리
   - 나. 위생 관리
   - 다. 제조·가공·조리 시설·설비 관리
   - 라. 냉장·냉동 시설·설비 관리
   - 마. 용수 관리
   - 바. 보관·운송 관리
   - 사. 검사 관리
   - 아. 회수프로그램 관리

2. 집단급식소, 식품접객업소(위탁급식영업), 도시락제조·가공업소(운반급식 포함)
   가. 영업장 관리
   나. 위생 관리
   다. 제조·가공·조리 시설·설비 관리
   라. 냉장·냉동 시설·설비 관리
   마. 용수 관리
   바. 보관·운송 관리
   사. 검사 관리
   아. 회수프로그램 관리
3. 기타식품판매업소
   가. 입고 관리
   나. 보관 관리
   다. 작업 관리
   라. 포장 관리
   마. 진열·판매 관리
   바. 반품·회수 관리
4. 소규모업소, 즉석판매제조가공업소, 식품소분업소, 식품접객업소(일반음식점·휴게음식점·제과점)
   가. 작업장(조리장), 개인위생 관리
   나. 방충·방서 관리
   다. 종업원 교육
   라. 세척·소독 관리
   마. 입고·보관 관리
   바. 용수 관리
   사. 검사 관리
   아. 냉장·냉동창고 온도 관리
   자. 이물 관리

② 「축산물 위생관리법」에 따른 안전관리인증기준(HACCP) 적용업소 중 도축장, 농장은 다음 각 호와 관련된 선행요건을 준수하여야 한다.

1. 도축장
   가. 위생 관리기준
   나. 영업자·농업인 및 종업원의 교육·훈련
   다. 검사 관리(법 제17조 및 제18조의 규정에 따른 미검사품 및 검사 불합격품 사후관리 포함)
   라. 회수프로그램 관리
   마. 제조·가공 시설·설비 등 환경 관리(영업장, 방충·방서, 채광 및 조명, 환기, 배관, 배수, 용수, 탈의실, 화장실 등)
2. 농장
   가. 차단방역 관리
   나. 농장시설·설비 관리, 부화장시설·설비 관리
   다. 농장위생 관리, 부화장위생 관리
   라. 사료·동물용의약품·음수·용수 관리
   마. 질병 관리
   바. 반입 및 출하 관리
   사. 착유 관리, 알 관리(해당 축종에 한함), 종란 관리(부화장에 한함)

③ 안전관리인증기준(HACCP) 적용업소는 제1항 또는 제2항의 선행요건 준수를 위해 필요한 관리계획 등을 포함하는 선행요건 관리기준서를 작성하여 비치하여야 한다. 다만, 제1항 또는 제2항의 선행요건을 포함하는 자체 위생 관리기준서를 작성·비치한 경우 이를 선행요건 관리기준서로 갈음 또는 대체할 수 있다.

> ④ 제1항 및 제2항에도 불구하고 해당 가공품 유형의 연매출액이 5억원 미만이거나 종업원 수가 21명 미만인 식품(식품첨가물 포함)제조·가공업소, 건강기능식품제조업소 및 축산물가공업소와 해당 영업장의 연 매출액이 5억원 미만이거나 종업원 수가 10명 미만인 집단급식소식품판매업소, 식육포장처리업소, 축산물운반업소, 축산물보관업소, 축산물판매업소 및 식육즉석판매가공업소(이하 "소규모 업소"라 한다)는 별표 1의 소규모 업소용 선행요건을 준수할 수 있다.
>
> ⑤ 제3조의 단서규정에 따라 국외에 소재하여 식품·축산물을 제조·가공하는 영업자의 경우에는 국제식품규격위원회(Codex Alimentarius Commission)의 우수위생기준(Good Hygienic Practice)을 선행요건으로 적용할 수 있다.
>
> ⑥ 제3항에 따른 선행요건 관리기준서를 제정하거나 이를 개정한 때에는 일자, 담당자 및 HACCP팀장 또는 영업자의 이름을 적고 서명하여야 한다.

상기와 같이 선행요건프로그램에 포함되어야 할 사항은 영업장·종업원·제조시설·냉동설비·용수·보관·검사·회수관리 등 영업장을 위생적으로 관리하기 위해 기본적이고도 필수적인 위생관리 내용이다.

따라서 영업자는 이들 분야별로 작업담당자, 작업내용, 실시빈도, 실시상황의 점검 및 기록방법을 정하여 구체적인 관리기준서를 작성하여 종업원이 준수하도록 시행하고 이에 대한 기록을 보관·유지하여야 한다.

운영자는 최초 수립된 선행요건프로그램을 작업장에 우선 적용해보고 그 효과성을 평가하기 위한 검증(Verification)을 실시하여야 한다.

선행요건프로그램의 유효성 평가 결과 해당기준서가 법률적 요구사항을 포함한 기본적인 위생안전성을 확보할 수 있음을 확인하여야 하며, 필요한 경우 수정·보완하여야 한다.

또한, 프로그램의 실행 가능성을 평가하여 그 실행이 보장되기 위해 필요한 인적, 물적 자원을 파악·보충하여야 한다.

운영자는 선행요건프로그램의 유지 또는 시행이 식품의 안전성을 확보할 수 없다고 판단될 경우 적절한 개선조치를 취하여야 한다.

운영자는 선행요건프로그램의 운영, 모니터링 활동, 개선조치 등을 문서화하고 그 기록을 유지하여야 하며, 기록에는 선행요건프로그램 책임자의 서명과 일자를 기입하여야 한다.

2-2. 식품(식품첨가물 포함)제조·가공업 등 선행요건 관리(총 52항목) 평가

표 3-2-5 인증평가 및 사후관리용(식품(식품첨가물 포함)제조·가공업, 건강기능식품제조업, 집단급식소식품판매업, 축산물가공업) 평가

평가내용(배점)	평가결과(0~3점)	비고
영업장 관리		
작업장		
1. 작업장은 독립된 건물이거나 식품(축산물을 포함한다. 이하 같다)취급 외의 용도로 사용되는 시설과 분리(벽·층 등에 의하여 별도의 방 또는 공간으로 구별되는 경우를 말한다. 이하 같다)되어야 한다.(0~3점)		
2. 작업장(출입문, 창문, 벽, 천장 등)은 누수, 외부의 오염물질이나 해충·설치류 등의 유입을 차단할 수 있도록 밀폐 가능한 구조이어야 한다.(0~3점)		
3. 작업장은 청결구역(식품의 특성에 따라 청결구역은 청결구역과 준청결구역으로 구별할 수 있다)과 일반구역으로 분리하고, 제품의 특성과 공정에 따라 분리, 구획 또는 구분할 수 있다.(0~3점)		
건물 바닥, 벽, 천장		
4. 원료처리실, 제조·가공실 및 내포장실의 바닥, 벽, 천장, 출입문, 창문 등은 제조·가공하는 식품의 특성에 따라 내수성 또는 내열성 등의 재질을 사용하거나 이러한 처리를 하여야 하고, 바닥은 파여 있거나 갈라진 틈이 없어야 하며, 작업특성상 필요한 경우를 제외하고는 마른 상태를 유지하여야 한다. 이 경우 바닥, 벽, 천장 등에 타일 등과 같이 홈이 있는 재질을 사용한 때에는 홈에 먼지, 곰팡이, 이물 등이 끼지아니하도록 청결하게 관리하여야 한다.(0~3점)		
배수 및 배관		
5. 작업장은 배수가 잘 되어야 하고 배수로에 퇴적물이 쌓이지 아니하여야 하며, 배수구, 배수관 등은 역류되지 아니하도록 관리하여야 한다.(0~3점)		
출입구		
6. 작업장의 출입구에는 구역별 복장 착용 방법을 게시하여야 하고, 개인위생관리를 위한 세척, 건조, 소독 설비 등을 구비하여야 하며, 작업자는 세척 또는 소독 등을 통해 오염가능성 물질 등을 제거한 후 작업에 임하여야 한다.(0~3점)		
통로		
7. 작업장 내부에는 종업원의 이동경로를 표시하여야 하고 이동경로에는 물건을 적재하거나 다른 용도로 사용하지 아니하여야 한다.(0~1점)		
창		
8. 창의 유리는 파손 시 유리조각이 작업장 내로 흩어지거나 원·부자재 등으로 혼입되지 아니하도록 하여야 한다.(0~1점)		

평가내용(배점)	평가결과(0~3점)	비고
채광 및 조명		
9. 작업실 안은 작업이 용이하도록 자연채광 또는 인공조명장치를 이용하여 밝기는 220룩스 이상을 유지하여야 하고, 특히 선별 및 검사구역 작업장 등은 육안확인이 필요한 조도(540룩스 이상)를 유지하여야 한다.(0~1점)		
10. 채광 및 조명시설은 내부식성 재질을 사용하여야 하며, 식품이 노출되거나 내포장 작업을 하는 작업장에는 파손이나 이물 낙하 등에 의한 오염을 방지하기 위한 보호장치를 하여야 한다.(0~1점)		
부대시설		
- 화장실, 탈의실 등		
11. 화장실, 탈의실 등은 내부 공기를 외부로 배출할 수 있는 별도의 환기시설을 갖추어야 하며, 화장실 등의 벽과 바닥, 천장, 문은 내수성, 내부식성 재질을 사용하여야 한다. 또한, 화장실의 출입구에는 세척, 건조, 소독 설비 등을 구비하여야 한다.(0~2점)		
12. 탈의실은 외출복장(신발 포함)과 위생복장(신발 포함)간의 교차오염이 발생하지 아니하도록 분리 또는 구분·보관하여야 한다.(0~2점)		
위생 관리		
작업환경 관리		
- 동선계획 및 공정 간 오염방지		
13. 원·부자재의 입고에서부터 출고까지 물류 및 종업원의 이동 동선을 설정하고 이를 준수하여야 한다.(0~2점)		
14. 원료의 입고에서부터 제조·가공, 보관, 운송에 이르기까지 모든 단계에서 혼입될 수 있는 이물에 대한 관리계획을 수립하고 이를 준수하여야 하며, 필요한 경우 이를 관리할 수 있는 시설·장비를 설치하여야 한다.(0~3점)		
15. 청결구역과 일반구역별로 각각 출입, 복장, 세척·소독기준 등을 포함하는 위생수칙을 설정하여 관리하여야 한다.(0~3점)		
- 온도·습도 관리		
16. 제조·가공·포장·보관 등 공정별로 온도관리계획을 수립하고 이를 측정할 수 있는 온도계를 설치하여 관리하여야 한다. 필요한 경우, 제품의 안전성 및 적합성을 확보하기 위한 습도관리계획을 수립·운영하여야 한다.(0~1점)		
- 환기시설 관리		
17. 작업장 내에서 발생하는 악취나 이취, 유해가스, 매연, 증기 등을 배출할 수 있는 환기시설을 설치하여야 한다.(0~1점)		
- 방충·방서 관리		
18. 외부로 개방된 흡·배기구 등에는 여과망이나 방충망 등을 부착하여야 한다.(0~2점)		

평가내용(배점)	평가결과 (0~3점)	비고
19. 작업장은 방충·방서 관리를 위하여 해충이나 설치류 등의 유입이나 번식을 방지할 수 있도록 관리하여야 하고, 유입 여부를 정기적으로 확인하여야 한다.(0~2점)		
20. 작업장 내에서 해충이나 설치류 등의 구제를 실시할 경우에는 정해진 위생 수칙에 따라 공정이나 식품의 안전성에 영향을 주지 아니하는 범위 내에서 적절한 보호조치를 취한 후 실시하며, 작업종료 후 식품취급시설 또는 식품에 직·간접적으로 접촉한 부분은 세척 등을 통해 오염물질을 제거하여야 한다.(0~1점)		
개인위생 관리		
21. 작업장 내에서 작업 중인 종업원 등은 위생복·위생모·위생화 등을 항시 착용하여야 하며, 개인용 장신구 등을 착용하여서는 아니 된다. (0~2점)		
폐기물 관리		
22. 폐기물·폐수처리시설은 작업장과 격리된 일정장소에 설치·운영하며, 폐기물 등의 처리용기는 밀폐 가능한 구조로 침출수 및 냄새가 누출되지 아니하여야 하고, 관리계획에 따라 폐기물 등을 처리·반출하고, 그 관리기록을 유지하여야 한다.(0~1점)		
세척 또는 소독		
23. 영업장에는 기계·설비, 기구·용기 등을 충분히 세척하거나 소독할 수 있는 시설이나 장비를 갖추어야 한다.(0~1점)		
24. 세척·소독시설에는 종업원에게 잘 보이는 곳에 올바른 손 세척 방법 등에 대한 지침이나 기준을 게시하여야 한다.(0~1점)		
25. 영업자는 다음 각 호의 사항에 대한 세척 또는 소독 기준을 정하여야 한다.(0~3점) · 종업원 · 위생복, 위생모, 위생화 등 · 작업장 주변 · 작업실별 내부 · 식품제조시설(이송배관 포함) · 냉장·냉동설비 · 용수저장시설 · 보관·운반시설 · 운송차량, 운반도구 및 용기 · 모니터링 및 검사 장비 · 환기시설(필터, 방충망 등 포함) · 폐기물 처리용기 · 세척, 소독도구 · 기타 필요사항		
26. 세척 또는 소독기준은 다음의 사항을 포함하여야 한다.(0~3점) · 세척·소독대상별 세척·소독부위 · 세척·소독방법 및 주기 · 세척·소독책임자 · 세척·소독기구의 올바른 사용 방법 · 세척제 및 소독제(일반명칭 및 통용명칭)의 구체적인 사용방법		
27. 소독용 기구나 용기는 정해진 장소에 보관·관리되어야 한다.(0~1점)		
28. 세척 및 소독의 효과를 확인하고, 정해진 관리계획에 따라 세척 또는 소독을 실시하여야 한다.(0~3점)		

평가내용(배점)	평가결과 (0~3점)	비고
제조·가공시설·설비 관리		
제조시설 및 기계·기구류 등 설비 관리		
29. 제조·가공·선별·처리 시설 및 설비 등은 공정간 또는 취급시설·설비 간 오염이 발생되지 아니하도록 공정의 흐름에 따라 적절히 배치되어야 하며, 이 경우 제조가공에 사용하는 압축공기, 윤활제 등은 제품에 직접 영향을 주거나 영향을 줄 우려가 있는 경우 관리대책을 마련하여 청결하게 관리하여 위해요인에 의한 오염이 발생하지 아니하여야 한다.(0~3점)		
30. 식품과 접촉하는 취급시설·설비는 인체에 무해한 내수성·내부식성 재질로 열탕·증기·살균제 등으로 소독·살균이 가능하여야 하며, 기구 및 용기류는 용도별로 구분하여 사용·보관하여야 한다.(0~3점)		
31. 온도를 높이거나 낮추는 처리시설에는 온도변화를 측정·기록하는 장치를 설치·구비하거나 일정한 주기를 정하여 온도를 측정하고, 그 기록을 유지하여야 하며, 관리계획에 따른 온도가 유지되어야 한다.(0~2점)		
32. 식품취급시설·설비는 정기적으로 점검·정비를 하여야 하고 그 결과를 보관하여야 한다.(0~1점)		
냉장·냉동 시설·설비 관리		
33. 냉장시설은 내부의 온도를 10℃ 이하(다만, 신선편의식품, 훈제연어, 가금육은 5℃ 이하 보관 등 보관온도기준이 별도로 정해진 식품의 경우에는 그 기준에 따른다), 냉동 시설은 -18℃ 이하로 유지하고, 외부에서 온도변화를 관찰할 수 있어야 하며, 온도감응장치의 센서는 온도가 가장 높게 측정되는 곳에 위치하도록 한다.(0~2점)		
용수 관리		
34. 식품제조·가공에 사용되거나, 식품에 접촉할 수 있는 시설·설비, 기구·용기, 종업원 등의 세척에 사용되는 용수는 수돗물이나 「먹는물 관리법」 제5조의 규정에 의한 먹는물 수질기준에 적합한 지하수이어야 하며, 지하수를 사용하는 경우, 취수원은 화장실, 폐기물·폐수처리시설, 동물사육장 등 기타 지하수가 오염될 우려가 없도록 관리하여야 하며, 필요한 경우 살균 또는 소독장치를 갖추어야 한다.(0~3점)		
35. 식품제조·가공에 사용되거나, 식품에 접촉할 수 있는 시설·설비, 기구·용기, 종업원 등의 세척에 사용되는 용수는 다음 각호에 따른 검사를 실시하여야 한다. 가. 지하수를 사용하는 경우에는 먹는물 수질기준 전 항목에 대하여 연 1회 이상(음료류 등 직접 마시는 용도의 경우는 반기 1회 이상)검사를 실시하여야 한다. 나. 먹는물 수질기준에 정해진 미생물학적 항목에 대한 검사를 월 1회 이상(지하수를 사용하거나 상수도의 경우는 비가열식품의 원료 세척수 또는 제품 배합수로 사용하는 경우에 한한다) 실시하여야 하며, 미생물학적 항목에 대한 검사는 간이검사키트를 이용하여 자체적으로 실시할 수 있다.(0~3점)		

평가내용(배점)	평가결과 (0~3점)	비고
36. 저수조, 배관 등은 인체에 유해하지 아니한 재질을 사용하여야 하며, 외부로부터의 오염물질 유입을 방지하는 잠금장치를 설치하여야 하고, 누수 및 오염 여부를 정기적으로 점검하여야 한다.(0~1점)		
37. 저수조는 반기별 1회 이상 「수도법」에 따라 청소와 소독을 자체적으로 실시하거나 「수도법」에 따른 저수조청소업자에게 대행하여 실시하여야 하며, 그 결과를 기록·유지하여야 한다.(0~3점)		
38. 비음용수 배관은 음용수 배관과 구별되도록 표시하고 교차되거나 합류되지 아니하여야 한다.(0~1점)		
보관·운송 관리		
구입 및 입고		
39. 검사성적서로 확인하거나 자체적으로 정한 입고기준 및 규격에 적합한 원·부자재만을 구입하여야 한다.(0~2점)		
협력업소 관리		
40. 영업자는 원·부자재 공급업소 등 협력업소의 위생 관리 상태 등을 점검하고 그 결과를 기록하여야 한다. 다만, 공급업소가 「식품위생법」이나 「축산물 위생관리법」에 따른 HACCP 적용업소일 경우에는 이를 생략할 수 있다.(0~1점)		
운송		
41. 운반 중인 식품은 비식품 등과 구분하여 교차오염을 방지하여야 하며, 운송차량(지게차 등 포함)으로 인하여 운송제품이 오염되어서는 아니 된다.(0~1점)		
42. 운송차량은 냉장의 경우 10℃ 이하(단, 가금육 -2~5℃ 운반과 같이 별도로 정해진 경우에는 그 기준을 따른다), 냉동의 경우 -18℃ 이하를 유지할 수 있어야 하며, 외부에서 온도변화를 확인할 수 있도록 온도기록 장치를 부착하여야 한다.(0~1점)		
보관		
43. 원료 및 완제품은 선입선출 원칙에 따라 입고·출고상황을 관리·기록하여야 한다.(0~1점)		
44. 원·부자재, 반제품 및 완제품은 구분·관리하고, 바닥이나 벽에 밀착되지 아니하도록 적재·관리하여야 한다.(0~1점)		
45. 부적합한 원·부자재, 반제품 및 완제품은 별도의 지정된 장소에 보관하고 명확하게 식별되는 표식을 하여 반송, 폐기 등의 조치를 취한 후 그 결과를 기록·유지하여야 한다.(0~1점)		
46. 유독성 물질, 인화성 물질 및 비식용 화학물질은 식품취급구역으로부터 격리되고, 환기가 잘되는 지정장소에서 구분하여 보관·취급하여야 한다.(0~1점)		
검사 관리		
제품검사		

평가내용(배점)	평가결과 (0~3점)	비고
47. 제품검사는 자체 실험실에서 검사계획에 따라 실시하거나 검사기관과의 협약에 의하여 실시하여야 한다.(0~2점)		
48. 검사결과에는 다음 내용이 구체적으로 기록되어야 한다.(0~2점) ·검체명 ·제조연월일 또는 유통기한(품질유지기한) ·검사연월일 ·검사항목, 검사기준 및 검사결과 ·판정결과 및 판정연월일 ·검사자 및 판정자의 서명날인 ·기타 필요한 사항		
시설·설비·기구 등 검사		
49. 냉장·냉동 및 가열처리시설 등의 온도측정장치는 연 1회 이상, 검사용 장비 및 기구는 정기적으로 교정하여야 한다. 이 경우 자체적으로 교정검사를 하는 때에는 그 결과를 기록·유지하여야 하고, 외부 공인 국가교정기관에 의뢰하여 교정하는 경우에는 그 결과를 보관하여야 한다.(0~2점)		
50. 작업장의 청정도 유지를 위하여 공중낙하세균 등을 관리계획에 따라 측정·관리하여야 한다. 다만, 제조공정의 자동화, 시설·제품의 특수성, 식품이 노출되지 아니하거나, 식품을 포장된 상태로 취급하는 등 작업장의 청정도가 제품에 영향을 줄 가능성이 없는 작업장은 그러하지 아니할 수 있다.(0~3점)		
회수프로그램 관리		
51. 부적합품이나 반품된 제품의 회수를 위한 구체적인 회수절차나 방법을 기술한 회수프로그램을 수립·운영하여야 한다.(0~2점)		
52. 부적합품의 원인규명이나 확인을 위한 제품별 생산장소, 일시, 제조라인 등 해당시설 내의 필요한 정보를 기록·보관하고 제품추적을 위한 코드표시 또는 롯트관리 등의 적절한 확인방법을 강구하여야 한다.(0~2점)		

<table>
<tr><td rowspan="2">종합
평가</td><td>점수
합계</td><td rowspan="2">〈판정기준〉

인증평가:
각 항목에 대한 취득점수의 합계가 85점 이상일 경우에는 적합, 70점 이상에서 85점 미만은 보완, 70점 미만이면 부적합으로 판정한다. 다만, 평가 제외 항목이 있을 경우 평가제외 항목을 제외한 총 점수 대비 취득점수를 백분율로 환산하여 85%(소수첫째자리 반올림 처리) 이상일 경우에는 적합, 70%에서 85% 미만은 보완, 70% 미만이면 부적합으로 판정한다.

정기조사·평가:
각 항목에 대한 취득점수의 합계가 85점 이상일 경우에는 수정·보완하도록 조치하되, 85점 미만이면 부적합으로 판정한다. 다만, 평가제외 항목이 있을 경우 평가제외 항목을 제외한 총 점수 대비 취득점수를 백분율로 환산하여 85%(소수첫째자리 반올림 처리) 이상일 경우에는 적합, 85% 미만이면 부적합으로 판정한다.</td></tr>
<tr><td>점(%)</td></tr>
</table>

2-3. 집단급식소 등 선행요건 관리(총 71항목) 평가

표 3-2-6 인증평가 및 사후관리용(집단급식소, 식품접객업(위탁급식영업), 운반급식(개별 또는 벌크 포장))

평가내용(배점)	평가결과 (0~3점)	비고
영업장 관리		
작업장		
1. 영업장은 독립된 건물이거나 해당 영업신고를 한 업종 외의 용도로 사용되는 시설과 분리(벽·층 등에 의하여 별도의 방 또는 공간으로 구별되는 경우를 말한다. 이하 같다)되어야 한다.(0~3점)		
2. 작업장(출입문, 창문, 벽, 천장 등)은 누수, 외부의 오염물질이나 해충·설치류 등의 유입을 차단할 수 있도록 밀폐 가능한 구조이어야 한다.(0~3점)		
3. 작업장은 청결구역(식품의 특성에 따라 청결구역은 청결구역과 준청결구역으로 구별할 수 있다)과 일반구역으로 분리하고, 제품의 특성과 공정에 따라 분리, 구획 또는 구분할 수 있다.(0~3점)		
건물 바닥, 벽, 천장		
4. 원료처리실, 제조·가공·조리실 및 내포장실의 바닥, 벽, 천장, 출입문, 창문 등은 제조·가공·조리하는 식품의 특성에 따라 내수성 또는 내열성 등의 재질을 사용하거나 이러한 처리를 하여야 하고, 바닥은 파여 있거나 갈라진 틈이 없어야 하며, 작업특성 상 필요한 경우를 제외하고는 마른 상태를 유지하여야 한다. 이 경우 바닥, 벽, 천장 등에 타일 등과 같이 홈이 있는 재질을 사용한 때에는 홈에 먼지, 곰팡이, 이물 등이 끼지 아니하도록 청결하게 관리하여야 한다.(0~3점)		
배수 및 배관		
5. 작업장은 배수가 잘 되어야 하고 배수로에 퇴적물이 쌓이지 아니하여야 하며, 배수구, 배수관 등은 역류가 되지 아니하도록 관리하여야 한다.(0~3점)		
6. 배관과 배관의 연결부위는 인체에 무해한 재질이어야 하며, 응결수가 발생하지 아니하도록 단열재 등으로 보온 처리하거나 이에 상응하는 적절한 조치를 취하여야 한다.(0~1점)		
출입구		
7. 작업장 외부로 연결되는 출입문에는 먼지나 해충 등의 유입을 방지하기 위한 완충구역이나 방충이중문 등을 설치하여야 한다.(0~1점)		
8. 작업장의 출입구에는 구역별 복장착용 방법을 게시하여야 하고, 개인위생관리를 위한 세척, 건조, 소독 설비 등을 구비하여야 하며, 작업자는 세척 또는 소독 등을 통해 오염가능성 물질 등을 제거한 후 작업에 임하여야 한다.(0~2점)		

평가내용(배점)	평가결과 (0~3점)	비고
통로		
9. 작업장 내부에는 종업원의 이동경로를 표시하여야 하고 이동경로에는 물건을 적재하거나 다른 용도로 사용하지 아니하여야 한다.(0~1점)		
창		
10. 창의 유리는 파손 시 유리조각이 작업장 내로 흩어지거나 원·부자재 등으로 혼입되지 아니하도록 하여야 한다.(0~1점)		
채광 및 조명		
11. 선별 및 검사구역 작업장 등은 육안확인에 필요한 조도(540룩스 이상)를 유지하여야 한다.(0~1점)		
12. 채광 및 조명시설은 내부식성 재질을 사용하여야 하며, 식품이 노출되거나 내포장 작업을 하는 작업장에는 파손이나 이물 낙하 등에 의한 오염을 방지하기 위한 보호장치를 하여야 한다.(0~1점)		
부대시설		
화장실		
13. 화장실, 탈의실 등은 내부공기를 외부로 배출할 수 있는 별도의 환기시설을 갖추어야 하며, 화장실 등의 벽과 바닥, 천장, 문은 내수성, 내부식성의 재질을 사용하여야 한다. 또한, 화장실의 출입구에는 세척, 건조, 소독 설비 등을 구비하여야 한다.(0~1점)		
탈의실, 휴게실 등		
14. 탈의실은 외출복장(신발 포함)과 위생복장(신발 포함) 간의 교차오염이 발생하지 아니하도록 구분·보관하여야 한다.(0~1점)		
위생 관리		
작업환경 관리		
– 동선계획 및 공정 간 오염방지		
15. 식자재의 반입부터 배식 또는 출하에 이르는 전 과정에서의 교차오염 방지를 위하여 물류 및 출입자의 이동 동선을 설정하고 이를 준수하여야 한다.(0~2점)		
16. 청결구역과 일반구역별로 각각 출입, 복장, 세척·소독기준 등을 포함하는 위생수칙을 설정하여 관리하여야 한다.(0~3점)		
– 온도·습도 관리		
17. 작업장은 제조·가공·조리·보관 등 공정별로 온도관리를 하여야 하고, 이를 측정할 수 있는 온도계를 설치하여야 한다. 필요한 경우, 제품의 안전성 및 적합성 확보를 위하여 습도관리를 하여야 한다.(0~1점)		

평가내용(배점)	평가결과 (0~3점)	비고
- 환기시설 관리		
18. 작업장 내에서 발생하는 악취나 이취, 유해가스, 매연, 증기 등을 배출할 수 있는 환기시설, 후드 등을 설치하여야 한다.(0~1점)		
19. 외부로 개방된 흡·배기구, 후드 등에는 여과망이나 방충망, 개폐시설 등을 부착하고 관리계획에 따라 청소 또는 세척하거나 교체하여야 한다.(0~1점)		
- 방충·방서 관리		
20. 작업장의 방충·방서 관리를 위하여 해충이나 설치류 등의 유입이나 번식을 방지할 수 있도록 관리하여야 하고, 유입 여부를 정기적으로 확인하여야 한다.(0~1점)		
21. 작업장 내에서 해충이나 설치류 등의 구제를 실시할 경우에는 정해진 위생수칙에 따라 공정이나 식품의 안전성에 영향을 수시 아니하는 범위 내에서 적절한 보호 조치를 취한 후 실시하며, 작업종료 후 식품취급시설 또는 식품에 직·간접적으로 접촉한 부분은 세척 등을 통해 오염물질을 제거하여야 한다.(0~1점)		
개인위생 관리		
22. 작업장 내에서 작업 중인 종업원 등은 위생복·위생모·위생화 등을 항시 착용하여야 하며, 개인용 장신구 등을 착용하여서는 아니 된다.(0~2점)		
작업위생 관리		
- 교차오염의 방지		
23. 칼과 도마 등의 조리기구나 용기, 앞치마, 고무장갑 등은 원료나 조리과정에서의 교차오염을 방지하기 위하여 식재료 특성 또는 구역별로 구분하여 사용하여야 한다.(0~3점)		
24. 식품취급 등의 작업은 바닥으로부터 60cm 이상의 높이에서 실시하여 바닥으로부터의 오염을 방지하여야 한다.(0~1점)		
- 전처리		
25. 해동은 냉장해동(10℃ 이하), 전자레인지 해동, 또는 흐르는 물에서 실시하여야 한다.(0~1점)		
26. 해동된 식품은 즉시 사용하고 즉시 사용하지 못할 경우 조리 시까지 냉장 보관하여야 하며, 사용 후 남은 부분을 재동결하여서는 아니 된다.(0~1점)		
- 조리		
27. 가열조리 후 냉각이 필요한 식품은 냉각 중 오염이 일어나지 아니하도록 신속히 냉각하여야 하며, 냉각온도 및 시간기준을 설정·관리하여야 한다.(0~1점)		

평가내용(배점)	평가결과 (0~3점)	비고
28. 냉장식품을 절단 소분 등의 처리를 할 때에는 식품의 온도가 가능한 한 15℃를 넘지 아니하도록 한 번에 소량씩 취급하고 처리 후 냉장고에 보관하는 등의 온도관리를 하여야 한다.(0~1점)		
– 완제품 관리		
29. 조리된 음식은 배식 전까지의 보관온도 및 조리 후 섭취완료 시까지의 소요시간기준을 설정·관리하여야 하며, 유통제품의 경우에는 적정한 유통기한 및 보존조건을 설정·관리하여야 한다.(0~1점) ·28℃ 이하의 경우: 조리 후 2~3시간 이내 섭취완료 ·보온(60℃ 이상)유지 시: 조리 후 5시간 이내 섭취완료 ·제품의 품온을 5℃ 이하 유지 시: 조리 후 24시간 이내 섭취완료		
– 배식		
30. 냉장식품과 온장식품에 대한 배식 온도관리기준을 설정·관리하여야 한다.(0~2점) ·냉장보관: 냉장식품 10℃ 이하(다만, 신선편의식품, 훈제연어는 5℃ 이하 보관 등 보관온도기준 이 별도로 정해진 식품의 경우에는 그 기준에 따른다) ·온장보관: 온장식품 60℃ 이상		
31. 위생장갑 및 청결한 도구(집게, 국자 등)를 사용하여야 하며, 배식 중인 음식과 조리완료된 음식을 혼합하여 배식하여서는 아니 된다.(0~1점)		
– 검식		
32. 영양사는 조리된 식품에 대하여 배식하기 직전에 음식의 맛, 온도, 이물, 이취, 조리상태 등을 확인하기 위한 검식을 실시하여야 한다. 다만, 영양사가 없는 경우 조리사가 검식을 대신할 수 있다.(0~1점)		
– 보존식		
33. 조리한 식품은 소독된 보존식 전용용기 또는 멸균비닐봉지에 매회 1인분 분량을 –18℃ 이하에서 144시간 이상 보관하여야 한다.(0~3점)		
폐기물 관리		
34. 폐기물·폐수처리시설은 작업장과 격리된 일정장소에 설치·운영하여야 하며, 폐기물 등의 처리용기는 밀폐 가능한 구조로 침출수 및 냄새가 누출되지 아니하여야 하고, 관리계획에 따라 폐기물 등을 처리·반출하고, 그 관리기록을 유지하여야 한다.(0~1점)		
세척 또는 소독		
35. 영업장에는 기계·설비, 기구·용기 등을 충분히 세척하거나 소독할 수 있는 시설이나 장비를 갖추어야 한다.(0~1점)		
36. 세척·소독시설에는 종업원에게 잘 보이는 곳에 올바른 손 세척 방법 등에 대한 지침이나 기준을 게시하여야 한다.(0~1점)		

평가내용(배점)	평가결과 (0~3점)	비고
37. 영업자는 다음 각 호의 사항에 대한 세척 또는 소독 기준을 정하여야 한다.(0~3점) ·종업원 ·보관·운반시설 ·위생복, 위생모, 위생화 등 ·운송차량, 운반도구 및 용기 ·작업장 주변 ·모니터링 및 검사장비 ·작업실별 내부 ·환기시설(필터, 방충망 등 포함) ·칼, 도마 등 조리도구 ·폐기물처리용기 ·냉장·냉동설비 ·세척, 소독도구 ·용수저장시설 ·기타 필요한 사항		
38. 세척 또는 소독기준은 다음의 사항을 포함하여야 한다.(0~3점) ·세척·소독대상별 세척·소독부위 ·세척·소독방법 및 주기 ·세척·소독책임자 ·세척·소독기구의 올바른 사용방법 ·세척제 및 소독제(일반명칭 및 통용명칭)의 구체적인 사용방법		
39. 세척제·소독제, 세척 및 소독용 기구나 용기는 정해진 장소에 보관·관리되어야 한다.(0~1점)		
40. 세척 및 소독의 효과를 관리계획에 따라 확인하여야 한다.(0~1점)		
제조·가공·조리시설·설비 관리		
41. 조리장에는 주방용 식기류를 소독하기 위한 자외선 또는 전기살균소독기를 설치하거나 열탕세척 소독시설(식중독을 일으키는 병원성 미생물 등이 살균될 수 있는 시설이어야 한다)을 갖추어야 한다.(0~2점)		
42. 식품과 직접 접촉하는 부분은 내수성 및 내부식성 재질로 세척이 쉽고 열탕·증기·살균제 등으로 소독·살균이 가능한 것이어야 한다.(0~1점)		
43. 모니터링 기구 등은 사용 전후에 지속적인 세척·소독을 실시하여 교차오염이 발생하지 아니하여야 한다.(0~1점)		
44. 식품취급시설·설비는 정기적으로 점검·정비를 하여야 하고 그 결과를 보관하여야 한다.(0~1점)		
냉장·냉동 시설·설비 관리		
45. 냉장·냉동·냉각실은 냉장 식재료 보관, 냉동 식재료의 해동, 가열 조리된 식품의 냉각과 냉장보관에 충분한 용량이 되어야 한다.(0~1점)		
46. 냉장시설은 내부의 온도를 10℃ 이하(다만, 신선편의식품, 훈제연어는 5℃ 이하 보관 등 보관온도기준이 별도로 정해진 식품의 경우에는 그 기준에 따른다), 냉동 시설은 -18℃로 유지하여야 하고, 외부에서 온도변화를 관찰할 수 있어야 하며, 온도감응장치의 센서는 온도가 가장 높게 측정되는 곳에 위치하도록 한다.(0~1점)		

평가내용(배점)	평가결과 (0~3점)	비고
용수 관리		
47. 식품제조·가공·조리에 사용되거나, 식품에 접촉할 수 있는 시설·설비, 기구·용기, 종업원 등의 세척에 사용되는 용수는 수돗물이나 「먹는물 관리법」 제5조의 규정에 의한 먹는물 수질기준에 적합한 지하수이어야 하며, 지하수를 사용하는 경우 취수원은 화장실, 폐기물·폐수처리시설, 동물사육장 등 기타 지하수가 오염될 우려가 없도록 관리하여야 하며, 필요한 경우 용수 살균 또는 소독장치를 갖추어야 한다.(0~3점)		
48. 가공·조리에 사용되거나, 식품에 접촉할 수 있는 시설·설비, 기구·용기, 종업원 등의 세척에 사용되는 용수는 다음 각호에 따른 검사를 실시하여야 한다. 가. 지하수를 사용하는 경우에는 먹는물 수질기준 전 항목에 대하여 연 1회 이상(음료류 등 직접 마시는 용도의 경우는 반기 1회 이상) 검사를 실시하여야 한다. 나. 먹는물 수질기준에 정해진 미생물학적 항목에 대한 검사를 월 1회 이상 실시하여야 하며, 미생물학적 항목에 대한 검사는 간이검사키트를 이용하여 자체적으로 실시할 수 있다.(0~3점)		
49. 저수조, 배관 등은 인체에 유해하지 아니한 재질을 사용하여야 하며, 외부로부터의 오염물질 유입을 방지하는 잠금장치를 설치하여야 하고, 누수 및 오염 여부를 정기적으로 점검하여야 한다.(0~1점)		
50. 저수조는 반기별 1회 이상 「수도법」에 따라 청소와 소독을 자체적으로 실시하거나 「수도법」에 따른 저수조청소업자에게 대행하여 실시하여야 하며, 그 결과를 기록·유지하여야 한다.(0~1점)		
51. 비음용수 배관은 음용수 배관과 구별되도록 표시하고, 교차되거나 합류되지 아니하여야 한다.(0~1점)		
보관·운송 관리		
구입 및 입고		
52. 검사성적서로 확인하거나 자체적으로 정한 입고기준 및 규격에 적합한 원·부자재만을 구입하여야 한다.(0~1점)		
53. 부적합한 원·부자재는 적절한 절차를 정하여 반품 또는 폐기처분하여야 한다.(0~1점)		
54. 입고검사를 위한 검수공간을 확보하고 검수대에는 온도계 등 필요한 장비를 갖추고 청결을 유지하여야 한다.(0~1점)		
55. 원·부자재 검수는 납품 시 즉시 실시하여야 하며, 부득이 검수가 늦어질 경우에는 원·부자재별로 정해진 냉장·냉동온도에서 보관하여야 한다.(0~1점)		

평가내용(배점)	평가결과(0~3점)	비고
운송		
56. 운송차량(지게차 등 포함)으로 인하여 제품이 오염되어서는 아니 된다.(0~1점)		
57. 운송차량은 냉장의 경우 10℃ 이하, 냉동의 경우 -18℃ 이하를 유지할 수 있어야 하며, 외부에서 온도변화를 확인할 수 있도록 임의조작이 방지된 온도기록장치를 부착하여야 한다.(0~1점)		
58. 운반 중인 식품은 비식품 등과 구분하여 취급하여 교차오염을 방지하여야 한다.(0~1점)		
59. 운송차량, 운반도구 및 용기는 관리계획에 따라 세척·소독을 실시하여야 한다.(0~1점)		
보관		
60. 원료 및 완제품은 선입선출 원칙에 따라 입고·출고상황을 관리·기록하여야 한다.(0~1점)		
61. 원·부자재 및 완제품은 구분·관리하고 바닥이나 벽에 밀착되지 아니하도록 적재·관리하여야 한다.(0~1점)		
62. 원·부자재에는 덮개나 포장을 사용하고 날 음식과 가열조리 음식을 구분·보관하는 등 교차오염이 발생하지 아니하도록 하여야 한다.(0~1점)		
63. 검수기준에 부적합한 원·부자재나 보관 중 유통기한이 경과한 제품, 포장이 손상된 제품 등은 별도의 지정된 장소에 명확하게 식별되는 표식을 하여 보관하고 반송, 폐기 등의 조치를 취한 후 그 결과를 기록·유지하여야 한다.(0~1점)		
64. 유독성 물질, 인화성 물질 비식용 화학물질은 식품취급구역으로부터 격리된 환기가 잘되는 지정된 장소에서 구분하여 보관·취급되어야 한다.(0~1점)		
검사 관리		
제품검사		
65. 제품검사는 자체 실험실에서 검사계획에 따라 실시하거나 검사기관과의 협약에 의하여 실시하여야 한다.(0~1점)		
66. 검사결과에는 다음 내용이 구체적으로 기록되어야 한다.(0~1점) ·검체명 ·제조연월일 또는 유통기한(품질유지기한) ·검사연월일 ·검사항목, 검사기준 및 검사결과 ·판정결과 및 판정연월일 ·검사자 및 판정자의 서명날인 ·기타 필요한 사항		
시설·설비·기구 등 검사		
67. 냉장·냉동 및 가열처리시설 등의 온도측정장치는 연 1회 이상, 검사용 장비 및 기구는 정기적으로 교정하여야 한다. 이 경우 자체적으로 교정검사를 하는 때에는 그 결과를 기록·유지하여야 하고, 외부 공인 국가교정기관에 의뢰하여 교정하는 경우에는 그 결과를 보관하여야 한다.(0~1점)		

평가내용(배점)			평가결과 (0~3점)	비고
68. 작업장의 청정도 유지를 위하여 공중낙하균 등을 관리계획에 따라 측정·관리하여야 한다. 다만, 식품이 노출되지 아니하거나, 식품을 포장된 상태로 취급하는 작업장은 그러하지 아니할 수 있다.(0~1점)				
회수프로그램 관리(시중에 유통·판매되는 포장제품에 한함)				
69. 영업자는 당해제품의 유통경로, 소비대상과 판매처의 범위를 파악하여 제품 회수에 필요한 업소명과 연락처 등을 기록·보관하여야 한다.(0~1점)				
70. 부적합품이나 반품된 제품의 회수를 위한 구체적인 회수절차나 방법을 기술한 회수프로그램을 수립·운영하여야 한다.(0~1점)				
71. 부적합품의 원인규명이나 확인을 위한 제품별 생산장소, 일시, 제조라인 등 해당시설 내의 필요한 정보를 기록·보관하고 제품추적을 위한 코드표시 또는 롯트관리 등의 적절한 확인방법을 강구하여야 한다.(0~1점)				
종합평가	점수 합계	〈판정기준〉 인증평가: 각 항목에 대한 취득점수의 합계가 85점 이상일 경우에는 적합, 70점 이상에서 85점 미만은 보완, 70점 미만이면 부적합으로 판정한다. 다만, 평가 제외 항목이 있을 경우 평가제외 항목을 제외한 총 점수 대비 취득점수를 백분율로 환산하여 85%(소수첫째자리 반올림 처리) 이상일 경우에는 적합, 70%에서 85% 미만은 보완, 70% 미만이면 부적합으로 판정한다.		
	점(%)	정기조사·평가: 각 항목에 대한 취득점수의 합계가 85점 이상일 경우에는 수정·보완하도록 조치하되, 85점 미만이면 부적합으로 판정한다. 다만, 평가제외 항목이 있을 경우 평가제외 항목을 제외한 총 점수 대비 취득점수를 백분율로 환산하여 85%(소수첫째자리 반올림 처리) 이상일 경우에는 적합, 85% 미만이면 부적합으로 판정한다.		

2-4. 식육즉석판매가공업 선행요건 관리(총 56항목) 평가

표 3-2-7 인증평가 및 사후관리용(식육즉석판매가공업) 평가

구분 순위	평가내용	점수	비고
영업장 시설 관리			
1	영업장은 독립된 건물이거나 다른 용도로 사용되는 시설과 분리 또는 구획(벽·층 등)되어 있으며, 위생적인 상태로 유지되고 있는가?		
2	영업장은 작업실별로 구획되어 일반구역과 청결구역으로 구분되어 있고 적절한 온도를 유지하고 있는가?		

순위 \ 구분	평가내용	점수	비고
영업장 시설 관리			
3	바닥은 콘크리트 등으로 내수처리 되어 있고 파여 있거나 물이 고이지 아니하도록 되어 있는가?		
4	배수로는 적절하게 설치되어 폐수의 역류나 퇴적물이 쌓여 있지 아니한가?		
5	문 및 내벽은 내수처리 되어 있고 미생물이 번식하지 아니하도록 청결하게 관리되고 있는가?		
6	천정은 청소가 용이한 시설로 되어 있고 먼지가 쌓여 있거나 응결수가 떨어지지 아니하여야 하며, 미생물이 번식하지 아니하도록 청결하게 관리되고 있는가?		
7	환기시설은 악취·유해가스·매연·증기 등을 환기시키는데 충분한가?		
8	원료계량은 구획된 곳에서 이루어지며 필요시 먼지제거 시설을 갖추고 있는가?		
9	채광 또는 조명시설은 적합한 조도를 유지하고 있으며 조명으로 인한 색상차이를 나타내지 않아야 하며 파손 등에 의한 오염을 방지할 수 있는 보호장치가 있는가?		
10	곤충, 쥐 등 동물의 드나듦을 막을 수 있는 설비가 되어 있는가?		
11	영업장에 영향을 미치지 아니한 곳에 화장실과 탈의실이 있는가?		
12	식육을 자기업소에서 판매하기 위하여 스스로 운반하는 경우 축산물 위생관리법 시행규칙 별표 10의 제6의 가목의 규정을 준수하고 있는가?		
13	출입구 및 창은 완전히 닫을 수 있도록 되어 있는가?		
14	급수시설은 수돗물이나 먹는물 관리법의 관련규정에 의한 먹는물 수질검사기준에 적합한 지하수 등을 공급할 수 있는 시설을 갖추고 있는가?		
15	지하수를 사용하는 취수원은 오염물질 등으로부터 오염될 우려가 없는 장소에 위치하고 용수저장 탱크는 외부로부터 오염되지 않도록 설치되어 있는가?		
16	용수에 대한 정기 수질검사를 실시하고 그 기록을 유지하는가?		
17	해당 영업에 필요한 시설 및 기구는 갖추어져 있으며 다른 작업으로부터 오염되지 아니하도록 배치되어 있는가?		
18	시설은 축산물의 취급외의 다른 목적에 사용되지 않도록 되어 있는가?		
19	식육, 식육가공품, 농산물과 직접 접촉하는 시설 및 기구는 위생적인 내수성 재질로서 씻기 쉬우며 열탕·증기·살균제 등을 소독·살균이 가능한 것인가?		
20	제조시설은 정기적으로 점검하여 작업에 지장이 없도록 관리되고 있는가?		

순위 \ 구분	평가내용	점수	비고
영업장 시설 관리			
21	작업과정에서 안전성에 대한 개선사항이 있을 경우 원인규명 등 적절한 조치를 취하고, 이를 기록보관하고 있는가?		
22	영업장에는 전기냉동 시설·전기냉장시설·진열상자 및 저울이 설치되어 있는가? – 냉장: –2~10℃ – 냉동: –18℃ 이하 – 온도계 설치여부(냉장시설 및 냉동시설은 자동온도기록장치 부착)		
23	냉동시설 및 냉장시설·진열상자의 구조와 기능이 원료나 제품을 효과적으로 수용할 수 있고 오염시킬 우려가 없는가?		
24	영업장 관리기준서를 작성·비치하고 있는가?		
위생 관리			
25	위생관리에 필요한 시설·기구 등은 갖추어져 있고 위생적인 상태(필요시 소독 또는 살균)를 유지하고 있는가?		
26	식육과 식육가공품의 절단 및 농산물에 사용되는 도마와 칼 등의 기구 및 도구는 별도로 비치되어 있으며 관리가 잘 되고 있는가?		
27	원료와 제품의 처리·가공 등에 사용되는 기구 및 용기는 구분·표시하여 정결하게 관리되고 있는가?		
28	영업장 종사자는 해당 작업에 필요한 위생복, 위생모 및 위생장갑 등을 착용하고 있으며 청결하게 관리하고 있는가?		
29	신체질환 등으로 제품에 나쁜 영향을 미칠 우려가 있는 종사자에 대한 조치가 취해지고 있는가?		
30	영업장과 화장실의 출입구에는 세척시설, 손을 말릴 수 있는 시설 및 소독 설비가 갖추어져 있는가?		
31	위생관리기록은 일별로 작성하고 종사자에 대하여 정기적으로 교육·훈련하고 있는가?		
32	작업장과 작업장에서 사용되는 시설·장비에 대한 청소, 세척 및 소독 관리사항을 구체적으로 정하여 운용되고 있는가? (1) 청소장소 및 청소주기 (2) 청소방법과 청소에 사용하는 세척제 및 소독제, 도구 (3) 복장 규격 및 착용방법 (4) 종사자 손 씻기 및 소독방법 (5) 작업 중 위생에 관한 주의사항 (6) 청소상태 평가방법 (7) 종사자 건강상태 관리 (8) 소독약품의 관리방법 (9) 기타 필요한 사항		

구분 순위	평가내용	점수	비고
보관 및 운반 관리			
33	원료육 입고 시 자체적으로 정한 입고기준에 따라 검사성적서를 확인하거나 규격에 적합한 원·부재료만을 구입하여야 하고 입고기록을 작성하고 있는가? (1) HACCP 적용작업장 여부 (2) 원료육의 중심부 온도 – 냉장육: −2~5℃ – 냉동육: −18℃ 이하 (3) 차량적정온도 유지기록 – 냉장: −2~10℃ – 냉동: −18℃ 이하 (4) 관능검사(이물, 냄새, 색택 등): 기록 확인		
34	부원료에 대하여 입고등록대장을 작성하고 있으며 공급업체로부터 검사상적서를 받거나 자체검사를 정기적으로 검사하는가?		
35	제품의 온도변화를 최소화 및 오염을 최소화할 수 있도록 하차·적재는 신속히 실시하고 있는가? (1) 온도변화 최소화 여부 (2) 포장제품의 파손여부 (3) 지육 오염의 최소화 및 신속한 하차 여부		
36	포장자재 등은 식품위생법 제9조제1항의 규정에 적합한 규격품을 구입하고 있는가?		
37	원료육은 적절하게 보관온도를 유지하고 있는가? – 냉장육: −2~5℃ – 냉동육: −18℃ 이하		
38	부원료는 원료육과 구분 보관하고 있으며 부원료별로 적절하게 보관온도를 유지하고 있는가? – 농산물: 10℃ 이하		
39	원·부자재 및 제품은 구분 관리하고 바닥이나 벽에 밀착되지 않도록 적재·보관하고 있는가?		
40	부적합한 원·부자재, 제품 및 반품된 제품은 별도 구분하고 식별된 표시를 하여 반송, 폐기 등의 조치를 한 후 그 기록을 보관하고 있는가?		
41	원·부자재 및 제품이 보관 중에 이상이 생겼을 경우 그 내용과 조치사항을 기재하고 있는가?		
42	제품을 가열·조리하여 판매할 경우 유지의 위생 관리가 적절히 관리되고 있는가?		
43	제품의 보관·진열온도는 적절히 관리되고 있는가? – 냉장육: −2~10℃ – 냉동육: −18℃ 이하 – 냉장식육가공품: −2~10℃ – 냉동식육가공품: −18℃ 이하		
44	원료육 및 제품은 선입·선출방법으로 관리되고 있는가?		

구분 순위	평가내용	점수	비고
보관 및 운반 관리			
45	축산물 위생관리법 시행규칙 별표 13의 제3의 가목의 규정을 준수하는가? – 진열대 표지판의 표시, 용기 포장지의 표시사항		
46	보관관리기준서에는 아래사항이 구체적으로 작성·비치되고 있는가? (1) 원·부자재 구입 시 입고기준 및 규격 확인방법 (2) 보관관리장소 및 관리방법 (3) 원료육 및 제품의 반·출입관리방법 (4) 검사결과 부적합품에 대한 처리방법 (5) 취급 시 교차오염을 방지하기 위한 대책 (6) 기타 보관관리에 필요한 사항		
47	원·부자재 등이 적절하게 운반될 수 있도록 운반차량, 운반도구 및 용기는 다음사항에 적합하게 관리되고 있는가? (1) 원료 및 포장 등에 대한 오염을 방지할 수 있어야 한다. (2) 세척이 쉽고 필요시 소독이 가능하여야 한다. (3) 운반차량은 적절한 온도를 유지할 수 있어야 하며 외부에서 내부온도 변화를 확인할 수 있도록 자동온도기록장치를 부착하여야 한다.		
검사 관리			
48	축산물의 안전성 및 작업장 시설 등의 위생 관리를 위하여 원료육, 부자재 및 완제품 등에 대하여 정기적인 검사가 실시되고 있는가?		
49	검사에 필요한 시설 및 기구는 정기적으로 점검하여 검사에 지장이 없도록 관리·유지되고 있으며, 그 기록이 유지되고 있는가?		
50	배지, 시약 등 검사에 필요한 소모품관리대장이 적합하게 작성되고 있는가?		
51	검사 관리 사항을 구체적으로 정하여 관리되고 있는가? (1) 검사항목·방법·기준 (2) 검사주기 (3) 시료채취 방법 (4) 검사시설 및 기구(위탁검사 시 제외) (5) 판정기준 (6) 검사자 및 판정자 (7) 기타 필요한 사항		
52	검사성적서는 다음 사항을 포함하여 작성되어 있는가? (단, 축산물위생검사기관과 협약에 의하여 검사를 실시할 경우에는 검사기관의 검사성적서 비치) (1) 롯트번호 및 제조연월일 (2) 검사시료명 (3) 시료채취 및 검사연월일 (4) 검사항목, 검사법 및 검사성적 (5) 판정결과 및 판정연월일 (6) 기타 필요한 사항		
53	검사시료를 채취 및 운반할 때에는 시료가 오염 또는 변질되지 아니하도록 위생적으로 채취되고 있는가?		
54	검사결과 관리기준 이탈시 적절한 조치를 취하고 그 기록이 유지되고 있는가?		

구분 순위	평가내용	점수	비고
검사 관리			
55	계측기구 등에 대하여 정기적으로 검·교정을 실시하고 그 기록이 유지되고 있는가?		
회수프로그램 관리			
56	부적합품 등에 대하여 다음 사항이 포함된 자진 및 강제 회수프로그램이 수립·운용되고 있는가? (1) 회수대상 제품에 대한 기록 - 제품명, 롯트번호, 제조 시 모니터링기록, 제품검사기록, 보관, 출고, 유통에 관한 기록 등 (2) 판매경로, 판매점 명단 및 연락처 (3) 회수의 사유, 회수전담팀 구성 및 책임자 지정 (4) 회수되는 축산물의 처리방법 (5) 회수사실을 소비자에게 알리는 방법 (6) 회수계획 및 결과 보고 사항		
	종합평가		
지적사항	※ 해당 항목에 대하여 지적사항을 구체적으로 작성		

※판정기준

① 점수는 각항별 5점으로 한다.
② 5점(양호)은 적합한 기준에 따라 일관성 있게 현장 이행 및 기록을 유지하는 경우로 판정한다.
③ 3점(보통)은 기준에 따라 일관성 있게 현장 이행 및 기록을 유지하고 있음에도 불구하고, 기준서가 경미한 수준으로 부족하거나 현장 이행 및 기록 방법에 실수로 판단할 수 있는 사항이 확인되는 경우로 판정한다. 이 경우 실수가 비반복적이어야 하며, 안전성에 영향을 주어서는 안 된다.
④ 1점(미흡)은 기준에 따라 현장 수행 및 기록을 유지하고 있으나 기준서가 미흡하거나, 현장 이행 및 기록 방법 등이 부족하여 일관성이 떨어지거나 떨어질 우려가 있다고 판단되는 경우로 판정한다.
⑤ 0점(미이행)은 세부기준의 설정이 없고 현장 이행 및 기록 등을 관리하지 않는 경우로 판정하고, 법적 위반사항을 포함한다.
⑥ 인증심사 시 평가결과 만점의 85% 이상을 적합, 70% 이상에서 85% 미만일 경우 보완, 70% 미만일 경우 부적합으로 판정한다.
⑦ 조사평가 시 평가결과 만점의 85% 이상일 경우에는 수정·보완하도록 조치하되, 85% 미만이면 부적합으로 판정한다.

2-5. 기타식품판매업소 선행요건 관리 평가(생략)

항목만 남겨두고 내용은 생략하였다. 자세한 내용은 법제처 국가법령정보센터의 훈령·예규·고시에 들어가 검색창에 식품 및 축산물 안전관리인증기준을 입력하거나 한국식품안전관리인증원 홈페이지(www.haccp.or.kr) 법령자료란에서 찾는다.

3. HACCP 관리

3-1. 인증평가용

(1) 식품(식품첨가물 포함)제조·가공업 등과 축산물가공업

표 3-2-8 인증평가용 이외에도 인증평가표(기타식품판매업소용, 소규모업소용, 식품소분업소용)가 있으며 내용은 생략하였다. 그 내용은 법제처 국가법령정보센터의 훈령·예규·고시에 들어가 검색창에 식품 및 축산물 안전관리인증기준을 입력하거나 한국식품안전관리인증원 홈페이지 법령자료란에서 찾으면 된다.

표 3-2-8 인증평가용(식품(식품첨가물 포함)제조·가공업, 건강기능식품제조업, 집단급식소, 집단급식소식품판매업, 식품접객업(위탁급식영업), 운반급식(개별 또는 벌크 포장), 축산물가공업)

평가항목	평가내용(배점)	평가결과 (0~10점)	비고
1. HACCP팀	1. HACCP팀을 구성하고 팀원별 책임과 권한 및 인수인계 방법을 부여하고 있는가?(0~5) 2. 팀 구성원이 HACCP의 개념과 원칙, 절차 등과 각자의 역할에 대하여 충분히 이해하고 있는가?(0~5) 3. 팀장은 HACCP팀에 주도적으로 참여하고 있으며, 각 팀원은 적극적으로 참여하여 활동하고 있는가?(0~5)		
	소계(0~15)		
2. 제품설명서 및 공정흐름도	1. 제품설명서가 구체적으로 기술되어 있는가?(0~5) 2. 공정흐름도를 작성하고 있는가?(0~5) 3. 공정흐름도가 현장과 일치하는가?(0~5)		
	소계(0~15)		
3. 위해요소 분석	1. 발생 가능한 위해요소를 충분히 도출하고, 발생원인을 구체적으로 기술하고 있는가?(0~10) 2. 도출된 위해요소에 대한 위해평가기준(심각성, 발생가능성 등) 및 평가결과의 활용원칙이 제시되어 있는가?(0~10) 3. 개별위해요소에 대한 위해평가가 적절하게 이루어졌는가?(0~5) 4. 도출된 위해요소를 관리하기 위한 현실성 있는 예방조치 및 관리방법을 도출하였는가?(0~10) 5. 위해요소 분석을 위한 과학적인 근거자료를 제시하고 있는가?(0~5) 6. 위해요소 분석에 대한 개념과 절차를 잘 이해하고 있는가?(0~5)		
	소계(0~45)		

평가항목	평가내용(배점)	평가결과(0~10점)	비고
4. 중요관리점의 결정 및 한계기준의 설정	1. CCP 결정도(Decesion Tree)에 따라 CCP가 적절하게 결정되었는가?(0~10) 2. 팀원은 제시된 CCP 결정도의 개념을 잘 숙지하고 있는가?(0~5) 3. 한계기준의 관리항목과 기준이 구체적으로 설정되어 있으며, 설정된 한계기준은 도출된 위해요소를 관리하기에 충분한가?(0~10) 4. CCP 모니터링 담당자가 설정된 한계기준을 숙지하고 있는가?(0~10) 5. 한계기준 설정을 위해 활용한 유효성 평가자료는 현장의 특성을 반영하고 있는가?(0~10)		
	소계(0~45)		
5. CCP의 모니터링 및 개선조치	1. 모니터링 방법은 한계기순을 충분히 관리할 수 있도록 설정되어 있는가?(0~10) 2. 모니터링 담당자는 모니터링 절차에 따라 지정위치에서 모니터링하고 있는가?(0~10) 3. 모니터링 담당자는 훈련을 통하여 자신의 역할을 잘 숙지하고 있는가?(0~5) 4. 모니터링에 사용되는 장비는 적절히 교정하여 관리하고 있는가?(0~5) 5. 개선조치 절차 및 방법은 수립되어 있으며 책임과 권한에 따라 자신의 역할을 잘 숙지하고 있는가? (0~5) 6. 개선조치를 신속하고 구체적으로 실시하고 있으며 그 결과를 적절히 기록·유지하고 있는가?(0~10)		
	소계(0~45)		
6. HACCP 시스템 검증	1. 검증업무 절차 및 검증계획이 적절히 수립되어 있는가?(0~10) 2. 검증계획에 따라 HACCP 관리계획 수립 후 최초 검증을 적절히 실시하였는가?(0~5) 3. 검증결과, 부적합 사항에 대한 개선조치 등 사후관리가 수행되었는가?(0~5)		
	소계(0~20)		
7. 교육·훈련	1. HACCP 시스템의 효율적 운영을 위한 교육·훈련절차 및 계획이 확립되어 있는가?(0~10) 2. 교육·훈련은 교육·훈련계획 및 절차에 따라 실시되고 그 기록이 유지되고 있는가?(0~5)		
	소계(0~15)		

종합평가(0~200)		

※판정기준

① 평가항목의 배점에 대한 점수는 아래 평가점수표에 따라 부여한다.

〈평가점수표〉

구분 \ 배점	0~5	0~10
평가점수	0	0
	1	2
	2	4
	3	6
	4	8
	5	10

② 총 점수 200점 중 170점 이상을 적합, 140점 이상 170점 미만은 보완, 140점 미만이면 부적합으로 판정한다.

(2) 식육즉석판매가공업

표 3-2-9 인증평가용(식육즉석판매가공업)

순위 \ 구분	평가내용	점수	비고
위해분석			
1	HACCP팀을 구성하고 책임자와 구성원의 역할을 지정하고 있는가?		
2	HACCP팀 책임자 및 구성원은 해당 축산물에 경험이 있는가?		
3	축산물설명서는 다음사항이 구체적으로 작성되어 있는가? (1) 식육·포장육명 (2) 식육 도축, 포장육의 제조일자 또는 유통기한 (3) 작성자 및 작성연월일 (4) 보관·유통 상의 주의사항 (5) 용도 (6) 기타 필요사항		
4	영업장 설비도면을 작성하고 그 이행을 확인점검하고 있는가?		
5	위해분석은 식육·포장육 및 취급단계 등에서 발생할 수 있는 위해를 적절히 분석하고 있으며, 위해요소별로 HACCP관리 조치를 기록하고 있는가?		
중요관리점			
6	CCP는 적절하게 설정되어 있는가?		
7	CCP에 대한 한계기준은 적절하게 설정되어 있는가?		
8	CCP에 대한 모니터링시스템을 설정하고 있는가?		

구분 순위	평가내용	점수	비고
9	모니터링에 사용하는 온도계 등과 같은 기계·기구의 정도관리는 잘되고 있는가?		
10	모니터링은 CCP마다 적절하게 실시하고 있는가?		
11	모니터된 결과 한계기준 이탈 시 적절하게 처리하고 개선조치 등에 대한 기록이 유지되고 있는가?		
검증 기록			
12	HACCP계획에 대한 검증은 정기적으로 실시하고 있는가?		
13	HACCP계획에 대한 기록 및 유지는 적절히 이루어지고 있는가?		
14	HACCP계획을 정기적으로 교육·훈련하고 있는가?		
15	HACCP관리기준서를 작성·비치하고 있는가?		
	종합평가		(%)
지적사항	※ 해당 항목에 대하여 지적사항을 구체적으로 작성		

※판정기준

① 점수는 각항별 5점으로 한다.
② 5점(양호)은 적합한 기준에 따라 일관성 있게 현장 이행 및 기록을 유지하는 경우로 판정한다.
③ 3점(보통)은 기준에 따라 일관성 있게 현장 이행 및 기록을 유지하고 있음에도 불구하고, 기준서가 경미한 수준으로 부족하거나 현장 이행 및 기록 방법에 실수로 판단할 수 있는 사항이 확인되는 경우로 판정한다. 이 경우 실수가 비반복적이어야 하며, 안전성에 영향을 주어서는 안 된다.
④ 1점(미흡)은 기준에 따라 현장 수행 및 기록을 유지하고 있으나 기준서가 미흡하거나, 현장 이행 및 기록 방법 등이 부족하여 일관성이 떨어지거나 떨어질 우려가 있다고 판단되는 경우로 판정한다.
⑤ 0점(미이행)은 세부기준의 설정이 없고 현장 이행 및 기록 등을 관리하지 않는 경우로 판정하고, 법적 위반사항을 포함한다.
⑥ 인증심사 시 평가결과 만점의 85% 이상을 적합, 70% 이상에서 85% 미만일 경우 보완, 70% 미만일 경우 부적합으로 판정한다.

3-2. 사후관리용

(1) 식품(식품첨가물 포함)제조·가공업 등과 축산물가공업

표 3-2-10 사후관리용 이외에도 또 다른 사후관리용(기타식품판매업소용, 소규모업소용, 식품소분업소용)이 있으며 내용은 생략하였다. 그 내용은 법제처 국가법령정보센터나 한국식품안전관리인증원 홈페이지 법령자료란에서 찾으면 된다.

표 3-2-10 사후관리용(식품(식품첨가물 포함)제조·가공업, 건강기능식품제조업, 집단급식소, 집단급식소식품판매업, 식품접객업(위탁급식영업), 운반급식(개별 또는 벌크 포장), 축산물가공업)

평가항목	평가내용(배점)	평가결과 (0~10점)	비고
1. HACCP팀	1. 팀 구성원이 HACCP의 개념과 원칙, 절차 등과 각자의 역할에 대하여 충분히 이해하고 있는가?(0~5) 2. 팀장은 HACCP팀에 주도적으로 참여하고 있으며, 각 팀원은 적극적으로 참여하여 활동하고 있는가?(0~5) 3. 팀 구성원 교체 또는 변동 시 인수인계가 철저히 이루어지고 있는가?(0~5)		
	소계 (0~15)		
2. 제품설명서 및 제조공정 설비도면	1. 제품설명서 및 공정흐름도를 기준서에 반영하고 있는가?(0~10) 2. 공정흐름도 및 제조공정 설비도면이 현장과 일치하는가?(0~5)		
	소계 (0~15)		
3. 위해요소 분석	1. 위해요소 분석과 관련된 새로운 정보의 지속적인 수집 및 보완이 이루어지고 있는가?(0~5) 2. 발생가능한 위해요소에 변경사항이 있는 경우 잠재적인 위해요소를 충분히 도출하여 위해요소 분석을 실시하고 있는가?(0~5) 3. 위해요소 분석을 위한 과학적인 근거자료를 제시하고 있는가?(0~5) 4. 위해요소 분석에 대한 개념과 절차를 잘 이해하고 있는가?(0~5)		
	소계 (0~20)		
4. 중요관리점의 결정 및 한계기준	1. 팀원은 제시된 CCP 결정도의 개념을 잘 숙지하고 있는가?(0~5) 2. 한계기준이 도출된 위해요소를 관리하기에 충분한가?(0~10) 3. 한계기준설정을 위해 활용한 유효성 평가자료는 현장 특성을 반영하고 있는가?(0~5)		
	소계 (0~20)		
5. CCP의 모니터링 및 개선조치	1. 모니터링 한계기준을 충분히 관리할 수 있도록 설정되어 있는가?(0~10) 2. 모니터링 담당자는 절차에 따라 지정위치에서 모니터링하여 기록·유지하고 있는가?(0~10) 3. 모니터링 담당자는 훈련을 통하여 자신의 역할을 잘 숙지하고 있는가?(0~5) 4. 모니터링에 사용되는 장비는 적절히 교정하여 관리하고 있는가?(0~10) 5. 개선조치 절차 및 방법은 수립되어 있으며 책임과 권한에 따라 자신의 역할을 잘 숙지하고 있는가?(0~5) 6. 개선조치를 실시하고 있으며 그 결과를 적절히 기록·유지하고 있는가?(0~10)		
	소계 (0~50)		

평가항목	평가내용(배점)	평가결과 (0~10점)	비고
6. HACCP 시스템 검증	1. 검증대상에 따른 검증계획, 방법, 주기는 적절하게 확립되어 있는가?(0~10) 2. 검증요원은 검증절차, 방법 및 역할을 잘 숙지하고 있는가?(0~10) 3. 검증계획 및 절차에 따라 검증을 실시하고 있는가?(0~10) 4. 검증결과, 부적합 사항에 대한 개선조치 등 사후관리가 수행되고 있는가?(0~10) 5. 검증결과를 주기적으로 검토, 분석하여 HACCP시스템 운영에 반영하고 있는가?(0~10)		
	소계(0~50)		
7. 교육·훈련	1. HACCP 시스템의 효율적 운영을 위한 교육·훈련절차 및 계획이 확립되어 있는가?(0~10) 2. 교육·훈련은 교육·훈련계획 및 절차에 따라 실시되고 그 기록이 유지되고 있는가?(0~10) 3. HACCP 팀원은 교육·훈련결과를 주기적으로 검토, 분석하여 HACCP 시스템 운영에 반영하고 있는가?(0~10)		
	소계(0~30)		
종합평가(0~200)			

※판정기준

① 평가항목의 배점에 대한 점수는 아래 평가점수표에 따라 부여한다.

〈평가점수표〉

구분 \ 배점	0~5	0~10
평가점수	0	0
	1	2
	2	4
	3	6
	4	8
	5	10

② 총 점수 200점 중 170점 이상이면 적합, 170점 미만이면 부적합으로 판정한다.

(2) 식육즉석판매가공업

표 3-2-11 사후관리용(식육즉석판매가공업)

순위 \ 구분	평가내용	점수	비고
1	(HACCP팀 변경) HACCP팀 변경 발생 시 책임자와 구성원의 역할을 적절하게 반영하고 있는가? 가) HACCP 팀 구성의 역할 지정 적절성 나) HACCP팀장 및 구성원의 업무 경험 및 숙지도 다) 정기적인 회의 실시 여부		

순위 \ 구분	평가내용	점수	비고
2	(제품설명서 변경) 제품설명서의 변경사항이 있는 경우 해당 사항을 개정하거나 추가하였는가?		
3	(대상 소비자 변경) 용도 변경이 있는 경우 해당 사항을 개정하였는가?		
4	(제조공정도 및 설비도면) 제조공정 설비도면의 변경사항이 있는 경우 해당 사항을 개정하였는가?		
5	(현장일치) 변경된 제조공정 설비도면은 현장과 일치하고 있는가?		
6	(위해분석 재실시) 가) 원료(부원료 포함), 제조공정 및 유통단계 등에서 발생할 수 있는 위해요소를 충분히 파악하고 발생원인을 구체적으로 작성하고 있는가? 나) 예측치 못한 위해 발생 시 위해분석을 재실시하였는가?		
7	(중요관리점 변경) CCP 변경사항은 HACCP 계획에 반영되었는가?		
8	(한계기준 변경) CCP에 대한 한계기준이 변경된 경우, 변경된 한계기준이 구체적인 공정 또는 제품에 적절하게 설정되어 있는가?		
9	(모니터링) 가) CCP에 대한 모니터링을 실시하고 있는가? 나) CCP 모니터링 결과를 현장에서 기록하고 있는가? 다) CCP 모니터링 변경사항이 있는 경우 변경사항을 반영하였는가?		
10	(개선조치) 가) 모니터링한 결과 한계기준 이탈시 원인분석 및 제거, CCP의 정상복귀, 재발방지대책수립, 영향 받은 제품의 처리를 포함하여 적절한 개선조치를 실시하고 있는가? 나) 개선조치 결과를 기록하고 있는가? 다) 이탈이 반복적으로 발생하는 경우 개선조치 방법을 재조정하거나 강화하고 있는가?		
11	(검증) 가) HACCP계획에 따라 검증활동을 실시하고 있는가? (1) 서류(기록물) 검토 (2) 현장관찰 (3) 모니터링에 사용하는 기계·기구의 검교정 (4) 기타사항 나) (유효성평가) 변경사항이 있거나 추가로 적용해야 할 사항이 있는 경우 HACCP계획이 목적한대로 운영될 수 있는지 유효성평가를 실시하였는가? 다) (재평가) 연 1회 이상 자체 평가를 실시하고, 변경사항 발생하거나 예측치 못한 위해발생 시에도 평가를 실시하고 있는가?		

구분 순위	평가내용	점수	비고
12	(기록 및 유지) 가) HACCP관리기준서를 작성·비치하고 있는가? 나) HACCP계획에 따라 생산된 기록은 일시, 측정된 수치, 조치된 사항, 담당자 서명 등이 구체적으로 작성되고 있는가? 다) 위해분석, CCP설정, 한계기준설정, 모니터링, 검증의 변경사항 발생 시 과학적 논문, 문헌, 실험결과 등의 근거문서가 있는가? 라) HACCP계획 개발 시 및 개정 시 일자, 책임자의 서명, 개정내역 등을 기록하고 있는가?		
13	(교육) HACCP계획을 정기적으로 교육·훈련하고 있는가? 가) 종업원에 대한 HACCP 교육 나) 영업자 HACCP 교육		
종합평가			%
지적사항	※ 해당 항목에 대하여 지적사항을 구체적으로 작성		

※판정기준
① 점수는 각항별 5점으로 한다.
② 5점(양호)은 적합한 기준에 따라 일관성 있게 현장 이행 및 기록을 유지하는 경우로 판정한다.
③ 3점(보통)은 기준에 따라 일관성 있게 현장 이행 및 기록을 유지하고 있음에도 불구하고, 기준서가 경미한 수준으로 부족하거나 현장 이행 및 기록 방법에 실수로 판단할 수 있는 사항이 확인되는 경우로 판정한다. 이 경우 실수가 비반복적이어야 하며, 안전성에 영향을 주어서는 안 된다.
④ 1점(미흡)은 기준에 따라 현장 수행 및 기록을 유지하고 있으나 기준서가 미흡하거나, 현장 이행 및 기록 방법 등이 부족하여 일관성이 떨어지거나 떨어질 우려가 있다고 판단되는 경우로 판정한다.
⑤ 0점(미이행)은 세부기준의 설정이 없고 현장 이행 및 기록 등을 관리하지 않는 경우로 판정하고, 법적 위반사항을 포함한다.
⑥ 조사평가 시 평가결과 만점의 85% 이상일 경우에는 수정·보완하도록 조치하되, 85% 미만이면 부적합으로 판정한다.

선행요건 관리와 HACCP 관리에 대한 실시상황 평가표는 상기 제시된 내용 이외에도 기타 식품판매업, 도축장, 식육포장처리업, 식육판매업, 집유업, 식용란수입판매업 등이 있다. 자세한 내용은 식품의약품안전처(www.mfds.go.kr) 법령자료란에서 고시훈령예규에 들어가 검색 창에 "식품 및 축산물안전관리인증기준"을 입력하여 찾으면 된다.

Chapter 03

축산물안전관리통합인증 관리

1. 축산물안전관리통합인증의 의의

지구상의 동식물을 재배하고 사육하는 농수축산물은 채집, 수확, 도축, 어획 등을 통해 원료를 얻어 처리·제조·가공·조리·보관·유통판매를 통해 소비자에 이르게 되는 사실은 누구나 다 아는 바다.

그러나 우리가 식품위생을 다루는 과정은 과거 보통 원료를 수확이나 도축 등을 한 이후부터 관리하여 왔다고 보아도 과언이 아니다. 최근 축산물의 경우 점진적으로 가축의 사육으로부터 농장(목장)에서 식품위생의 요인(농약, 항생제 및 그 함유 사료 등) 등을 관리함으로써 최종적으로 소비자가 안전하게 보다 위생적으로 식품을 섭취하게 되는 것을 볼 수 있다.

따라서 농장(목장)에서부터 식탁에 이르기까지(Farm to table), 사육단계에서 판매단계까지 일관된 위생관리로 안전관리통합인증제도를 구축하는 데 그 의의가 크다고 아니할 수 없다. 식품 및 축산물 안전관리인증기준의 제2조(정의) 13호에서 축산물에는 "통합관리프로그램"이라는 정의가 설정되어 있으므로 다음과 같이 기술한다.

한편 HACCP인증농장으로부터 HACCP 통합인증업체로의 인증절차를 보면 그림 3-3-1과 같다.

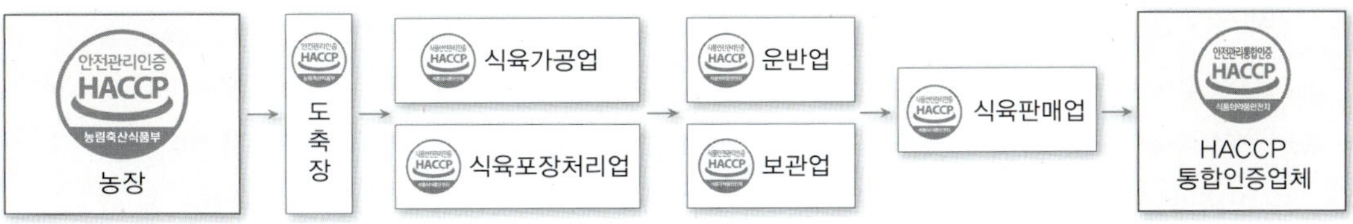

그림 3-3-1 HACCP 인증농장에서부터 HACCP 통합인증업체로의 인증과정

2. 축산물안전관리통합인증의 법적근거와 인증요건

2-1. 통합인증의 법적근거

(1) 축산물 위생관리법 제9조(안전관리인증기준) ①항

식품의약품안전처장은 가축의 사육부터 축산물의 원료관리·처리·가공·포장·유통 및 판매까지의 모든 과정에서 인체의 위해(危害)를 끼치는 물질이 축산물에 혼입되거나 그 물질로부터 축산물이 오염되는 것을 방지하기 위하여 총리령으로 정하는 바에 따라 각 과정별로 안전관리인증기준(이하 "안전관리인증기준"이라 한다) 및 그 적용에 관한 사항을 정하여 고시한다.

(2) 식품 및 축산물 안전관리인증기준 제2조(정의) 제11항

"안전관리인증기준(HACCP) 적용업소"란 「식품위생법」, 「건강기능식품에 관한 법률」에 따라 안전관리인증기준(HACCP)을 적용·준수하여 식품을 제조·가공·조리·소분·유통·판매하는 업소와 「축산물 위생관리법」에 따라 안전관리인증기준(HACCP)을 적용·준수하고 있는 안전관리인증작업장·안전관리인증업소·안전관리인증농장 또는 축산물안전관리통합인증업체 등을 말한다.

(3) 축산물 위생관리법 시행규칙 제7조의3(안전관리인증작업 등의 인증신청 등) 제4항

안전관리통합인증업체의 인증(이하 "통합인증" 이라 한다)을 받으려는 자는 안전관리통합인증업체(HACCP)인증 신청서(전자문서 포함)에 다음 각호의 서류(전자문서 포함)을 첨부하여 한국식품안전관리인증원장(이하 "인증원장" 이라 함)에게 제출하여야 한다.

1) 축산업협동조합, 농업경영체 또는 축산물 연간 판매액 50억원 이상인 축산물가공업 또는 축산물판매업의 영업자임을 확인할 수 있는 서류
2) 안전관리통합인증업체의 안전관리인증기준을 관리·운용하기 위한 전담 조직의 구성 및 운영 규정
3) 통합적인 안전관리인증기준 적용을 위한 통합관리프로그램(이하 "통합관리프로그램") 및 3개월 이상 운용실적
4) 통합인증에 참여하는 각각의 작업장·업소·농장과 체결한 계약서 사본
5) 통합인증에 참여하는 각각의 작업장·업소·농장(통합인증을 신청한 자 자신이 인증 참여 작업장·업소·농장 중 하나에 해당하는 경우에는 신청인을 포함한다.)에 대한 제 1항 각호의 구분에 따른 서류. 다만 기존에 안전관리인증작업장, 안전관리인증업소, 안전 관리인증농장으로 인증을 받은 작업장·업소·농장의 경우에는 그 인증서 사본으로 갈음할 수 있다.

2-2. 통합인증을 받으려는 자의 요건

축산물 위생관리법 시행규칙 제7조3의 제5항은 제4항에 따른 통합인증을 받으려는 자는 다음 각 호의 요건을 갖추어야 한다.

1) 통합관리프로그램을 작성·운용하고 있을 것
2) 가축의 사육, 축산물의 처리·가공·유통 및 판매 등 모든 단계에서 안전관리인증 기준을 준수할 수 있도록, 생산하는 축산물의 특성에 따라 관계되는 모든 작업장·업소·농장 과 가축의 출하 또는 원료공급 등의 계약을 체결할 것. 이 경우 그 계약에는 각 작업장·업소·농장이 통합관리프로그램을 준수한다는 내용이 포함되어 있어야 하며, 각 계약 기간은 3년 이상이어야 한다.
3) 통합인증에 참여하는 각각의 작업장·업소·농장(통합인증을 신청한 자 자신이 인증 참여 작업장·업소·농장 중 하나에 해당하는 경우에는 신청인을 포함한다. 이하 이 항에서 같다)은 위생관리프로그램을 운용하고 있을 것
4) 통합인증에 참여하는 각각의 작업장·업소·농장은 자체안전관리인증기준을 작성·운용하고 있을 것
5) 통합인증에 참여하는 각각의 작업장·업소·농장의 영업자·농업인 및 종업원은 모두 제2항 제3호에 따른 교육훈련을 수료하였을 것

3. 축산물안전관리통합인증의 발급 및 연장과 실시상황평가표

3-1. 통합인증 발급 및 연장

축산물 위생관리법 시행규칙 제7조3의 ⑦항에서 인증원장은 신청자에 대하여 신청서류 검토 및 현장조사를 한 결과 인증요건과 안전관리인증기준을 준수하였다고 인정되면 신청인에게 안전관리인증작업장·업소·농장(HACCP)인증서를 발급하여야 한다 라고 규정하고 있다.

그리고 축산물 위생관리법 시행규칙 제7조의5(인증유효기간의 연장신청 등)에서 인증원장은 인증을 받은 자에게 인증유효기간이 끝나는 날의 130일 전까지 연장절차와 해당기간까지 연장하지 아니하면 연장을 받을 수 없다는 사실을 미리 알려야 한다고 하여 연장의 사후관리도 설정하였다.

3-2. 안전관리통합인증(HACCP) 실시상황평가표와 통합인증 관리 요약

1) 통합인증업체의 안전관리통합인증 현황표(농장, 도축장, 가공장, 유통, 판매장 포함)는 다음과 같이 별지 12호 서식에 의한다(표 3-3-1).

표 3-3-1 축산물가공업·식육포장처리업 영업소 현황 서식

<table>
<tr><td rowspan="7">통합인증
업체</td><td>① 사업의 종류</td><td colspan="3"></td></tr>
<tr><td>② 사업자 등록번호</td><td></td><td>③ 사업자 등록
연월일</td><td></td></tr>
<tr><td>④ 법인명(단체명)</td><td></td><td>⑤ 전화번호</td><td></td></tr>
<tr><td>⑥ 소재지</td><td colspan="3"></td></tr>
<tr><td>⑦ 대표자 성명</td><td></td><td>⑧ 생년월일</td><td></td></tr>
<tr><td colspan="4">⑨ 브랜드 명</td></tr>
<tr><td colspan="4">⑩ 전담조직 인원</td></tr>
<tr><td>농장</td><td>⑪ 회원농가수</td><td></td><td>⑫ 안전관리통합인증
농가수</td><td></td></tr>
<tr><td>도축장
(집유·도계·도압)</td><td>⑬ 이용 도축장수</td><td></td><td>⑭ 안전관리통합인증
도축장수</td><td></td></tr>
<tr><td>가공장</td><td>⑮ 이용 가공장수</td><td></td><td>⑯ 안전관리통합인증
가공장수</td><td></td></tr>
<tr><td>유통
(보관, 운반)</td><td>⑰ 이용 유통업체수
(보관, 운반)</td><td></td><td>⑱ 안전관리통합인증
유통업체수</td><td></td></tr>
<tr><td>판매장</td><td>⑲ 납품판매장수</td><td></td><td>⑳ 안전관리통합인증
판매장수</td><td></td></tr>
</table>

2) 안전관리통합인증업체 등의 관리 요약

통합인증평가표는 가. 통합인증업체(6항목), 나. 농장 관리(4항목), 다. 도축(집유·도계·도압)장 관리(3항목), 라. 가공장 관리(4항목), 마. 유통(보관·운반) 관리(4항목), 판매장 관리(4항목) 그리고 종합평가(판정기준 7항목)에서 실시상황평가 내용 전체 25항목을 종합평가하여 만점의 85% 이상일 경우 적합으로 판정되면 통합인증을 받게 된다.

제4편

학교급식의 위생관리와 HACCP 적용

Chapter 01

학교급식과 HACCP 적용 개요

학교급식은 1981년 1월 29일 법률 제3356호에 의거 "학교급식법"이 제정되었다. 수십차례 개정을 거쳐 2019년 4월에 위생과 안전에 확인된 법적 근거는 다음과 같다. 학교급식법 제12조(위생·안전관리) ① 학교급식은 식단 작성, 식재료 구매·검수·보관·세척·조리, 운반, 배식, 급식기구 세척 및 소독 등 모든 과정에서 위해한 물질이 식품에 혼입되거나 식품이 오염되지 아니하도록 위생과 안전관리에 철저를 기하여야 한다.

② 학교급식의 위생·안전관리기준은 교육부령으로 정한다고 규정하고 있다.

그리고 학교급식법 시행규칙 제6조(학교급식의 위생·안전관리기준 등)에서 '① 법 제12조 제2항에 따른 학교급식의 위생안전관리기준은 별표 4와 같다' 고 정한 내용은 주로 HACCP의 선행요건에 해당된다고 볼 수 있다.

또 '② 교육부장관은 제1항에 따른 기준의 준수 및 향상을 위한 지침을 정할 수 있다' 라고 정하고 있음을 볼 수 있다.

그리하여 교육부령의 학교급식법에는 HACCP 제도에 대한 법적 도입이 되어 있지 않았지만 2000년에 발간한 "학교급식 위생관리 지침서"에는 학교급식에 여러 교육청 관계자와 현장급식영양사 등에 의한 HACCP 시스템을 적용, 위생을 관리하고자 연구·개발하여 그 근거를 마련하고 권장하였음을 볼 수 있다.

Chapter 02

식단의 조리공정별 분류

- Ⅰ. **비가열조리공정:** 가열공정이 전혀 없는 조리공정(무침, 겉절이, 냉채, 샐러드, 과일 등)
- Ⅱ. **가열조리 후 처리공정:** 식재료를 가열 조리한 후 수작업을 거치는 가열조리 공정, 가열 조리 후 냉각과정 거치는 공정(볶음밥, 비빔밥, 잡채, 나물 등)
- Ⅲ. **가열조리공정:** 가열조리 후 바로 배식하는 조리공정(국, 찌개, 탕, 찜, 볶음, 조림, 튀김, 전 등)

2016년 교육부에서 4차 개정한 "학교급식 위생관리 지침서"에는 수많은 조리식품들을 조리공정에서 3부류로 나누어 기록하고 있는데, 다음은 그 내용을 발췌한 것이다.

1. 비가열조리공정

비가열조리공정은 말 그대로 가열공정이 전혀 없는 조리공정으로 조리공정별 조리방법, 식단명을 보면 표 4-2-1과 같다.

표 4-2-1 비가열조리공정의 조리방법과 식단

조리공정	조리방법	식단명
비가열 조리공정	무침류	무생채무침, 도라지무침, 도라지오이생채, 도토리묵무침, 메밀묵무침, 무말랭이무침, 무미역초무침, 미나리초무침, 배추겉절이, 상추겉절이, 오이피클무침, 오징어채무침, 해파리냉채
	쌈류	모듬쌈, 상추쌈
	빵류	햄샌드위치
	샐러드류	과일샐러드, 채소샐러드, 옥수수샐러드
	소스류	마늘소스, 겨자소스, 양겨자소스, 요구르트소스, 프랜치드소스
	음료·과일	과일화채, 과일셰이크, 배화채, 후르츠펀치, 무미나리화채

2. 가열조리 후 처리공정

가열조리 후 처리공정은 식재료를 가열조리한 후 수작업을 거치는 조리공정을 말하고 조리공정별 조리방법, 식단명을 보면 표 4-2-2와 같다.

표 4-2-2 가열조리 후 처리공정의 조리방법과 식단

조리공정	조리방법	식단명
가열조리 후 처리공정	밥류	비빔밥, 콩나물비빔밥, 김밥, 볶음밥, 김치볶음밥, 콩나물밥, 초밥
	국류	미역오이냉국, 오이냉국, 청포묵국
	볶음류	잡채, 호박숙회, 콩나물잡채
	조림류	달걀장조림
	무침류	오징어무침, 골뱅이무침, 숙주나물무침, 고춧잎무침, 쑥갓무침, 근대무침, 취나물무침, 비름나물무침, 김무침, 건파래무침
	찜류	편육
	쌈류	양배추쌈, 다시마쌈
	전류	달걀김말이, 빈대떡, 해물파전, 감자전, 부추전, 해물완자전, 장떡
	면류	국수장국, 잔치국수, 만둣국, 물냉면
	샐러드류	Cold: 양배추샐러드(베이컨), 양상추샐러드(달걀), 감자범벅, 모듬샐러드, 닭살샐러드, 햄마카로니샐러드
	소스류	Cold: 간장소스, 크림소스, 건포도소스, 사과소스, 참깨소스
	음료·과일	수정과, 식혜, 보리수단

3. 가열조리공정

가열조리공정은 가열조리 후 바로 배식하는 조리공정을 일컬으며 조리공정별 조리방법, 식단명은 표 4-2-3과 같다.

표 4-2-3 가열조리공정의 조리방법과 식단

조리공정	조리방법	식단명
가열조리 공정	밥류	현미밥, 찹쌀밥, 보리밥, 콩밥, 팥밥, 오곡밥, 감자밥, 고구마밥, 밤밥, 완두콩밥, 오곡밥, 약식, 영양밥, 자장밥, 카레라이스
	국류	김치국, 콩나물국, 김치만둣국, 감자국, 북어국, 쇠고기무국, 근대된장국, 냉이국, 달걀파국, 배추된장국, 토란국, 홍합미역국
	찌개류	김치찌개, 김치전골, 된장찌개, 동태찌개, 순두부찌개, 조기찌개, 굴두부찌개, 콩비지찌개, 청국장찌개, 해물찌개, 햄모둠찌개

가열 조리공정	탕류	설렁탕, 곰탕, 갈비탕, 사골우거지탕, 육개장, 추어탕, 닭개장, 해물탕, 민어매운탕, 알탕, 감자탕, 두부달걀탕, 우럭매운탕
	찜류	달걀찜, 돼지갈비찜, 쇠고기갈비찜, 닭찜, 깻잎찜, 해물콩나물찜
	무침류	김무침
	죽류	쇠고기양송이죽, 팥죽, 닭죽, 호박죽, 홍합죽, 전복죽, 채소죽, 미역죽
	전류	연근전, 생선전
	볶음류	닭볶음, 멸치볶음, 멸치풋고추볶음, 김치볶음, 낙지볶음, 고구마줄기 볶음, 고추장볶음, 떡잡채볶음, 돼지불고기, 두부양념볶음
	조림류	갈치무조림, 북어포조림, 콩조림, 풋고추멸치조림, 돼지고기장조림, 감자조림, 고등어무조림, 꽁치무조림, 두부고기조림, 연근조림
	튀김류	닭다리튀김, 감자튀김, 고구마튀김, 새우튀김, 만두튀김, 게맛살튀김, 미역자반튀김, 뱅어포튀김, 오징어튀김, 비프스테이크
	면류	만둣국, 떡국, 수제비, 우동, 닭칼국수, 해물칼국수, 국수전골
	수프류	크림수프, 채소수프, 감자수프, 쇠고기수프

Chapter 03

학교급식의 조리공정별 공정흐름도

"학교급식 위생관리 지침서" 중에서 3가지 조리공정별로 조리공정흐름도를 열거하면 다음과 같다.

1. 비가열조리공정의 조리공정흐름도 사례

공정	식단명: 생채무침	
식단의 검토	무	파, 마늘, 고춧가루, 참기름
구매 및 검수	1. 무는 신선한 상태의 것을 구매하고, 검수일지에 따라 검수한다.	1. 파, 마늘, 고춧가루는 신선한 상태의 것을 구매하고, 검수일지에 따라 검수한다.
전처리 (세척, 소독)	2. 무의 가식부분을 선별하고, 흐르는 물로 세척 후 소독하고 헹군다.	2. 파, 마늘은 흐르는 물로 세척 후 소독하고 헹군다.
전처리(절단)	3. 무를 알맞은 크기로 썬다.	3. 파는 썰고, 마늘은 다진다.
조리(혼합)	4. 썰어둔 무와 양념을 넣고 버무린다.	
배식	5. 배선·운반하여 급식한다.	

그림 4-3-1 **조리공정** Ⅰ(비가열조리공정)

2. 가열조리 후 처리공정의 조리공정흐름도 사례

식단의 검토	식단명: 콩나물 무침	
	콩나물	파, 마늘, 고춧가루, 참기름
구매 및 검수	1. 콩나물은 신선한 상태의 것을 구매하고, 검수일지에 따라 검수한다.	1. 파, 마늘, 고춧가루는 신선한 상태의 것을 구매하고, 검수일지에 따라 검수한다.
전처리(세척)	2. 콩나물을 흐르는 물로 세척한다.	2. 파, 마늘은 흐르는 물로 세척 후 소독하고 헹군다.
전처리(절단)		3. 파는 썰고, 마늘은 다진다.
조리(삶기)	4. 콩나물을 삶는다.	
조리(혼합)	5. 삶아놓은 콩나물과 양념을 넣고 버무린다.	
배식	6. 배선·운반하여 급식한다.	

그림 4-3-2 **조리공정** Ⅱ(가열조리 후 처리공정)

3. 가열조리공정의 조리공정흐름도 사례

식단의 검토	식단명: 닭볶음		
	닭	당근, 감자, 양파	파, 마늘, 고춧가루
구매 및 검수	1. 각각 신선한 상태의 것을 구매하고, 검수 일지에 따라 검수한다.		
전처리(세척, 소독)	2. 각각 흐르는 물에 씻는다.		
전처리(절단)	3. 각각 알맞은 크기로 썬다.		3. 파는 썰고, 마늘은 다진다.
조리	4. 닭을 볶다가 채소류, 양념을 넣고 충분히 익힌다.		
배식	5. 배선·운반하여 급식한다.		

그림 4-3-3 **조리공정** Ⅲ(가열조리공정)

Chapter 04

학교급식의 일반 HACCP 계획 (Generic HACCP Plan)

"학교급식 위생관리 지침서"에서 학교급식의 공정별 일반적인 HACCP 계획에 관한 내용을 보면 표 4-4-1과 같다.

표 4-4-1 학교급식의 일반적인 HACCP 계획

공정	위해 요소	한계기준 (관리기준)	모니터링 방법				개선조치
			대상	방법	빈도	작성자/ 확인자	
CCP1. 식단 검토	미생물 생존 및 증식	· 학교급식으로 제공하기 부적절한 식단 배제 · CCP2 공정관리가 필요한 식단 파악	식단	식단 검토	식단 작성, 변경 시	영양 (교)사	· 식단 변경 · 조리법 변경
CCP2. TCS Food의 공정관리	미생물 증식	· 배식 시작 1시간 30분 이내 혼합(배식 직전에 혼합하는 것이 바람직)	TCS Food	시간 확인	TCS Food 공정 관리 시	영양 (교)사/ 조리사/ 조리원	· 혼합 시간 조정
CCP3. 검수	미생물 증식	· 냉장식품, 전처리된 농산물 10℃ 이하, 생선 및 육류 5℃ 이하, 냉동식품은 냉동상태 유지 · 품질은 학교급식 식재료의 품질관리기준 준수	식재료	· 온도 측정 · 관능 검사	검수 시	검수자	· 반품 및 교환 · 식재료 부적합 확인서 발급

<table>
<tr><th rowspan="2">공정</th><th rowspan="2">위해
요소</th><th rowspan="2">한계기준
(관리기준)</th><th colspan="4">모니터링 방법</th><th rowspan="2">개선조치</th></tr>
<tr><th>대상</th><th>방법</th><th>빈도</th><th>작성자/
확인자</th></tr>
<tr><td rowspan="3">CCP4 A.
식품취급
및
조리과정
(장소
구분이
될 경우)</td><td>교차
오염</td><td>·장소 구분(전처리실, 조리실)
·도구 구분(식재료 및 조리 전·후)</td><td>구분
여부</td><td>육안
관찰</td><td>해당
공정시</td><td>영양(교)사/
조리사/
조리원</td><td>·장소 변경
·도구 변경
·재가열 혹은 폐기</td></tr>
<tr><td rowspan="2">미생물
생존</td><td>·식품 중심온도 75℃(패류 85℃) 1분 이상</td><td>가열
조리
식품</td><td>온도
측정</td><td>식품
가열
조리 시</td><td>영양(교)사/
조리사/
조리원</td><td>·계속 가열</td></tr>
<tr><td>·소독제 유효염소농도 100ppm 5분 침지 혹은 동등한 효과를 가진 살균소독제의 용량 용법 준수</td><td>채소·
과일</td><td>소독제
희석
농도
확인
(Test
paper,
농도
측정기)</td><td>채소
및
과일
소독 시</td><td>영양(교)사/
조리사/
조리원</td><td>·소독제 희석 농도 조정</td></tr>
<tr><td rowspan="3">CCP4 B.
식품취급
및
조리과정
(장소
구분이
안 될
경우)</td><td>교차
오염</td><td>·전처리와 조리 사이에 작업대 세척·소독
·도구 구뷴</td><td>세척·
소독
및
도구
구분
여부</td><td>육안
관찰</td><td>해당
공정 시</td><td>영양(교)사/
조리사/
조리원</td><td>·작업대 세척·소독
·도구 변경
·재가열 혹은 폐기</td></tr>
<tr><td rowspan="2">미생물
생존</td><td>·식품중심온도 75℃(패류 85℃) 1분 이상</td><td>가열
조리
식품</td><td>온도
측정</td><td>식품
가열
조리 시</td><td>영양(교)사/
조리사/
조리원</td><td>·계속 가열</td></tr>
<tr><td>·소독제 유효염소농도 100ppm 5분 침지 혹은 동등한 효과를 가진 살균소독제의 용량 용법 준수</td><td>채소·
과일</td><td>소독제
희석
농도
확인
(Test
paper,
농도
측정기)</td><td>채소
및
과일
소독 시</td><td>영양(교)사/
조리사/
조리원</td><td>·소독제 희석 농도 조정</td></tr>
<tr><td>CCP5 A.
운반 및
배식과정
(단독조리:
식당배식)</td><td>미생물
증식과
오염</td><td>·열장음식 57℃ 이상 유지
·열장 불가 시 조리 후 2시간 내 배식 완료</td><td>열장
음식</td><td>온도
측정
시간
확인</td><td>배식
완료 시</td><td>조리사/
조리원</td><td>·오븐 또는 열장 설비 확보
·음식 재가열 혹은 폐기</td></tr>
</table>

공정	위해요소	한계기준(관리기준)	모니터링 방법				개선조치
			대상	방법	빈도	작성자/확인자	
CCP5 B. 운반 및 배식과정 (단독조리: 교실배식)	미생물 증식과 오염	·조리 후 2시간 내 배식 완료	열장 음식	시간 확인	배식 완료 시	조리사/조리원	·공정관리 ·음식교체 ·식당 공간 확보
CCP5 C. 운반 및 배식과정 (공동조리)	미생물 증식과 오염	·열장음식 57℃ 이상 유지 ·열장 불가 시 조리 후 2시간 내 배식 완료 ·운반과 배식시 오염 방지	열장 음식	온도 확인, 시간 측정, 육안 관찰	운반 급식 시	조리사/조리원 (비조리교 담당자)	·상차 시 온도 조정 ·운반용기 개선
CP1 냉장·냉동고 온도 관리	미생물 증식과 오염	·냉장고(실): 5℃ 이하 ·냉동고(실): −18℃ 이하	냉장·냉동고 (실)	온도 확인	2~3회	조리사/조리원	·온도 보정 ·고장시 수리 ·식품 이동 혹은 폐기
CP2A 식품접촉 표면 세척 및 소독 (세척기로 소독 안되는 학교)	미생물 생존	·식판 표면 71℃ 이상 ·소독시 소독제 용법·용량 준수 ·식판 및 기구·기물류 표면에 세척제 불검출	식기 소독고/ 소독제/ 식판 및 기구·기물류	온도 확인, 소독제 및 잔류 세척제 농도 확인	세척·소독 시	세척 담당자	·식기소독고 온도 및 시간 조정 ·소독제 농도 조정 및 재세척
CP2B (세척기로 소독 되는 학교)	미생물 생존	·식판 표면 71℃ 이상 ·소독시 소독제 용법·용량 준수 ·식판 및 기구·기물류 표면에 세척제 불검출	세척기/ 소독제/ 식판 및 기구·기물류	온도 확인, 소독제 및 잔류 세척제 농도 확인	세척·소독 시	세척 담당자	·세척기 A/S (온도보정) ·소독제 농도 조정 및 재세척
CP2C (세척기 없는 학교)	미생물 생존	·식판 표면 71℃ 이상 ·소독시 소독제 용법·용량 준수 ·식판 및 기구·기물류 표면에 세척제 불검출	식기 소독고/ 소독제/ 식판 및 기구·기물류	온도 확인, 소독제 및 잔류 세척제 농도 확인	세척·소독 시	세척 담당자	·식기소독고 온도 및 시간 조정 ·소독제 농도 조정 및 재세척

※모니터링 작성자/확인자는 학교에서 지정·운영

Chapter 05

학교급식의 위생안전점검

1. 평가 및 점검 개요

평가 및 점검결과 조치에서 학교급식 운영평가 및 위생·안전점검은 학교급식의 내실 있는 운영으로 급식의 결과 이용자의 만족도를 높이고, 급식현장의 위생 및 안전관리 실태를 파악하여 현재의 관리수준을 진단하며 미비점을 개선토록 지도함으로써 실질적인 위생관리 수준을 향상시켜 안전성을 확보하는 데 목적이 있다. 이 목적을 달성하기 위하여 2000년도 교육부(구 교육과학기술부)는 국내 최초로 “학교급식 위생관리 지침서”를 발간하고, 2차 개정은 2004년도에, 3차 개정은 2010년도에, 4차 개정은 2016년도에 그간 운영 상 나타난 미비점을 수정, 개정, 보강함으로써 보다 내실있는 지침서를 만들었다. 따라서 학교급식의 평가는 학교급식의 운영, 위생·안전점검 및 미생물검사까지 폭넓게 평가되고 있다.

그리고 우선 총체적인 평가 및 점검 개요에서 주관(협조)기관 및 점검대상, 평가 및 점검항목별 배점기준표, 등급별 평점과 평가의미, 그에 따른 상벌제도 운영 등의 활용 방안(예시)을 다음과 같은 표로 제시하였다.

1-1. 주관(협조)기관 및 점검대상

표 4-5-1 주관(협조)기관 및 점검대상

구분		주관(협조)	시행시기	대상	평가점검표
학교급식 운영평가		교육청	연 1회(2학기)	모든 학교	교육부 서식
학교급식 위생안전 점검	학교 내 직영급식소	교육청 (지방식약청 등)	연 2회 (학기별 1회)	모든 학교	교육부 서식
	학교 내 위탁급식소	교육청 (지방식약청 등)	연 2회 (학기별 1회)	모든 학교	교육부 서식
급식관련 시설점검	학교 밖 위탁급식소 (도시락업소)	지방식약청 (교육청 등)	연 2회 (학기별 1회)	학교급식 공급업소	식약처 서식
	식재료 공급업소	지방식약청 (교육청 등)	연 2회 (학기별 1회)	학교급식 공급업소	식약처 서식

* 학교 밖 식재료 공급업체 등 관련시설에 대하여는 지방식약청 또는 지자체 주관하에 점검하되 교육청 협조, 교육청은 관할지역 국립학교도 포함 점검

1-2. 평가 및 점검항목별 배점기준표

표 4-5-2 평가 및 점검항목별 배점기준표

구분		급식운영평가	위생·안전점검
학교급식 법령 준수사항	항목수	5개 항목	22개 항목
	항목당 배점기준	all or none 척도 적합 5점 부적합 0점	all or none 척도 적합 3점 부적합 0점
	배점	25점	66점
지도(권장)사항	항목수	15개 항목	21개 항목
	항목당 배점기준	3단계 척도 우수 5점 보통 2.5점 미흡 0점	3단계 척도 우수 2점(1점) 보통 1점(0.5점) 미흡 0점(0점)
	배점	75점	34점
총 항목수		20개 항목	43개 항목
총 배점수		100점	100점

* 운영평가 및 위생·안전점검 지적사항 이행(개선) 여부, 급식비리 발생, 식중독 발생, 타 법령 위반 사항 등을 평가(점검)에 반영(감점)

1-3. 등급별 평점과 평가의미

표 4-5-3 등급별 평점과 평가의미

등급	평점	평가 의미	
		급식운영평가	위생안전점검
A	90점 이상	·학교급식을 내실 있게 운영하여 매우 우수함	·체계적인 위생관리시스템 정착 ·오염 및 세균증식의 근본적 차단
B	80~89점	·학교급식을 내실 있게 운영하여 우수함	·체계적인 위생관리시스템 정착 ·식중독 발생요인 제거
C	70~79점	·학교급식 운영관리수준이 보통임	·위생관리에 대한 인식(개념)형성 ·기본적인 관리상태 양호
D	60~69점	·학교급식 운영관리수준이 다소 미흡함	·기본적인 위생관리 요구수준에 다소 미흡
E	60점 미만	·학교급식 운영관리수준이 매우 미흡함	·세균증식 및 오염에 대한 예방 조치가 체계적이지 못함

* 급식운영평가는 연 1회(2학기), 위생·안전점검은 연 2회(학기별 1회) 각각 100점을 만점으로 평가함

1-4. 상벌제도 운영 등 활용방안(예시)

표 4-5-4 상벌제도 운영 등 활용방안(예시)

구분	상벌제도 운영 등 활용방안(예시)
우수학교	· 연간 운영평가와 위생·안전점검(2회 모두) 평가등급이 각각 A등급 이상인 학교 · 학교급식 운영평가 표창추천 대상, 인사우대, 학교평가 시 가점 부여, 행·재정지원 확대 등 인센티브 부여
미흡학교	· 학교급식법 및 식품위생법 등 위반사항은 행정처분(요청) · E등급: 다기간 내 운영관리 및 위생수준 개선조치 →2개월 이내 재점검(개선 여부 확인), 1차, 2차, 3차, 지적 시 단계별 시정·주의·경고 등 조치방안 강구 · D등급: 단계적으로 개선목표 설정 및 시행

2. 학교급식 운영평가

2-1. 관계규정

(1) 학교급식법 제18조(학교급식 운영평가) ① 교육부장관 또는 교육감은 학교급식 운영의 내실화와 질적 향상을 위하여 학교급식의 운영에 관한 평가를 실시할 수 있다. ② 평가의 방법·기준, 그 밖에 학교급식 운영평가에 관하여는 대통령령으로 정한다.

(2) 학교급식법 시행령 제13조(학교급식 운영평가 방법 및 기준) ① 법 제18조제1항에 따른 학교급식운영평가를 효율적으로 실시하기 위하여 교육부장관 또는 교육감은 평가위원회를 구성·운영할 수 있다. ② 법 제18조제2항에 따른 학교급식 운영평가기준은 다음과 같다.

1) 학교급식 위생·영양·경영 등 급식운영관리
2) 학생 식생활지도 및 영양상담
3) 학교급식에 대한 수요자의 만족도
4) 급식예산의 편성 및 운용
5) 그 밖에 평가기준으로 필요하다고 인정하는 사항

2-2. 운영평가의 방법, 시기와 기준

종전에는 법령에 별도의 규정 없이 학교급식(행정지침)으로 학교급식 우수교 평가 등을 실시하여 왔으나 2006년 7월 학교급식법 개정으로 평가에 대한 법적 근거가 마련되고 이를 더욱 강화하게 되었다.

따라서 시도교육감은 학교급식의 질 향상 및 안전성 확보, 만족도 제고와 내실있는 운영을 위하여 여러 사항의 이행정도를 평가하고 우수사례를 적극 발굴하여 알림으로써 일반화하는 노력을 실시하고 있는 중이다.

아울러 학교급식 운영평가의 시기는 1학기와 2학기 동안의 운영실적의 정도를 실시 내지 평가하고 있다.

평가기준은 학교급식법 시행령 제13조 제2항의 규정에 따라 교육부가 마련한 "학교급식 운영평가 점검표"에 의하여 실시한다. 운영평가 점검표에 의한 평가항목은 총 20개 항목의 법적 준수사항과 권장사항으로 구성하였으며, 배점기준은 1개 항목 당 최고 5점씩 총 100점 만점으로 하되, 법적 준수사항은 all or none 척도를 적용하여 미이행항목에 대하여는 0점으로 처리하는 등 학교급식 운영평가의 객관성과 공정성을 최대한 확보하도록 하였다.

3. 학교급식 위생안전점검

3-1. 관계규정

(1) 학교급식법 제19조(출입·검사·수거 등) ① 교육부장관 또는 교육감은 필요하다고 인정하는 때에는 식품위생 또는 학교급식 관계공무원으로 하여금 학교급식 관련 시설에 출입하여 식품·시설·서류 또는 작업상황 등을 검사 또는 열람을 하게 할 수 있으며, 검사에 필요한 최소량의 식품을 무상으로 수거하게 할 수 있다. ② 제1항의 규정에 따라 출입·검사·열람 또는 수거하고자 하는 공무원은 그 권한을 표시하는 증표를 지니고, 이를 관계인에게 내보여야 한다.

따라서 규정에 따른 검사 등의 결과 규정을 위반한 때에는 장관 또는 교육감은 학교의 장 또는 급식공급업자에게 시정을 명할 수 있다고 규정하고 있다.

(2) 학교급식법 시행령 제14조(출입·검사·수거 등 대상시설) 법 제19조 제1항에 따른 학교급식 관련 시설은 다음 각 호와 같다.

1) 학교 안에 설치된 학교급식시설
2) 학교급식에 식재료 또는 제조·가공한 식품을 공급하는 업체의 제조·가공시설

(3) 학교급식법 시행령 제15조(관계공무원의 교육) 교육감은 공무원의 검사기술 및 자질 향상을 위하여 교육을 실시할 수 있다고 하여 학교급식에 대한 실행을 위하여 교육도 적극적으로 하고 있음은 바람직하다고 할 수 있다.

(4) 학교급식법 시행규칙 제8조(출입·검사 등)에서 학교급식 운영상 필요한 경우에는 수시로 실시할 수 있다고 정하고 있으며 위생안전관리기준 이행 여부의 확인·지도에서

연 2회 이상 실시하도록 하고 있다. 또 시행규칙 제9조(수거검사의뢰 등)에서는 ①미생물검사 ② 식재료의 원산지, 품질 및 안전성 검사를 위하여 검체를 수거한 관계공무원은 국립농산물품질관리원, 농림축산검역본부, 국립수산물품질검사원 등 관계행정기관에 수거 및 검사를 의뢰할 수 있다고 정하고 있다.

3-2. 위생안전점검 방법, 시기와 기준

앞서 관계 법규에서 언급한 바와 같이 첫째 현지의 학교장과 학교급식 관련 업무를 담당하는 관계교직원 등은 조리의 모든 단계의 과정에서 위해물질이 식품에 혼입되거나 식품이 오염되지 아니하도록 위생과 안전에 철저히 현장 중심의 관리를 하는데, 이와 관련된 자체점검 및 확인사항은 "학교급식 위생관리 지침서" 제2장 "HACCP 시스템 관리"에서 제시하고 있는 CCP기록지에 기록하여 관리하고, 1년간 보관하도록 하고 있다.

둘째로 관할구역 내의 학교를 담당하고 있는 교육감은 주관하는 학교급식 위생·안전점검 실시방법과 시기 및 점검항목, 점검결과 조치 및 활용방안 등을 제시하여야 하고, 올바르게 급식위생 및 안전관리를 시행하고 있는지를 점검하고 미비점을 지적·시정토록 지도하는 등 필요한 조치와 위생관리 실태를 개선함으로써 위생관리수준을 향상시켜 나가도록 노력하여야 할 것이다. 또한 "학교급식감시원증"을 발급받은 관계 공무원은 급식의 품질 및 안전을 위한 최저기준 등의 준수 여부를 정기적으로 점검하여야 하는데 지방식약청 및 자치단체, 국립농산물품질관리원, 국립수산물품질관리원, 보건환경연구원 등의 관계 전문기관과의 협력을 통하여 점검활동을 수행하는 것이 바람직하다.

그리고 식품 등의 식재료 수거·검사는 미생물검사뿐만 아니라, 식재료 원산지, 품질 및 안전성 검사도 연계하여 실시하도록 하고, 칼, 도마, 행주 및 식기류 등에 대해서는 "식품공전"의 검사항목에 따라 보건환경연구원 등 공인검사기관에 의뢰하여 실시하도록 하여야 한다.

학교급식시설에 대한 위생안전점검은 연 2회 이상 불시점검을 원칙으로 실시하되, 1학기에는 위생안전점검에 중점을 두어 식재료 검수 및 전처리, 조리, 배식, 세척 등의 작업과정을 관찰하면서 점검하고, 2학기에는 법적 준수사항과 1학기 점검 시 지적사항에 대한 시정·조치 여부 확인 및 학교급식 운영평가 점검을 병행하여 실시한다.

식품을 공급하는 업체의 제조·가공시설도 마찬가지로 언제든지 필요시에는 점검을 실시한다.

사실 2007년 7월에 개정된 "학교급식법" 이전에는 식품위생법상 식품위생감시원만이 출입·검사를 할 수 있었으나 개정 후에는 관계공무원이나 행정요원을 요청하면 식품관련 전문기관과 사전 협의하여 연간 계획을 수립한 후에 합동점검을 실시할 수 있도록 하였다.

또한 학교급식시설은 객관성과 신뢰성을 확보하기 위하여 위생수준 향상을 목표로 전국적으로 통용될 수 있는 항목과 방법을 표준화하여 제시하게 하였다.

따라서 "학교급식 위생안전 점검표"에서 보는 바와 같이 평가항목은 총 48개 항목으로서 학교급식 위생안전관리기준 준수사항 22개 항목과 학교급식 지도·권장사항 21개 항목 및 직전 위생·안전점검 지적사항 개선여부 사항 5개 항목으로 구성되어 있으며, 배점기준은 학교급식 위생·안전관리 준수사항 22개 항목에 대하여는 1개 항목 당 3점씩 총 66점으로 all or none 척도를 적용하여 미이행항목은 0점 제도를 도입하였다. 학교급식 지도·권장 사항 21개 항목은 1점에서 2점씩 위생관리의 중요도를 고려하여 배점하되, 객관성 확보를 위하여 3단계 척도 "우수, 보통, 미흡"을 적용하여 34점을 배점하여 총 100점 만점을 기준으로 평가하도록 계량화하였다.

한편 직전 위생·안전점검 지적사항 개선여부 사항 5개 항목에 대하여는 앞의 43개 항목 총 득점에서 별도로 부적합 항목당 5점 또는 10점씩 감점하는 제도를 도입하여 식품안전의 법적 규제장치를 강화하였다.

3-3. 학교급식시설의 미생물 검사

학교급식시설에 대한 미생물검사는 교내에 조리실을 갖춘 학교를 대상으로 연 1회 이상 정기검사를 실시하는 것을 원칙으로 운영하되, 관할 교육청의 계획에 따라 자체 또는 지역보건소, 시도보건환경연구원 등과 사전 협의를 통해 연간 계획에 참여하여 실시한다.

(1) 미생물검사항목 및 권장규격

미생물검사는 행주, 도마, 칼 및 식기류, 먹는물에 대한 정기검사와 HACCP 시스템이 올바로 적용되고 있는지 검증하기 위한 표본검사를 실시할 수 있다.

(2) 정기검사

- 행주: 대장균은 음성이어야 한다.(단 사용 중인 행주는 제외)
- 칼, 도마 및 식기류: 대장균 및 살모넬라균은 음성이어야 한다.(단 사용 중인 것은 제외)
- 먹는물: 학교보건법 시행규칙 제3조 제1항 제4호에 따라 관리한다.

(3) HACCP 검증을 위한 검사

표 4-5-5 HACCP 검증을 위한 자체 간이 미생물 검사기준

구분	검사항목	검사목적	기준
조리된 식품	대장균·대장균군	조리된 식품의 안전성 확인	대장균 음성
식품 접촉 표면	일반세균, 대장균·대장균군	칼, 도마 등 식품취급 기구의 세척·소독 적합성 확인	대장균 음성
식품 비접촉 표면	일반세균, 대장균·대장균군	냉장고 내부, 문 손잡이, 선반, 작업대 등의 표면 미생물 상태를 파악하여 적정 청소주기 선정과 청결상태 확인	대장균 음성
작업자 손 또는 장갑	일반세균, 대장균·대장균군	개인위생의 확인과 손 씻기, 장갑세척·소독의 필요성 인식 및 교육용	대장균 음성

*HACCP 적용의 완성도 확인과 적정 청소주기 설정, 종사원 위생교육의 교재로 활용할 수 있는 유용한 검사이다. 검사는 외부기관에 의뢰하거나 간이검사법으로 학교 자체에서 직접 수행할 수도 있다.

*미생물 간이검사법: "학교급식 위생관리 지침서"

3-4. 학교급식 운영평가 점검표

표 4-5-6 학교급식 운영현황(중식 기준)

학교명	학교장	진체 학생수	운영 방식	급식인원(명)				급식단가(원)		비고
				학생	교직원	기타	계	학생	교직원	

표 4-5-7 점검결과: 등급

점검 항목별	지적내용 및 조치사항
학교급식법령 준수사항	
급식운영 지도 및 권장사항	
직전 운영평가 지적사항 개선여부 사항	

표 4-5-8 우수사례 및 특이(건의)사항

구분	주요 내용
우수(모범)사례	
특이(건의)사항	

점검일자: . . .

점검자: 소속 직급) 성명: (서명)

3-5. 학교급식 운영평가 점검항목 및 배점기준

(1) 학교급식법령 준수사항

표 4-5-9 학교급식법령 준수사항 (평점: 점)

배점: 5개 항목 25점(적합 5점, 부적합 0점)

평가항목	관련 법규	평가·점검내용	중점 확인사항	평점
식재료 품질 관리	법 제10조 규칙 제4조 (별표2)	1. 학교급식 식재료의 품질관리 기준을 준수하고 있는가?	·식재료 품질관리기준 준수 여부 - 검수일지, 거래명세표, 축산물 등급판정 확인서, 축산물수입신고필증 등 확인	
영양 관리	법 제11조 시행령 제2조 규칙 제5조 (별표3)	2. 학교급식의 영양관리기준을 준수하고 있는가?	·학교급식 영양관리기준 준수 여부 - 학년별·성별 에너지공급기준 ±10% 이내 - 탄수화물(55~70%): 단백질(7~20%): 지방(15~30%)의 공급비율 - 단백질 상한비율(20%) - 비타민, 무기질의 평균필요량	
급식 운영 원칙	시행령 제2조	3. 학교급식관련 중요사항은 학교운영위원회 심의(자문)을 거쳐서 결정하였는가?	·학교운영위원회 심의(자문) 여부 - 급식운영방식, 급식대상, 급식 횟수, 급식시간 및 구체적 영양기준 등에 관한 사항 - 급식예산·결산에 관한 사항 - 식재료의 구체적인 품질기준 및 완제품 사용승인 - 식재료 조달방법 및 업체선정 기준 - 보호자가 부담하는 경비 및 급식비의 결정에 관한 사항 - 급식비 지원대상자 선정 등에 관한 사항 - 급식활동에 관한 보호자의 참여와 지원에 관한 사항 등 중요사항	
급식 관리 운영	시행령 제4조	4. 학교급식 운영계획의 수립 및 이행상황을 학교운영위원회에 보고하고 있는가?	·학교급식 운영계획 수립 여부 - 급식계획, 영양·위생·식재료·작업·예산관리 및 식생활 지도 등의 포함 여부 ·학교운영위원회에 연 1회 이상 이행상황 보고 여부	
품질 및 안전을 위한 준수 사항	규칙 제7조	5. 품질 및 안전을 위하여 필요한 준수사항을 지키고 있는가?	·품질 및 안전을 위한 준수사항 이행 여부 - 매 학기별 보호자부담 급식비 중 식품비 사용비율 공개 - 학교급식일지, 검수일지 및 거래명세표의 작성·비치·보관 여부 ·알레르기 유발식품을 사용하는 경우 공지 및 표시 이행 여부	

(2) 급식운영 지도 및 권장사항

표 4-5-10 급식운영 지도 및 권장사항 (평점: 점)

배점: 15개 항목 75점(우수 5점, 보통 2.5점, 미흡 0점)

평가항목	평가·점검내용	중점 확인사항	평점
NEIS를 이용한 급식관리	6. NEIS를 활용하여, 급식관련 보고 및 업무를 수행하고 있는가? – 급식현황보고 등 관련보고 이행 여부 – 학교급식일지, 주간식단, 검수일지, 급식품·소모품 수불부의 NEIS 작성관리 여부	· 우수: 모든 영역 활용 · 보통: 3영역 이상 활용 · 미흡: 2영역 이하 활용	
식중독비상대책반 운영	7. 식중독비상대책반은 구성되어 있는가? – 식중독 대책반 구성 여부 – 담당자 임무 숙지 여부	· 우수: 대책반 구성, 담당자 임무 숙지 · 보통: 대책반 구성, 담당자 임무 미숙지 · 미흡: 대책반 구성, 담당자 임무 미숙지	
급식종사자 대체인력풀 운영	8. 학교단위 '조리종사자 대체인력 풀' 예산확보 및 계획수립·운영 여부	· 우수: 예산편성 및 계획수립·운영 · 보통: 예산은 편성했으나 사유가 있음에도 미운영 · 미흡: 예산 미편성	
식단관리	9. 식단작성 시 다음 사항을 고려하여, 화학조미료 또는 튀김류 사용을 제한하는가? – 전통 식문화(食文化)의 계승·발전 – 다양한 종류의 식품을 사용할 것 – 염분·유지류·단순당류 또는 식품첨가물 등의 과다사용 제한 – 자연식품과 계절식품의 사용 – 다양한 조리법을 활용	· 우수: 최근 1개월간 화학조미료 미사용, 튀김류 주2회 이하 사용(중식기준), 당류 및 나트륨 저감화 계획 수립 이행 · 보통: 최근 1개월간 화학조미료 미사용, 튀김류 주3회 이하 사용(중식기준), 당류 및 나트륨 저감화 계획 수립 · 미흡: 최근 1개월간 화학조미료 사용 또는 튀김류 주3회 초과 사용(중식기준), 당류 및 나트륨 저감화 계획 수립 미수립	
학교급식 식재료 원산지·영양량 표시제 시행 및 급식메뉴 사진 공개	10. 식단에 대한 주요 식재료 원산지 및 영양량 표시제도 시행과 실제 급식메뉴 사진을 학교 홈페이지 등에 게시하고 있는가? – 주요 식재료의 원산지 및 1식당 에너지, 단백질, 비타민, 칼슘 등 주요영양소에 대한 영양량을 표시하여 공지하는지와 학생들에게 제공되는 실제 급식사진을 학교 홈페이지에 게시하는지 여부	· 우수:모두 실시 · 미흡:1개라도 미실시	
식생활 지도 및 영양상담	11. 급식 및 식생활지도를 실시하고 있는가? – 지도계획 수립 및 이행 여부	· 우수: 지도계획 수립 및 이행 · 보통: 지도계획은 수립하였으나 미이행 · 미흡: 계획 미수립	
	12. 영양상담을 실시하고 있는가? – 영양상담 계획수립, 상담대상자 관리, 영양상담 창구 운영 등	· 우수: 계획수립, 학기당 6회 이상(월 1회 이상 권장) 상담실시 · 보통: 계획은 수립했으나 상담은 미실시 · 미흡: 계획 미수립	

평가항목	평가·점검내용	중점 확인사항	평점
식생활 지도 및 영양상담	13. "음식물쓰레기 줄이기"를 위한 교육활동 및 정보제공 등을 시행하고 있는가? – 매주 1회 이상 "잔반통 없는 날" 운영, 잔반 안 남기기 지도 및 교육자료 제공 등 시행 여부	·우수: 학교 자체 감량화 계획 수립·시행 등 감량화를 위한 적극적 활동 ·보통: 홈페이지 교육자료 게시 등 정보제공 활동 ·미흡: 감량화를 위한 활동사항 없음	
	14. 학생, 교직원, 학부모에게 식생활 관련 정보를 제공하는가? – 간행물, 홈페이지 게시판 등을 이용한 정보제공 여부	·우수: 분기별 1회 이상 정기적 정보제공 ·보통: 비정기적 정보제공 ·미흡: 관련 정보 미제공	
수요자 참여유도	15. 학교급식소위원회 구성 및 활동은 적절한가? – 소위원회 구성 및 활동 여부, 회의록 기록관리 여부	·우수: 소위원회 조직구성, 연2회 이상 활동함 ·보통: 소위원회 구성은 했으나, 활동사항 없음 ·미흡: 소위원회 미구성	
	16. 학부모 검수참여 및 학교급식 모니터링은 이루어지고 있는가? – 학부모 검수와 모니터링 계획수립 및 이행 여부	·우수: 계획 수립 및 이행 ·보통: 계획은 수립했으나, 이행 사항 없음 ·미흡: 계획 미수립	
수요자 만족도 제고	17. 학교 홈페이지의 급식게시판 운영 등 의견 수렴으로 만족도 향상에 노력하고 있는가? – 쌍방향 의사소통이 가능한 게시판 운영 및 건의함, 어린이회·학생회 의견 수렴 활동 여부 등	·우수: 쌍방향 급식게시판 운영 등 의견 수렴, 개선에 반영 ·보통: 쌍방향 급식게시판 운영 등 의견을 수렴하나 미개선 ·미흡: 급식개선 의견 수렴 활동 미실시	
	18. 학교급식 관련 설문조사를 실시하고 그 결과를 공개하는가? – 설문조사(기호도·만족도) 계획수립, 설문실시, 결과분석 후 조치 및 공개	·우수: 설문조사 실시 및 분석결과 공개 ·보통: 설문조사는 실시하였으나, 미분석·미공개 ·미흡: 설문조사 미실시	
수익자 부담 급식경비 관리	19. 급식비 징수 및 관리는 적정하게 이루어지고 있는가? – 학생급식비 미납액 및 조치사항 – 교직원의 급식비는 학생급식비 이상으로 부담 여부	·우수: 최근 3개월 미납률이 2% 이내로 낮고, 교직원 급식비는 학생급식비 이상을 부담 ·보통: 미납자가 일부 있으나, 징수대책 강구, 교직원 급식비는 학생급식비 이상으로 부담 ·미흡: 미납자가 있음에도 관리 미흡, 교직원 급식비를 학생보다 적게 부담	
설립·경영자 부담 급식 경비관리	20. 학교공통운영비에 학교 급식시설·설비의 유지 및 개선비 등 예산이 확보되어 있는가? – 학교설립·경영자가 부담할 예산의 적정한 확보 및 집행 여부	·우수: 급식예산 확보 및 집행 상황이 적정함 ·보통: 급식예산 확보는 적정하나, 집행 상황은 부적정 ·미흡: 소요예산 미확보	

(3) 직전 운영평가 지적사항 개선여부 사항 등

표 4-5-11 직전 운영평가 지적사항 개선여부 사항 등 (평가점수: 점)

평가항목: 4개 항목(해당 항목 부적합 시 감점)

평가 항목	평가·점검내용	평가점검 세부기준
위반·지적 사항 이행 여부	1. 직전 평가 시 학교급식 법령 준수사항 항목 중 지적된 사항을 개선하였는가?	학교급식법령을 위반하여 시정 명령을 받은 이후 시정 조치 확인 점검 시까지 정당한 사유 없이 이행하지 않음(1개 항목당 감점 10점) ※ 관계교직원은 관할 교육청 징계위원회에 징계 요구
	2. 직전 평가 시 지도·권장 사항 항목 중 지적된 사항을 개선하였는가?	현장지도를 받은 이후 확인평가 시까지 정당한 사유 없이 이행하지 않음(1개 항목 당 감점 5점) ※ 시설개선 등 예산이 많이 소요되어 교육청과 협의를 거쳐 개선 계획을 수립한 경우는 제외 ※ 문서로 시정조치 지시(통보)
	3. 직전 평가 시 지도·권장 사항 항목 중 지적된 사항을 개선하지 않아 문서로 시정조치를 받은 이후에도 개선하지 않았는가?	현장지도 사항에 대한 확인평가 시 이행하지 않아 문서로 통보 받았음에도 정당한 사유 없이 이행하지 않음(1개 항목 당 감점 10점) ※ 시설개선 등 예산이 많이 소요되어 교육청과 협의를 거쳐 개선 계획을 수립한 경우는 제외
	4. 학교급식 관련 비리가 발생되었는가?	급식관련 비리로 학교관계자가 교육청 및 경찰서 등으로부터 징계 또는 처분을 받음(감점 10점) ※ 직전 운영평가 이후의 내역 반영

3-6. 학교급식 위생안전점검 항목별 평점표

(1) 학교급식 위생안전관리기준 점검항목

표 4-5-12 학교급식 위생안전관리기준 점검항목 (평가점수: 점)

배점: 22개 항목, 66점(적합 3점, 부적합 0점)

구분	점검항목	부적합기준 (적합 3점, 부적합 0점)	평점	비고
시설관리	1. 급식시설·설비, 기구 등에 대한 청소 및 소독계획을 수립·시행하여 항상 청결하게 관리하는지 여부	청소·소독계획 미수립 및 청결 상태 불량		
	2. 냉장·냉동고의 온도, 식기세척기의 최종 헹굼수 온도 또는 식기소독보관고의 온도를 기록·관리하는지 여부	CP1와 CP2의 온도를 지속적으로 기록·관리하지 않는 경우		
	3. 조리용수로 수돗물이 아닌 지하수를 사용하는 경우 소독 또는 살균하여 사용하는지 여부	지하수 소독·살균 미실시, 상수도가 있음에도 지하수 사용(상수도 사용 시 3점)		

구분	점검항목	부적합기준 (적합 3점, 부적합 0점)	평점	비고
개인위생	4. 식품취급 및 조리작업자는 6개월에 1회 건강진단을 실시하고, 그 기록을 2년간 보관하는지 여부(다만, 폐결핵검사는 연 1회 검사 가능)	식품을 직접 취급하는 자 기한 내 건강진단 미실시, 2년간 기록 미보관		
	5. 올바른 손 씻기, 소독으로 손에 의한 오염이 일어나지 않도록 하는지 여부	손을 씻지 않거나 소독을 아니한 상태에서 조리작업을 하는 경우		
식재료관리	6. 안전을 위해 시간·온도관리가 필요한 식품(TCS Food) 여부를 고려하여 식단을 계획하고, 공정관리가 필요한 경우 공정관리를 철저히 하는지 여부	CCP1의 올바른 확인 및 CCP2의 공정관리를 실시하지 않았을 경우		
	7. 식재료 검수 시 "학교급식 식재료의 품질관리기준"에 적합한 품질 및 신선도와 수량, 위생상태 등을 확인하여 기록하는지 여부	식재료 품질관리 기준에 부적합한 품질 및 수량, 원산지, 제조일 또는 유통기한, 납품온도 등 CCP3의 기록·관리가 미흡한 경우		
작업위생	8. 식재료나 조리과정에서 교차오염을 방지하기 위하여 칼과 도마, 고무장갑 등 조리기구 및 용기를 용도별 및 조리 전·후로 구분하여 사용하고, 적절히 세척·소독하는지 여부	CCP4 용도별 및 조리 전·후로 구분하여 사용하지 않고, 세척·소독 미실시		
	9. 식품취급 등의 작업은 바닥으로부터 60cm 이상의 높이에서 실시하여 식품의 오염이 방지되는지 여부	60cm 이하에서 식품취급(운반 및 오염방지 시설이 설치된 경우는 제외)		
	10. 조리가 완료된 식품과 세척·소독된 배식기구·용기 등은 교차오염 우려가 있는 기구·용기 또는 식재료 등과 접촉에 의해 오염되지 않도록 관리하는지 여부	조리 완료된 식품 및 배식기구 등의 위생적 보관관리 상태가 미흡한 경우		
	11. 해동은 냉장해동(10℃ 이하), 전자레인지 해동 또는 흐르는 물(21℃ 이하)에서 실시하는지 여부	냉동식품을 부적절한 방법(실온방치 등)으로 해동하는 경우		
	12. 해동된 식품은 즉시 사용하는지 여부	재냉동 및 재사용 여부		
	13. 생으로 먹는 채소류, 과일류를 충분히 세척·소독하는지 여부	CCP4 충분한 세척 및 소독 미실시		
	14. 가열조리식품의 중심부가 75℃(패류는 85℃) 이상에서 1분 이상 가열되고 있는지 온도계로 확인하고, 그 온도를 기록·유지하는지 여부	CCP4 중심온도 미측정 및 지속적 기록 미실시		
	15. 조리가 완료된 식품의 온도와 시간관리를 통하여 미생물 증식이나 독소 생성을 억제하는지 여부	CCP5 조리가 완료된 음식에 대해 온도 또는 시간관리 미흡		

구분	점검항목	부적합기준 (적합 3점, 부적합 0점)	평점	비고
배식 및 검식	16. 조리된 음식의 안전한 급식을 위하여 운반 및 배식기구 등을 청결히 관리하여야 하며, 배식 중에 운반 및 배식기구 등으로 인하여 오염이 일어나지 않도록 조치하는지 여부	운반 및 배식기구 등이 청결하지 않으며 배식 중 교차오염의 우려가 있으나 조치하지 않는 경우		
	17. 조리된 식품에 대하여 조리완료 시 음식의 맛, 온도, 조화(영양적인 균형, 재료의 균형), 이물, 불쾌한 냄새, 조리상태 등을 확인하기 위한 검식을 실시하는지 여부	검식을 지속적으로 실시하지 않거나 기록하지 않은 경우		
세척 및 소독	18. 식기구를 세척·소독 후 배식 전까지 위생적으로 보관·관리하는지 여부	식기구의 세척, 소독 및 위생적인 보관 관리 미흡		
	19. 감염병예방법시행령 제24조에 따라 급식 시설 방역을 실시하고 소독필증을 비치하는지 여부	정기방역을 미실시한 경우		
안전관리	20. 관계규정에 따른 정기안전검사(가스·소방·전기안전, 보일러·덤웨이터검사 등)를 실시하는지 여부	정기안전검사를 미실시한 경우		
	21. 조리기계·기구의 안전사고 예방을 위하여 안전작동방법 게시 및 교육실시, 관리책임자를 지정, 그 표시를 부착하고 철저히 관리하는지 여부	안전사고 예방을 위한 조치(게시, 교육, 지정, 부착, 관리)를 모두를 하지 않은 경우		
	22. 조리장 바닥은 안전사고 방지를 위하여 미끄럽지 않게 관리하는지 여부	미끄러운 바닥 미관리		
처벌기준	※ 학교장 또는 소속 학교급식관계교직원: 학교급식법 제22조 제3호에 따라 시정명령을 받았으나 정당한 사유 없이 미이행 시 관할 징계위원회에 징계요구 ※ 학교급식공급업자: 학교급식법 제19조 제3항에 따른 시정명령을 받았으나 정당한 사유 없이 미이행 시, 1회 100만원, 2회 300만원, 3회 500만원의 과태료 처분			

(2) 학교급식지도(권장)사항 점검항목

표 4-5-13 학교급식지도 및 권장사항 점검항목 (평가점수: 점)

배점: 21개 항목 x (1~2)점 = 34점

구분	점검항목	점검척도 및 평가결과 〈□에 V표〉	평점
시설관리	23. 조리장이 일반작업구역과 청결작업구역으로 구분되어 식품취급 작업의 흐름이 교차되지 않는지 여부	우수 □ 전처리실, 차단벽 설치 등으로 일반작업과 청결작업구역이 구분됨(1점) 보통 □ 작업구역은 미구분되나 작업대·세정대 등 분리사용(0.5점) 미흡 □ 작업구역 미구분 및 작업대·세정대 등 분리사용 안 함(0점)	
	24. 조리장의 시설(바닥·벽·천장 등)의 파손 및 고장난 설비·기구의 관리 여부	우수 □ 시설 파손 및 고장난 설비·기구 없음(2점) 보통 □ 시설 파손(경미) 또는 고장난 설비·기구 있음(수리의뢰)(1점) 미흡 □ 시설 파손(여러 곳) 또는 고장난 설비·기구 방치(0점)	
	25. 검수장소 및 조리작업장소(작업대·가스대·국솥 등)의 조도기준 준수 여부	우수 □ 검수장소 540Lux, 조리장(작업대·가스대·국솥 등) 220Lux 이상(1점) 보통 □ 일부 작업공간의 조도가 기준 미달(0.5점) 미흡 □ 모든 작업공간의 조도가 기준 미달(0점)	
	26. 조리장의 후드는 열 및 증기 발생 시 즉시 배출되고, 응축수가 식품에 직접 떨어지지 않는 구조인지 여부	우수 □ 열, 증기 발생 시 즉시 배출되며, 응축수가 식품에 직접 떨어지지 않는 구조(2점) 보통 □ 열, 증기배출이 다소 지연되나, 응축수가 식품에 직접 떨어지지 않는 구조(1점) 미흡 □ 배기 팬 고장 또는 환기불량(0점)	
	27. 조리장에는 온도 및 습도를 적정하게 관리하는지 여부	우수 □ 냉·난방기 또는 공기조화시설 등을 갖추어 조리장 온도 및 습도를 적정하게 관리함(2점) 보통 □ 조리장의 온·습도관리 보통(1점) 미흡 □ 조리장의 온·습도관리 미흡(0점)	
	28. 식품보관실은 적정하게 설치되어 있으며, 소모품보관실과 분리되어 있는지 여부	우수 □ 식품보관실은 환풍기 또는 환기창이 설치되어 환기상태 적정, 소모품보관실 별도 설치 또는 공간구획 구분(1점) 보통 □ 일부 기준 미흡(0.5점) 미흡 □ 모든 기준 미달(0점)	

구분	점검항목	점검척도 및 평가결과 〈□에 V표〉	평점
시설관리	29. 조리원 전용 화장실이 있으며, 청소와 관리 상태가 양호하고, 출입문이 조리실에 바로 면하지 않고, 화장실 내 환풍기 또는 환기창이 설치되어 있는지 여부	우수 □ 조리원 전용화장실이 있을 경우 청소와 관리상태가 양호하며, 출입문이 조리실에 바로 연결하지 않고, 환풍기 또는 환기창이 설치됨(1점) 보통 □ 일부 기준 미흡(0.5점) 미흡 □ 모든 기준 미달(0점)	
	30. 조리장 내 수세시설과 신발소독 시설은 적정하게 설치되어 있고 올바르게 사용하는지 여부	우수 □ 조리장 내 수세시설 적정 설치(수량, 위치, 온수, 손잡이는 페달식 또는 원터치식), 신발소독시설 적정 설치 및 이용 (2점) 보통 □ 일부 기준 미흡(1점) 미흡 □ 모든 기준 미달(0점)	
	31. 조리장 내 싱크대 등은 배수관이 배수로와 직접 연결되어 바닥을 오염시키지 않도록 조치하고 있는지 여부	우수 □ 모든 싱크내의 배수관이 배수로와 연결 및 관리상태 양호(2점) 보통 □ 일부 배수관이 배수로와 연결되지 않았거나 관리상태 미흡(1점) 미흡 □ 모든 기준 미달(0점)	
	32. 조리장, 식품보관실, 식당 등의 방충·방서설비 및 관리상태가 적정한지 여부	우수 □ 출입문·창문에 모두 설치 및 관리상태 우수(2점) 보통 □ 출입문·창문에 일부 미설치 또는 관리상태 미흡(1점) 미흡 □ 모든 기준 미달(0점)	
	33. 급수시설의 적정성 및 이를 위생적으로 관리(수도전 위치, 수량 등)하는지 여부	우수 □ 수도전 충분하여 호스 미사용, 호스가 바닥에 닫지 않게 짧게 설치하여 적정 사용(1점) 보통 □ 일부 기준 미흡(0.5점) 미흡 □ 모든 기준 미달(0점)	
	34. 냉동·냉장시설의 내용량 확보 및 온도유지, 급식품 외 보관하는 것은 없는지 여부	우수 □ 적정용량 확보, 온도유지, 온도계 설치, 급식품 외 보관하는 것 없음(2점) 보통 □ 일부 기준 미흡(0.5점) 미흡 □ 모든 기준 미달(0점)	
개인위생	35. 종사자의 개인위생 준수 여부 및 건강상태 확인 후 적절히 조치하였는지 여부	우수 □ 작업 전 건강 확인(소화기질환 및 손상처자), 필요 약품 구비 및 적정관리(2점) 보통 □ 작업 전 건강상태 확인(소화기질환 및 손 상처자) 적정조치는 하였으나, 필요약품 구비 미흡(1점) 미흡 □ 모든 기준 미달(0점)	
	36. 종사자를 대상으로 위생교육을 정기적으로 실시하고 있는지 여부	우수 □ 종사자에 대한 정기적인 교육실시(1점) 미흡 □ 일부 교육 누락 및 미실시(0점)	

구분	점검항목	점검척도 및 평가결과 〈□에 V표〉	평점
배식	37. 배식 시 위생복장을 적정하게 착용하는지 여부	우수 □ 모든 배식요원이 위생복장(앞치마, 위생모, 마스크 등) 착용(1점) 보통 □ 일부 미착용(0.5점) 미흡 □ 모두 미착용(0점)	
환경위생관리	38. 세척제·소독제·살충제는 표식을 부착하고, 식품과 분리 보관하여 오염·혼입의 우려가 없는지 여부	우수 □ 표식(구분표시), 식품과 분리·보관하며 오염·혼입의 우려가 없음(2점) 보통 □ 일부 기준 미흡(1점) 미흡 □ 관리실태 불량(0점)	
	39. 조리실 내·외부의 쓰레기는 적정 처리하고 주변은 청결하게 관리하고 있는지 여부	우수 □ 조리실 내·외부의 쓰레기는 덮개 사용 등 청결관리(1점) 보통 □ 덮개 미사용 등 청결관리 일부 미흡(0.5점) 미흡 □ 관리실태 불량(0점)	
HACCP	40. HACCP 적용에 대한 자체분석 후 협의를 거쳐서 적절한 개선조치를 취하고 있는지 여부	우수 □ HACCP 적용에 대한 자체분석 후 적절한 조치(2점) 보통 □ 자체분석은 실시, 적절한 조치 미흡(1점) 미흡 □ 자체분석 및 개선조치 미이행(0점)	
	41. CCP확인표를 전원이 올바로 이해하고, 담당자가 적절한 시기에 현장기록을 실시하고 있는지 여부	우수 □ CCP 올바로 이해, 담당자 적절한 시기에 현장기록 철저(2점) 보통 □ CCP 올바로 이해, 담당자 미지정, 현장기록 미흡(1점) 미흡 □ CCP 현장기록 미이행(0점)	
안전관리	42. 학교자체에서 1일 위생·안전점검을 실시하고 있는지 여부	우수 □ 점검실시 및 기록·유지(2점) 미흡 □ 점검 미실시 또는 기록 미유지(0점)	
	43. 학교급식소 위험성 평가 및 근골격계 유해요인조사를 실시하고 위험(유해)요인을 개선하였는지 여부	우수 □ 평가 및 조사 실시, 위험(유해)요인 개선계획 수립 후 개선완료 또는 대부분 개선(2점) 보통 □ 평가 및 조사 실시, 위험(유해)요인 개선 계획 수립 또는 일부만 개선(1점) 미흡 □ 평가 및 조사 미실시 또는 위험(유해)요인 개선계획 미수립(0점)	

(3) 직전 위생·안전점검 지적사항 개선여부 사항 등

표 4-5-14 직전 위생·안전점검 지적사항 개선여부 사항 등 (평가점수: 점)

평가항목: 5개 항목(해당 항목 부적합 시 감점)

평가 항목	평가·점검내용	평가점검 세부기준
위반·지적 사항 이행 여부	1. 직전 점검 시 학교급식 법령 준수사항 항목 중 지적된 사항을 개선하였는지 여부	학교급식법령을 위반하여 시정 명령을 받은 이후 시정 조치 확인 점검 시까지 정당한 사유 없이 이행하지 않음(1개 항목 당 감점 10점) ※ 관계교직원은 관할 교육청 징계위원회에 징계 요구
	2. 직전 점검 시 지도·권장 사항 항목 중 지적된 사항을 개선하였는지 여부	현장지도를 받은 이후 확인평가 시까지 정당한 사유 없이 이행하지 않음(1개 항목 당 감점 5점) ※ 시설개선 등 예산이 많이 소요되어 교육청과 협의를 거쳐 개선 계획을 수립한 경우는 제외 ※ 문서로 시정조치 지시(통보)
	3. 직전 점검 시 지도·권장 사항 항목 중 지적된 사항을 개선하지 않아 문서로 시정조치를 받은 이후에 개선하였는지 여부	현장지도 사항에 대한 확인평가 시 이행하지 않아 문서로 통보 받았음에도 정당한 사유 없이 이행하지 않음(1개 항목 당 감점 10점) ※ 시설개선 등 예산이 많이 소요되어 교육청과 협의를 거쳐 개선 계획을 수립한 경우는 제외
	4. 식품위생관계법령 위반으로 과태료 등 행정처분을 받았는지 여부	학교급식 관련 식품위생법, 산업안전보건법 등 관계 법령을 위반하여 관할청으로부터 과태료 등 행정처분을 받음(감점 10점) ※ 지난번 점검 이후의 내역 반영
	5. 학교급식 식중독이 발생하였는지 여부	방역당국의 역학조사 결과 식중독 발생원인이 학교인 경우(감점 10점) ※ 지난번 점검 이후의 내역 반영

부록

1. 각종 조리기구의 세척 및 소독방법
2. 한국의 식품위생과 정보

부록 1 1. 각종 조리기구의 세척 및 소독방법

1. 식품과 직접 접촉하는 조리기구의 세척 및 소독방법

1-1. 조리기구(취사기, 국솥, 조림솥, 튀김솥 등)

- 주기: 1회/일
- 세척제: 중성, 약알칼리성 세척제
- 방법
  - ·전기를 사용하는 기구는 전원을 차단한다.
  - ·취사기의 밥통 및 국솥 등을 내부를 물에 불려낸 후 찌꺼기를 흐르는 40℃ 정도의 먹는물로 씻어낸다.
  - ·세척제를 스펀지 또는 수세미에 묻혀 잘 씻는다. 특히 손잡이·핸들·가스 개폐 손잡이에 음식물 찌꺼기가 남지 않도록 깨끗이 세척한다.
  - ·40℃ 정도의 먹는물로 세척제를 깨끗이 씻어낸다.
  - ·스팀취사기 속 배관 부분은 솔로 문질러 세척한다.
  - ·가스취반기는 사용 후 버너와 내부를 반드시 청소한다.
  - ·건조시킨다.
- 스팀취사기의 스케일 제거
- 취사기 안에 전용약품을 끼얹은 후 닦아낸다.

1-2. 조리대(검수대, 작업대, 싱크대) 및 세미기, 무침기

1) 세척

- 주기: 1회/일 이상, 사용 후
- 세척제: 중성, 약알칼리성 세척제
- 방법
  - ·주변을 정리한 후 40℃ 정도의 먹는물로 씻는다.
  - ·수세미에 세척제를 묻혀 상단, 옆부분, 받침대를 포함한 아래 부분을 골고루 문지른다.
  - ·작업찬장의 경우 구석, 모서리 부분까지 깨끗이 씻어낸다.
  - ·40℃ 정도의 먹는물로 잔류 세척제를 닦아낸다.
  - ·물 빠짐이 안 되는 경우(찬장 등)는 청결한 행주를 사용하여 물기를 닦아 낸다.

2) 소독 – 약품소독

요오드액(25ppm) 또는 염소액(100ppm)을 구석까지 빈틈없이 분무하고 1분 이상 자연건조시킨다. 혹은 알코올(70%) 분무 후 자연건조시킨다.

1–3. 채소 슬라이서, 박피기

1) 세척

–주기: 1회/일 이상, 사용 후

–세척제: 중성, 약알칼리성 세척제

–방법

·전원을 차단한다.

·분리 가능한 부속품은 모두 분리하여 남은 음식물 찌꺼기를 제거한다(분리한 부속품은 바닥에 놓지 않는다).

·본체(기계부분): 세척제가 묻은 행주(기구세척용)로 오염된 것을 닦아낸다. 깨끗한 행주를 40℃ 정도의 먹는물에 적셔 세척제를 제거한다.

·칼날 등 부속품: 남은 음식물 찌꺼기를 제거한 후 먹는물로 씻는다. 전용 솔 또는 수세미에 세척제를 적셔 문지르고 40℃ 정도의 먹는물로 씻는다(부속품을 분리하여 세척, 소독, 건조한다).

2) 소독 – 본체(기계부분)

알코올(70%)이나 요오드(25ppm)를 구석구석 분무한 후 건조시킨다.

혹은 염소액(100ppm)을 깨끗한 행주에 묻혀 닦고 5분간 방치 후 행주에 먹는물을 적셔 소독액을 제거한다.

–칼날 등 부속품

·100℃에서 30초 이상 살균, 자연건조 후 조립한다.

·혹은 요오드액(25ppm) 또는 염소액(100ppm)을 빈틈없이 분무, 1분 이상 경과 후 먹는물로 씻어내고 건조 후 조립한다.

–작업개시 전

·알코올(70%)을 분무한 후 먹는물로 헹군 다음 사용한다.

1–4. 식판

1) 세척

–주기: 1회/일 이상

–세척제: 식기세척기 전용세척제

–방법

· 60℃ 정도의 온수에 식판을 불린다.
· 수세미로 애벌 세척 후 세척기에 넣는다.
· 마지막 헹굼 시 식판표면을 살균할 수 있는지 71℃ 서모라벨(Thermo-label)을 사용하여 온도를 확인한다.
· 살균되었으면 청결한 보관고에 보관한다.
· 만약 식판표면온도가 71℃가 안 될 경우는 전기소독고를 사용하여 식판이 75℃ 이상 되도록 가열·살균한다.

세척이 끝나면 위생장갑을 낀 손으로 받아서 전기식기소독고나 청결한 보관고에 보관한다(6개월마다 1회 정도 기름때 제거용 약품에 삶아내어 찌든 때를 제거, 서모라벨로 확인한 결과 식판표면온도가 71℃ 이상이면 별도의 소독이 필요하지 않음).

2) 소독–건열소독

전기소독고에서 75℃ 이상, 2시간 이상 충분히 건조한다.

전기소독고에서 식판적재 시 열순환에 지장을 초래하지 않도록 적정한 수량과 간격으로 적재한다.

3) 보관

전기소독고에 보관하되 선반에 보관할 경우는 60cm 이상의 높이에 덮개를 덮어 보관한다.

1–5. 도마, 칼

1) 세척

–주기: 사용 후

–세척제: 중성, 약알칼리성 세척제

–방법

· 40℃ 정도의 먹는물로 깨끗이 씻은 후(도마는 전용솔 이용) 수세미에 세척제를 묻혀 잘 씻는다.
· 40℃ 정도의 먹는물로 세척제를 씻어낸다.

2) 소독–약품소독

도마: 염소액(50ppm)에 장시간 침지 후 먹는물로 씻어내어 건조시킨다.

칼: 요오드액(25ppm)에 5분 이상 침지 후 먹는물로 씻어내어 건조시킨다.

–열탕소독: 100℃에서 5분 이상 소독한다.

–자외선소독고에서 30~60분간 소독한다.
–소독 후 청결한 보관고에 보관한다.

1-6. 반찬통, 밥판, 국통 및 소규모 기구류(집게, 수저, 국자, 가위 등)

1) 세척

–주기: 1회/일 이상
–세척제: 중성, 약알칼리성 세척제
–방법
·용기를 종류별로 나누어 남아 있는 음식물 찌꺼기를 제거
·40℃ 정도의 먹는물로 씻는다.
·세척제로 세척한 후 40℃ 정도의 먹는물(흐르는 물)로 잔류 세척제 없이 헹군다.

2) 소독

–수저: 100℃ 열탕에서 5분 이상 소독하거나 전기소독기로 소독하여 수저 표면온도가 75℃ 이상이 되도록 한다.
–밥판, 국통: 열탕소독 100℃에서 5분 이상 실시한다.
–플라스틱, 고무: 요오드(25ppm) 또는 염소소독(100ppm)
–금속제
·열탕소독(100ppm 이상에서 5분 이상)후 건조시킨다.
·요오드소독(25ppm) 후 건조시켜 먹는물로 헹군 다음 건조 후 보관한다.

3) 보관

소독한 후 지정된 청결한 장소에 보관한다.

찬통, 밥판, 국통 등을 선반에 보관할 경우 바닥의 물이 튀지 않은 높이(60cm 이상)에 겹치지 않게 엎어서 보관

2. 식품과 간접 접촉하는 기구의 세척 및 소독방법

2-1. 배식용 바구니, 배식차, L형 운반차, 다단식 선반 등

1) 세척

–주기: 1회/일, 사용 후
–세척제: 중성, 약알칼리성 세척제

–방법

·음식물 찌꺼기를 호스를 이용하여 씻어낸다.

·수세미에 세척제를 묻혀 문질러 씻는다.

·40℃ 정도의 먹는물로 깨끗이 헹군다.

2) 소독–약품소독

염소소독(100ppm) 또는 요오드소독(25ppm) 후 먹는물로 씻어 건조시킨다.

2–2. 가스기기류(가스 그리들 등)

–주기: 1회/주 사용 후

–세척제: 중성 세척제

–방법

·가스밸브를 모두 잠근다.

·상판이나 외장은 사용할 때마다 세척한다(물이 들어가지 않도록 주의).

·버너 밑에 있는 물 받침대, 용기 받침대 등 분리가 가능한 것은 전부 분리하여 세척제를 사용하여 세척한다.

·세척액을 헹군 후 건조시킨다(기름을 발라 녹이 슬지 않게 함).

·가스 호스, 콕, 가스 개폐 손잡이 등에는 기름때 제거용 세척제를 분무하여 지시된 시간만큼 방치해 둔 다음 뜨거운 물을 천에 적셔 닦아낸다.

·버너는 불구멍이 막히지 않도록 솔을 사용하여 가볍게 닦는다(먼지, 물이 들어가지 않게 함).

2–3. 냉장·냉동고 및 전기소독고

–주기: 1회/주

–세척제: 중성, 약알칼리성 세척제

–방법

·전원을 차단한다.

·냉장고의 내용물은 다른 냉장고로 옮긴 후 성에를 제거한다(식기소독보관고는 식기를 넣기 전 비어 있을 때 세척한다).

·선반을 분리한 후 스펀지에 세척제를 묻혀 냉장고 내벽, 문, 선반을 닦고 40℃ 정도의 먹는물로 씻어낸다.

·염소(100ppm)로 소독한 후 깨끗한 젖은 행주로 씻어내고 소독된 행주로 물기를 닦아낸다.

·기계부분의 먼지나 더러움은 매일 제거해 항상 청결한 상태를 유지한다.

3. 조리와 관련된 위생용품 등의 세척 및 소독방법

3-1. 행주

- 주기: 1회/일 이상
- 세척제: 중성, 약알칼리성 세척제
- 방법
  - ·사용한 행주를 흐르는 물에 3회 정도 씻는다.
  - ·세척제로 세탁하여 흐르는 물 또는 40℃ 정도의 먹는물로 세척제를 씻어낸다.
  - ·행주 전용 냄비로 100℃에서 10분 이상 삶는다.
  - ·청결한 장소(일광, 바람이 잘 통하는 곳)에서 건조

3-2. 고무장갑

- 주기: 작업 전환 시마다, 개인위생 준수사항에 따라
- 세척제: 중성 세척제
- 방법
  - ·흐르는 물에 손을 비비며 씻어 이물을 제거한다.
  - ·세척제를 묻혀 팔목 부분까지 안과 밖을 닦는다.
  - ·손바닥 면의 요철이 있는 부분은 전용솔을 사용하여 깨끗이 씻는다.
  - ·40℃ 정도의 온수로 깨끗이 헹군다.
  - ·염소소독(100ppm) 또는 요오드(25ppm), 알코올(70%) 분무 후 자연건조 시킨 후 청결한 보관고에 겹치지 않도록 보관한다.

3-3. 수세미

- 주기: 1회/일 이상, 필요 시마다
- 세척제: 중성, 약알칼리성 세척제
- 방법
  - ·사용한 수세미는 먹는물로 씻은 후 세정용액에 담근다.
  - ·40℃ 정도의 먹는물로 세척제를 헹구어낸다.
  - ·충분히 탈수한 후 청결한 장소에서 건조(일광이 적당하지 않을 경우 통풍이 잘되는 곳)한다.

3-4. 저울

- 주기: 1회/일 이상 필요 시마다
- 세척제: 중성, 약알칼리성 세척제

–방법

·받침대와 바퀴에 주의하여 표면의 찌꺼기를 40℃ 정도의 먹는물로 헹구어낸다.

·세척제를 스펀지로 문지르고 깨끗한 젖은 행주로 씻어낸다.

·요오드소독(25ppm)을 한 후 건조시킨다.

·전자저울: 표면의 찌꺼기를 먹는물로 씻어내고 행주에 세척제를 묻혀 오물을 닦아낸 후 깨끗한 행주에 먹는물을 적셔 세척제를 제거한다(70% 알코올 분무소독).

3-5. 식기세척기

–주기: 1회/일 이상

–세척제: 중성, 약알칼리성 세척제

–방법

·오물여과받침, 커튼 등을 분리해 세척제로 청소한다.

·찌꺼기가 남기 쉬운 세척기 내·외부를 호스를 이용하여 청소한다.

·세척기 내 노즐은 정기적으로 청소하여 물 분사가 용이하도록 한다.

·커튼은 염소소독(100ppm)을 한다.

·건조·환기를 위하여 측면을 열어둔다.

4. 건물바닥, 벽, 문, 천장, 부대시설 등의 세척 및 소독방법

4-1. 건물바닥, 벽, 문, 천장, 부대시설

일반구역, 준청결구역, 청결구역 및 부대시설의 바닥은 1일 1회 세척과 소독을 실시한다.

내벽의 경우 일반구역, 준청결구역, 청결구역은 1일 1회, 부대시설은 1주 1회 세척과 소독을 실시한다. 문의 경우 준청결구역과 청결구역은 1일 1회, 일반구역과 부대시설은 1주 1회 세척과 소독을 실시한다. 천장의 경우 청결구역은 1주 1회, 준청결구역, 일반구역, 부대시설은 1개월에 1회 세척과 소독을 실시하는 것이 바람직하다.

4-2, 에어커튼, 환기시설, 신발장, 옷장

–주기: 1회/주 이상

4-3. 조명시설, 팔레트, 용수탱크

–주기: 조명시설과 팔레트 1회/월, 용수탱크 1회/분기

부록 2 한국의 식품위생과 정보

1. 식품의약품안전처(MFDS: Ministry of Food and Drug Safety)
   인터넷 주소: www.mfds.go.kr

2. 농림축산식품부(MAFRA: Ministry of Agriculture, Food and Rural Affairs)
   인터넷 주소: www.mafra.go.kr

3. 보건복지부(MOHW: Ministry of Health and Welfare)
   인터넷 주소: www.mohw.go.kr

4. 한국식품안전관리인증원(KAHAS: Korea Agency of HACCP Accreditation and Service)
   인터넷 주소: www.haccp.or.kr

5. 식품안전정보원(NFSI: National Food Safety Information Service)
   인터넷 주소: www.foodinfo.or.kr

6. 국립수산물품질관리원(NFQS: National Fishery Products Quality Management Service)
   인터넷 주소: www.nfqs.go.kr

7. 국립수산과학원(NIFS: National Institute of Fisheries Science)
   인터넷 주소: www.nifs.go.kr

8. 질병관리본부(CDC: Korea Centers for Disease Control and Prevention)
   인터넷 주소: www.cdc.go.kr

9. 식품의약품안전평가원(NIFDS: National Institude of Food & Drug Safety Evolution)
   인터넷 주소: www.nifds.go.kr

10. 한국식품산업협회(KFIA: Korea Foods Industry Association)
    인터넷 주소: www.kfia.or.kr

11. 환경부(ME: Ministry of Environment)
    인터넷 주소: www.me.go.kr

12. 법제처 국가법령정보센터
    인터넷 주소: www.law.go.kr

13. 한국보건산업진흥원(KHIDI: Korea Health Industry Development Institute)
    인터넷 주소: www.khidi.or.kr

REFERENCE

1) 서적과 논문

강영재; HACCP 제도를 활용한 단체급식 위생관리 실무, 수학사, 1999

국립수의과학검역원 고시 제2008-28호 개정; 축산물위해요소중점관리기준, 2008

국립수의과학검역원(NVRQS); 유가공업 HACCP 적용 매뉴얼, 경기, 2009

금종화 외 5인: 식품위생관련법규(개정판), 도서출판 효일, 2013

김덕웅·정수연·염동민·신성균·여생규·조현대; 21C 식품위생학, 수학사, 2014

김진숙; 2010 집단급식소 영양사 위생교육, 대한영양사협회, 2010

김평수·곽동경·신진식·전석진 외 29인; 학교급식 위생관리 지침서(개정), 교육인적 자원부, 2016

노연홍·손문기 외 7인; 소규모업소용 HACCP 표준관리기준, 식품의약품안전청, 2010

농림수산식품부 고시 제2002-22호; 수출을 목적으로 하는 수산물, 수산가공품의 위해요소중점관리기준, 농림수산식품부, 2009

농림축산식품부; 축산물 위생관리법 시행규칙, 2019

대한영양사협회; 2010 집단급식소 영양사 위생교육, 썬미디어, 2010

박완희·이병철; HACCP 실무, 뱅골집, 2000

배현주; 단체급식소의 위생관리 실태와 HACCP제도 도입에 따른 개선효과, 숙명여대대학원, 2002

범국민손씻기운동본부; 올바른 손 씻기, 대한의사협회·질병관리본부, 2014

食品衛生關係法規敎材編纂委員會 편저; 개정26판 食品衛生關係法規 便覽, 光文閣, 2015

식품의약품안전청; HACCP 적용 가이드라인, 2005

식품의약품안전처 고시 제2019-12호; 식품 및 축산물 안전관리인증기준, 2019

식품의약품안전처; 식품공전, 2019

식품의약품안전처; 식품위생법 시행규칙, 2019

식품의약품안전처; 알기 쉬운 HACCP 관리(개정판), 2015

식품의약품안전처; 위생용품의 기준 및 규격, 2018

식품의약품안전처, 한국식품안전관리인증원; 알기 쉬운 HACCP 관리, 진한엠앤비, 2017

新日本空調HACCP研究會; 금종수·정용현·김동규·임경선 역, HACCP, Ohmsha & 태훈출판사, 2000

이병철 외 5인; HACCP의 이해와 적용, 광문각, 2005

이성갑·백병학·유영준·오원택·박승남·김명호; 식품위생과 HACCP, 광문각, 2003

이종미·강남이·김혜영·정진은·조미숙·조우균·허채옥; 단체급식, 파워북, 2007

정보영 등 HACCP 지원사업단; 각 식품의 CCP 설정 현황, 2009

한국과학기술한림원; 영한·한영 과학기술용어집, 한국과학기술한림원, 1998

한국보건산업진흥원 편; HACCP 팀장과정, 1999

한국보건산업진흥원 HACCP 지원사업단; 2009년도 기술세미나 자료(*제1회 수산식품의 위생관리 및 HACCP 적용, *제2회 식품위해요소관리 및 HACCP 적용, *제3회 HACCP 적용을 위한 검사관리, *제4회 식품이물 관리방안, *제5회 단체급식소(시설)의 위생관리 및 HACCP 적용, *제6회 김치류 HACCP 적용 및 관리방안), 서울, 2009

한국보건산업진흥원; 급식소 작업구역별 공중낙하균 기준, 2000

한국보건산업진흥원(KHIDI) HACCP 지원사업단; 모니터링 및 개선조치 방법 설정/HACCP 관리계획, 서울, 2009

한국식품영양학회 편저; 개정 제20판 식품위생관계법규 편람, 문운당, 2014

한국식품영양학회; 친환경급식현황과 빌진빙향, 서울, 2010

식품의약품안전처(정송 외 10인), 집단급식소 HACCP 관리 예시(선행요건관리기준서, HACCP관리기준서), 충북, 2014

2) CD 영상물 등과 컴퓨터 인터넷

식품의약품안전처(KFDA); CD 식중독예방도 HACCP으로, 2007

식품의약품안전처(KFDA); CD 중소규모업체를 위한 HACCP 적용 지침서, 2008

한국보건산업진흥원(KHIDI) HACCP 지원사업단; www.haccphub.or.kr, 인터넷 HACCP 자료참조, 2009

한국식품안전관리인증원 www.haccp.or.kr

(주)세기시스템 www.segiair.com

(주)지원하이텍 www.g-won.co.kr

(주)HK www.hkk.co.kr

3M solutions.3m.com/wps/portal/3M/ko_KR/WW2/

G.M룩스(LUX) www.gmlighting.co.kr

OUCH 상사 www.ouch.co.kr

서미트 www.smts.co.kr

선경산업 www.sun-kyung.co.kr

세니코 www.sanico.co.kr

한일코메드 www.komed.com

키친코리아(주) www.kitchenkr.com

통진케미칼 www.tonjin.com

한국보건산업진흥원 www.khidi.or.kr

INDEX

INDEX

INDEX

저자소개

김덕웅

- 고려대학교 농학사
- 서울대학교 대학원 보건학 석사
- 한양대학교 대학원 이학 박사
- 한양여자대학교 식품영양학과 명예교수

왕순남

- 연세대학교 대학원 식품생물공학 전공 석사
- ㈜유정식품안전연구소 대표이사
- 한양여자대학교 식품영양학과 겸임교수

김정목

- 미국 플로리다대학교(University of Florida) 공학 박사
- 국무조정실 식품안전정책위원회 수산물분과위원
- 국립 목포대학교 공과대학 식품공학과 교수

식품위생
HACCP 제도와 실무 · 평가 −개정판−

발 행 일	2011년 8월 17일 초판 발행 2019년 9월 9일 개정판 발행
지 은 이	김덕웅 · 왕순남 · 김정목
발 행 인	김홍용
펴 낸 곳	도서출판 효일
디 자 인	에스디엠
주 소	서울시 동대문구 용두동 102-201
전 화	02-928-6643
팩 스	02-927-7703
홈페이지	www.hyoilbooks.com
Email	hyoilbooks@hyoilbooks.com
등 록	1987년 11월 18일 제6-0045호
정 가	27,000원
ISBN	978-89-8489-476-1

이 도서의 국립중앙도서관 출판예정도서목록(CIP)은 서지정보유통지원시스템 홈페이지(http://seoji.nl.go.kr)와 국가자료종합목록 구축시스템(http://kolis-net.nl.go.kr)에서 이용하실 수 있습니다. (CIP제어번호 : CIP2019030210)